北京应用物理与计算数学研究所国防重点实验室基金重点项目（
河南省青年骨干教师培育项目（No. 2019GGJS137）
河南省科技攻关项目（No. 222102230081）

极端条件下凝聚态相结构与性能的理论研究

冯世全 ◎ 著

吉林大学出版社

·长春·

图书在版编目(CIP)数据

极端条件下凝聚态相结构与性能的理论研究 / 冯世全著. -- 长春：吉林大学出版社，2022.11（2024.4重印）
ISBN 978-7-5768-1075-2

Ⅰ．①极… Ⅱ．①冯… Ⅲ．①凝聚态－相结构－研究 ②凝聚态－性能－研究 Ⅳ．①O469

中国版本图书馆CIP数据核字(2022)第218827号

书　　名：	极端条件下凝聚态相结构与性能的理论研究
	JIDUAN TIAOJIANXIA NINGJUTAI XIANGJIEGOU YU XINGNENG DE LILUN YANJIU
作　　者：	冯世全　著
策划编辑：	黄国彬
责任编辑：	甄志忠
责任校对：	田茂生
装帧设计：	书海之舟
出版发行：	吉林大学出版社
社　　址：	长春市人民大街 4059 号
邮政编码：	130021
发行电话：	0431-89580028/29/21
网　　址：	http://www.jlup.com.cn
电子邮箱：	jdcbs@jlu.edu.cn
印　　刷：	天津和萱印刷有限公司
开　　本：	787mm×1092mm　1/16
印　　张：	11.5
字　　数：	260千字
版　　次：	2022年11月 第1版
印　　次：	2024年4月 第2次
标准书号：	ISBN 978-7-5768-1075-2
定　　价：	68.00元

版权所有　翻印必究

内容简介

我们生活的自然界中，凝聚态物质几乎无处不在，研究它们的结构、特性以及在极端条件下的变化，对人类社会的进步具有重要科学意义。本书旨在介绍理论上研究凝聚态相在高压、高温高压、激光辐照等极端环境下不同凝聚态物质的结构和性能的变化。如：高压条件下可以引发凝聚态相产生很多常压下难以观察到的新奇物理现象，高压下的凝聚态物质也可能发生相变出现新的结构和性质。高温、激光辐照、电场等类似于高压条件，都是发现和截获具有新颖特性凝聚态相的重要手段，因此，研究凝聚态相在高压、激光辐照、高温高压及电场等极端环境下的变化具有重要科学意义。本书对凝聚态相在各种极端条件下的结构和性能变化做了系统研究，主要内容包括：理论研究的基础，高压下 OsB_2 稳定结构相搜索和特性研究，高压下 VH_2 稳定结构相搜索和特性研究，常压和高压下 W_2B_5 结构和特性研究，CdP_2 凝聚态高压相变及特性研究，高压下 MAX 结构 $Ti_4AlN_{2.89}$ 特性研究，高压下 MAX 结构 $ScAl_3C_3$ 和 UAl_3C_3 特性研究，Nb 基双过渡金属硅化物 MAX 的第一性原理研究，高温高压下 α-HMX 相的热分解过程研究，高温高压下玻璃态和熔融态玄武岩结构的从头算分子动力学对比研究，超短脉冲激光下的类金刚石半导体稳定性研究、InSb 热力学性能研究，以及电场对二维 $ZrSe_2/ZrS_2$ 异质结构的光电性能调节等。本书结构合理，条理清晰，内容丰富，是一本值得材料物理、理论物理和原子分子物理专业初学者学习的著作。

作者简介

冯世全，男，河南信阳人，副教授，博士，研究生导师，河南省青年骨干教师培育对象，教育部学位论文评审专家。在郑州轻工业大学长期从事极端条件下的原子分子物理研究，研究方向为超硬材料和新型层状陶瓷材料的结构设计和性能调控研究等，主持、主研国家自然科学基金项目、省部级项目10余项，在 Journal of Alloys and Compounds, Materials Letters, Journal of Applied Physics 等国际重要刊物发表SCI论文50余篇。

前　言

本书是根据作者在极端条件下原子分子物理领域多年积累的研究成果，并参考了相关领域其他学者优秀成果的基础上撰写而成的，主要工作在郑州轻工业大学完成。第 1 章阐述理论研究的基础，对密度泛函理论和分子动力学模拟做了概括性介绍。第 2 章对超硬材料的研究背景做了介绍，并采用粒子群算法结合第一性原理对 OsB_2 进行了一定压强范围的结构搜索，研究了搜索结构的稳定性和硬度特性，并对不同结构的硬度做了排序，从电子特性和弹性性能角度研究了原因。第 3 章对过渡金属氢化物的研究背景做了介绍，并采用粒子群算法结合第一性原理系统搜索了 0～300 GPa 范围的 VH_2 结构。对得到的结构进行了稳定性、电子特性、力学和热学性能的系统研究。第 4 章针对前人搜索的六方 $P6_3/mmc$-2u W_2B 结构进行了常压和高压下的弹性性能、电子特性、硬度特性等的研究，探索了高压效应对这些特性的影响。第 5 章通过不同压强下的声子色散关系和熔值变化研究，对过渡金属磷化物 CdP_2 在高压下的结构相变情况做了研究，并探索了两种 CdP_2 相在高压下的热力学和硬度特性。第 6 章介绍了三元纳米层状化合物 $M_{n+1}AX_n$（简称 MAX）的研究进展，并通过第一性原理方法研究了加压效应对 $Ti_4AlN_{2.89}$ 晶体结构的弹性特性、化学键刚度、硬度和热力学特性的影响，结果表明高压下 $Ti_4AlN_{2.89}$ 综合性能得到改善。第 7 章采用第一性原理计算方法研究三元陶瓷材料 $ScAl_3C_3$ 和 UAl_3C_3 在高压下的结构、电子、弹性、热物理和光学性能，并探讨了它们的潜在应用价值。良好的导电性能使其成为工业领域潜在的导电材料；高压下的耐高温性使其成为适用于高温和高压环境的良好结构材料；不同波长光的高反射率使其成为不同光辐射的光屏蔽材料，且加压可以调控它们对不同波段光的反射率。第 8 章利用第一性原理方法对目前尚未有实验报道的双过渡金属 MAX 相 Nb_2ZrSiC_2 和 Nb_2TiSiC_2 的相稳定性和潜在特性进行了理论研究，为后续的实验合成及其潜在的用途提供了理论指导。第 9 章介绍了含能材料的研究背景以及分子动力学研究方法的应用领域，采用第一性原理分子动力学方法研究了高温高压下 α-HMX 相的热分解过程，分析了反应过程中的初期反应、中间产物、最终产物以及反应路径，探索了该炸药晶体的热分解机理，这对理解 α-HMX 炸药晶体的爆炸过程具有重要的理论意义。第 10 章以由 CaO、MgO、Al_2O_3 和 SiO_2 组成的模型玄武岩熔融态及其相应玻璃态相为研究对象，通过从头算分子动力学计算对比研究两种相的压力诱导结构变化。本研究的压强范围参考的是地球上地幔和过渡地带相关的压强范围，有部分实验结果可用于比较。特别是，这项研究的结果有望为长期以来的假设提供新的线索，即熔融态岩浆淬火后得到的玻璃态结构在高压下的结构和特性是否可用于推测地幔条件下熔融态岩浆的结构和特性。第 11 章介绍了激光与物质相互作用研究的发展历程,超短脉冲激光对材料的损伤过程,并采用密度泛函理论研究了金刚石结构半导体 Ge 和 C 晶体以及闪锌矿结构半导体 GaAs 和 InSb 晶体在不同电子温度条件(对应不同激光功率密度的超短脉冲激光辐照)下的声子色散曲线情况,探索了超短脉冲激光辐照引起的电子激发效应对这些半导体材料晶格稳定性的影响,这一研究对探索超短脉冲激光对材料的损伤过程的机理具有重要意义。第 12 章在第 11 章的基础上进一步探索了超短脉冲激光照射下 InSb 热力学性能,这对探索超短脉冲激光对材料性能的影响具有重要意义。第 13 章介绍了电场调制下 $ZrSe_2/ZrS_2$ 异质结结构的电子性质和光学性质,这对将来异质结在光电子器件领域的应用具有重要指导意义。本书各章自成体系,同时又组成了有机的整体,方便读者阅读参考。

  本书在编写过程中参考了相关领域的著作和文献,再次向相关作者致以诚挚的感谢。由于作者知识水平和时间有限,书中的错误和疏漏之处在所难免,衷心地希望专家、学者以及广大的读者朋友对本书的疏漏之处给予批评指正。

作　者
2022 年 4 月
中国郑州

目 录

第1章 理论研究的基础 ………………………………………………………… 1
  1.1 密度泛函理论 ……………………………………………………………… 1
    1.1.1 基本理论 …………………………………………………………… 2
    1.1.2 几个重要概念 ……………………………………………………… 6
    1.1.3 常用的第一性原理软件 …………………………………………… 10
  1.2 分子动力学方法 …………………………………………………………… 11
    1.2.1 分子动力学的基本原理 …………………………………………… 11
    1.2.2 原子间相互作用势 ………………………………………………… 12
    1.2.3 常见的分子动力学软件 …………………………………………… 13
  参考文献 …………………………………………………………………………… 14

第2章 高压下 OsB_2 稳定结构相搜索和特性研究 ……………………………… 17
  2.1 概述 ………………………………………………………………………… 17
  2.2 理论研究方法和细节 ……………………………………………………… 19
  2.3 结果与讨论 ………………………………………………………………… 20
    2.3.1 结构的确定及从能量角度研究结构稳定性 ……………………… 20
    2.3.2 从晶格动力学角度研究结构的稳定性 …………………………… 22
    2.3.3 从热学角度研究结构的稳定性 …………………………………… 24
    2.3.4 从力学角度研究结构的稳定性 …………………………………… 25
    2.3.5 弹性特性和硬度 …………………………………………………… 26
    2.3.6 电子特性 …………………………………………………………… 27
  2.4 总结 ………………………………………………………………………… 31
  参考文献 …………………………………………………………………………… 31

第3章 高压下 VH_2 稳定结构相搜索和特性研究 ……………………………… 36
  3.1 概述 ………………………………………………………………………… 36
  3.2 理论研究方法和细节 ……………………………………………………… 36
  3.3 结果与讨论 ………………………………………………………………… 37
    3.3.1 研究压力范围内搜索到的 VH_2 结构相 ………………………… 37

3.3.2 结构稳定性研究 ·· 40
  3.3.3 电子特性 ··· 42
  3.3.4 弹性和热学特性 ·· 44
 3.4 总结 ··· 45
 参考文献 ·· 46

第4章 常压和高压下 W_2B_5 结构和特性研究 ··· 51
 4.1 概述 ··· 51
 4.2 理论研究方法和细节 ·· 52
 4.3 结果与讨论 ·· 52
  4.3.1 弹性特性和力学稳定性 ··· 52
  4.3.2 电子特性 ··· 55
  4.3.3 硬度 ··· 56
 4.4 总结 ··· 58
 参考文献 ·· 59

第5章 CdP_2 凝聚态高压相变及特性研究 ·· 62
 5.1 概述 ··· 62
 5.2 理论研究方法和细节 ·· 62
 5.3 结果与讨论 ·· 63
  5.3.1 声子色散关系与结构相变 ·· 63
  5.3.2 热力学特性 ·· 65
  5.3.3 硬度特性 ··· 67
 5.4 总结 ··· 68
 参考文献 ·· 68

第6章 高压下 MAX 结构 $Ti_4AlN_{2.89}$ 特性研究 ····································· 71
 6.1 概述 ··· 71
 6.2 理论研究方法和细节 ·· 72
 6.3 结果与讨论 ·· 73
  6.3.1 结构和弹性特性 ·· 73
  6.3.2 键刚度 ·· 75
  6.3.3 硬度 ··· 77
  6.3.4 德拜温度 ··· 78
 6.4 总结 ··· 78
 参考文献 ·· 79

第7章 高压下 MAX 结构 $ScAl_3C_3$ 和 UAl_3C_3 特性研究 ·········· 82
7.1 概述 ·········· 82
7.2 理论研究方法和细节 ·········· 83
7.3 结果与讨论 ·········· 83
7.3.1 高压下的结构稳定性和弹性特性 ·········· 83
7.3.2 高压下的电子结构 ·········· 85
7.3.3 高压下的热学特性 ·········· 86
7.3.4 高压下的光学特性 ·········· 87
7.4 总结 ·········· 88
参考文献 ·········· 89

第8章 Nb 基双过渡金属硅化物 MAX 的第一性原理研究 ·········· 92
8.1 概述 ·········· 92
8.2 理论研究方法和细节 ·········· 92
8.3 结果和讨论 ·········· 93
8.3.1 平衡结构和相稳定性 ·········· 93
8.3.2 键刚度 ·········· 94
8.3.3 弹性特性 ·········· 96
8.3.4 电子特性 ·········· 96
8.3.5 光学特性 ·········· 97
8.3.6 热学特性 ·········· 99
8.4 总结 ·········· 99
参考文献 ·········· 100

第9章 高温高压下 α-HMX 相的热分解过程研究 ·········· 103
9.1 概述 ·········· 103
9.2 理论研究方法和细节 ·········· 105
9.3 结果与讨论 ·········· 105
9.3.1 初期反应 ·········· 105
9.3.2 中间产物和最终产物 ·········· 106
9.3.3 反应路径 ·········· 108
9.4 总结 ·········· 109
参考文献 ·········· 109

第10章 高温高压下玻璃态和熔融态玄武岩结构的从头算分子动力学对比研究 ·········· 113
10.1 概述 ·········· 113

10.2　理论研究方法和细节 ··· 114
　　10.3　结果和讨论 ··· 115
　　　　10.3.1　高压下的玻璃态玄武岩结构 ·························· 115
　　　　10.3.2　高压下的熔融态玄武岩结构 ·························· 120
　　　　10.3.3　高压下的熔融态玄武岩的其他性质 ···················· 125
　　　　10.3.4　更高压强下玻璃态和熔融态玄武岩的性能比较 ·········· 128
　　10.4　总结 ··· 130
　　参考文献 ··· 130

第 11 章　超短脉冲激光下的类金刚石半导体特性研究 ············· 135
　　11.1　概述 ··· 135
　　11.2　理论研究方法和细节 ··· 141
　　　　11.2.1　LO-TO 分裂 ·· 141
　　　　11.2.2　计算细节 ·· 141
　　11.3　结果和讨论 ··· 142
　　　　11.3.1　电子激发条件下金刚石结构 C 和 Ge 力学特性研究 ······ 142
　　　　11.3.2　电子激发效应下晶体 C 和 Ge 晶格动力学特性研究 ······ 143
　　　　11.3.3　电子激发下闪锌矿结构 GaAs 和 InSb 晶格动力学特性研究 ··· 145
　　11.4　总结 ··· 148
　　参考文献 ··· 148

第 12 章　超短脉冲激光下 InSb 热力学性能研究 ··················· 152
　　12.1　概述 ··· 152
　　12.2　理论研究方法和细节 ··· 153
　　12.3　结果和讨论 ··· 154
　　12.4　总结 ··· 158
　　参考文献 ··· 159

第 13 章　电场对二维 $ZrSe_2/ZrS_2$ 异质结结构的光电性能调节 ········ 162
　　13.1　概述 ··· 162
　　13.2　理论研究方法和细节 ··· 163
　　13.3　结果和讨论 ··· 163
　　13.4　总结 ··· 169
　　参考文献 ··· 169

第1章 理论研究的基础

1.1 密度泛函理论

密度泛函理论（density functional theory，DFT）是一种不需要任何实验参数，完全基于量子力学就可以计算获得体系的各种性能的从头算（ab initio）理论。该理论被广泛地应用于物理和化学领域（特别是分子和凝聚态物质的特性研究），成为目前凝聚态物理和计算化学领域最常用的理论研究手段之一。

固体材料作为凝聚态材料最常见的状态之一，是由每立方米 10^{29} 数量级的原子核和核外电子构成的，材料的特性主要由核外电子的相互作用决定。密度泛函理论就是以核外电子的密度作为基本物理量，将研究体系的动能、势能以及外场等信息表示成该电子密度的泛函，得到决定基态能量的变分方程。这一理论由单电子近似理论发展而来，可以追溯到 20 世纪 20 年代。早在 1927 年，Thomas 和 Fermi[1-2] 就第一次提出了以电子密度为函数计算原子能量的思想，为密度泛函理论提供了最初的模型，即 Thomas-Fermi 模型。随后，为了进一步提高计算精度，Dirac 在 Thomas-Fermi 模型的基础上加入了一个交换能函数项，得到了 Thomas-Fermi-Dirac 模型。但是这一模型在大多数应用中仍然很不准确。直到 1964 年，Hohenberg 和 Kohn[3] 提出了 Hohenberg-Kohn 定理，在 Thomas-Fermi-Dirac 的模型基础上对其进行了大量修正，才得到了严格的密度泛函理论。随后，Kohn 和 Sham[4] 提出了 Kohn-Sham 方程，密度泛函理论才真正得到了应用，特别是在凝聚态物质的计算中的应用。密度泛函理论的内容主要包括两个方面，Hohenberg-Kohn 定理和 Kohn-Sham 方程，这一理论的提出将复杂的多电子问题简化为单电子问题，为多粒子系统的研究提供了一种重要的方法。

根据量子力学的知识，只要能给出材料体系的多体 Schrödinger 方程并求出方程的解，就可以计算材料的很多宏观特性，如热力学特性、弹性性能和状态方程等。但要直接求解多体 Schrödinger 方程几乎不可能，必须进行一些简化和近似。密度泛函理论就是为解决这个问题而发展起来的，它对体系主要做了以下几种简化和近似：第一，通过绝热近似[5-6] 将原子核和电子的运动分成两个独立的运动；第二，通过 Hartree-Fock 近似[7] 将研究体系复杂的多电子问题简化为单电子问题；第三，考虑交换关联能，以更准确地描述多电子体系。下面将详细介绍绝热近似、Hartree-Fock 近似、Hohenberg-Kohn 定理、Kohn-Sham 方程以及交换关联能等内容。

1.1.1 基本理论

1.1.1.1 绝热近似（Born-Oppenheimer 近似）

根据量子力学的知识可知，一个由多粒子组成的固体体系的 Schrödinger 方程可以表示为

$$\hat{H}(\boldsymbol{r},\boldsymbol{R})\Psi_\alpha(\boldsymbol{r},\boldsymbol{R}) = E\Psi_\alpha(\boldsymbol{r},\boldsymbol{R}) \tag{1.1}$$

或者更详细一点，可以表示为

$$\left[\sum_{j=1}^{N_n} -\frac{1}{2M_j}\nabla_{R_j}^2 + \frac{1}{2}\sum_{i,j}\frac{Z_iZ_j}{|\boldsymbol{R}_j-\boldsymbol{R}_i|} + \sum_{i=1}^{N_e} -\frac{1}{2m}\nabla_{r_i}^2 + \frac{1}{2}\sum_{i,j}\frac{1}{|\boldsymbol{r}_i-\boldsymbol{r}_j|}\right.$$
$$\left. -\sum_{i,j}^{N_e,N_n}\frac{Z_j}{|\boldsymbol{r}_i-\boldsymbol{R}_j|}\right]\Psi_\alpha(\boldsymbol{r}_1\cdots\boldsymbol{r}_{N_e},\boldsymbol{R}_1\cdots\boldsymbol{R}_{N_n}) = E_\alpha\Psi_\alpha(\boldsymbol{r}_1\cdots\boldsymbol{r}_{N_e},\boldsymbol{R}_1\cdots\boldsymbol{R}_{N_n}) \tag{1.2}$$

其中，$\boldsymbol{R}$ 表示原子核的坐标：$\boldsymbol{R} \rightarrow R_{\alpha j}$，$\alpha = 1, 2, 3$，$j = 1, 2, \cdots, N_n$，$N_n$ 是核的数目，$\boldsymbol{r}$ 表示电子的坐标：$\boldsymbol{r} \rightarrow r_{\alpha i}$，$\alpha = 1, 2, 3$，$i = 1, 2, \cdots, N_e$，$N_e$ 是电子数。

不考虑其他外场作用多粒子系统的哈密顿量可以表示为

$$\hat{H}(\boldsymbol{r},\boldsymbol{R}) = \hat{H}_n + \hat{H}_e + \hat{H}_{e-n} \tag{1.3}$$

$$\hat{H}_n = \hat{T}_n(\boldsymbol{R}) + \hat{U}_n(\boldsymbol{R}) = \sum_{j=1}^{N_n}-\frac{1}{2M_j}\nabla_{R_j}^2 + \frac{1}{2}\sum_{i,j}\frac{Z_iZ_j}{|\boldsymbol{R}_j-\boldsymbol{R}_i|} \tag{1.4}$$

$$\hat{H}_e = \hat{T}_e(\boldsymbol{r}) + \hat{U}_e(\boldsymbol{r}) = \sum_{i=1}^{N_e}-\frac{1}{2m}\nabla_{r_i}^2 + \frac{1}{2}\sum_{i,j}\frac{1}{|\boldsymbol{r}_i-\boldsymbol{r}_j|} \tag{1.5}$$

$$\hat{H}_{e-n} = \hat{U}_{e-n}(\boldsymbol{r},\boldsymbol{R}) = -\sum_{i,j}^{N_e,N_n}\frac{Z_j}{|\boldsymbol{r}_i-\boldsymbol{R}_j|} \tag{1.6}$$

其中，$T_n(\boldsymbol{R})$ 表示多粒子体系的原子核的动能；$U_n(\boldsymbol{R})$ 表示原子核与核之间的相互作用势能；$T_e(\boldsymbol{r})$ 表示电子的动能；$U_e(\boldsymbol{r})$ 表示电子与电子之间的库仑相互作用势能；$U_{e-n}(\boldsymbol{r},\boldsymbol{R})$ 表示电子与核之间的相互作用能。式（1.1）~式（1.6）构成了固体非相对论量子力学描述的基础。

绝热近似又称 Born-Oppenheimer 近似（简称 BO 近似），或称定核近似，是由 Born 和他的学生 Oppenheimer 在 1927 年共同提出的。我们知道实际中晶体内的原子时刻都在进行着无规则热运动，但是原子核的质量远远大于电子的质量，其运动比电子慢得多，因此，电子能迅速改变运动状态以适应原子核的变化。而对于高速运动的电子，则可看作绝热于核的运动，因为原子核质量大，只能在它们的平衡位置附近振动，因此，原子核只能缓慢地跟上电子分布的变化。Born-Oppenheimer 近似的核心就是：在多粒子系统中把核的运动

与电子的运动分离视作两部分考虑，根据电子和原子核运动的速度具有高度差别性，研究电子运动的时候近似地认为原子核是静止不动的，而研究原子核的运动时不考虑电子在空间中的具体分布情况。

根据绝热近似，可以把原子核的动能项从哈密顿量中分离出来，写成

$$\hat{H}(r, R) = \hat{T}_n(R) + \hat{H}_0(r, R) \tag{1.7}$$

$$\hat{H}_0(r, R) = \hat{U}_n(R) + \hat{T}_e(r) + \hat{U}_e(r) + \hat{U}_{e-n}(r, R) \tag{1.8}$$

这样可以得到多电子哈密顿量确定的 Schrödinger 方程为

$$\hat{H}_0(r, R)\varphi_n(r, R) = E_n(R)\varphi_n(r, R) \tag{1.9}$$

即

$$\left[\frac{1}{2}\sum_{i,j}\frac{Z_iZ_j}{|R_j - R_i|} + \sum_{i=1}^{N_e} -\frac{1}{2m}\nabla_i^2 + \frac{1}{2}\sum_{i,j}\frac{1}{|r_i - r_j|} - \sum_{i,j}^{N_e, N_n}\frac{Z_j}{|r_i - R_j|}\right]\varphi_n(r, R) = E_n(R)\varphi_n(r, R) \tag{1.10}$$

其中，$\varphi_n(r, R)$ 为式（1.9）和式（1.10）的本征解，而且 $\{\varphi_n\}$ 组成正交归一完备集。

由于式（1.10）左边的第一项是核与核之间的相互作用，对于电子体系而言，这一项是一个常数项，因此，可以直接从 E_n 中减去，即多电子的哈密顿量可以简化为

$$\hat{H}_0 = \left[\sum_{i=1}^{N_e} -\frac{1}{2m}\nabla_{r_i}^2 + \frac{1}{2}\sum_{i,j}\frac{1}{|r_i - r_j|} - \sum_{i,j}^{N_e, N_n}\frac{Z_j}{|r_i - R_j|}\right] = \sum_{i=1}^{N_e} H_i + \sum_{i,j} H_{ij} \tag{1.11}$$

式（1.1）的解可以用 $\{\varphi_n\}$ 展开为

$$\Psi_\alpha(r, R) = \sum_\alpha \chi_\alpha(R)\varphi_\alpha(r, R) \tag{1.12}$$

其中 $\chi_\alpha(R)$ 是原子核的波函数，只与核坐标有关。

原子核的 Schrödinger 方程为

$$\sum_{j=1}^{N_n} -\frac{1}{2M_j}\nabla_{R_j}^2 \chi(R) = (E - E_n)\chi(R) \tag{1.13}$$

其中，$(E-E_n)$ 为原子核的总动能。

Born-Oppenheimer 近似通常可用于建立简单化学或物理系统的分子动力学模型，在分子物理、量子物理和量子化学的研究中非常重要。

1.1.1.2 Hartree-Fock 近似

利用绝热近似把体系的 Schrödinger 方程分成电子和原子核两部分，由式（1-1）可以得到多电子 Schrödinger 方程，这里我们采用原子单位制，即 $e=1$，$h/(2\pi)=1$，$m_e=1$。

$$\left[-\sum_i \nabla_{r_i}^2 + \sum_i \hat{V}(r_i) + \frac{1}{2}\sum_{i,j}\frac{1}{|r_i - r_j|}\right]\Psi = \left[\sum_i \hat{H}_i + \sum_{i,j}\hat{H}_{ij}\right]\Psi = E\Psi \tag{1.14}$$

由于电子间相互作用项 $\hat{H}_{ij}$ 的存在，对于式（1.14）所示的多电子 Schrödinger 方程，严格求解一般是不可能的。因为采用绝热近似后，简化的总电子 Hamilton 量中包含了电子

间相互作用项，导致无法对其进行分离变量。如果没有电子间相互作用项，那么多电子问题就可以转化为单电子问题，多电子 Schrödinger 方程也可以简化为

$$\sum_i \hat{H}_i \Psi = E\Psi \tag{1.15}$$

其中，多电子波函数 $\Psi(r)$ 可以用单电子波函数的连乘表示：

$$\Psi(r) = \varphi_1(r_1)\varphi_2(r_2)\cdots\varphi_n(r_n) \tag{1.16}$$

而系统的总能量 $E_n = \sum_i E_i$，将式 (1.16) 代入式 (1.14)，分离变量，即可得到单电子方程：

$$\hat{H}_i \varphi_i(r_i) = E_i \varphi_i(r_i) \tag{1.17}$$

在忽略电子间相互作用项 H_{ij} 的前提下将多电子问题转化为单电子问题，用单电子波函数的乘积作为多电子 Schrödinger 方程的近似解，这种近似就叫 Hartree–Fock 近似。

利用电子哈密顿算符和多电子波函数就可以给出体系的电子能量表达式为

$$E = <\psi|\hat{H}_0|\psi> \tag{1.18}$$

其中，E 表示体系电子能量；$\hat{H}_0$ 表示体系电子哈密顿算子；Ψ 代表基态多电子波函数。

由于电子是费米子，其自旋量子数为 1/2，因此多电子体系的波函数具有反对称性[8]。考虑到这些情况，Fock 和 Slater 提出了一种用处于位矢 r_1, r_2, $\cdots$, r_n 的 N 电子系统的电子波函数的行列式形式表达多体波函数的方法，可以定义一个完整的反对称波函数：

$$\psi = \frac{1}{\sqrt{N!}} \begin{vmatrix} \varphi_1(q_1) & \varphi_2(q_1) & \cdots & \varphi_N(q_1) \\ \varphi_1(q_2) & \varphi_2(q_2) & \cdots & \varphi_N(q_2) \\ \varphi_1(q_3) & \varphi_2(q_3) & \cdots & \varphi_N(q_3) \\ \cdots & \cdots & \cdots & \cdots \\ \varphi_1(q_N) & \varphi_2(q_N) & \cdots & \varphi_N(q_N) \end{vmatrix} \tag{1.19}$$

式 (1.19) 右侧的这个行列式波函数被称为 Slater 行列式，其中，$\varphi_i(q_j)$ 表示第 i 个电子在坐标 q_j 处的波函数。

这样，多粒子体系的系统能量就可以用 Slater 行列式来求：

$$\begin{aligned} E &= <\psi|\hat{H}_0|\psi> \\ &= \sum_i \int dr_1 \varphi_i^*(q_1) H_i \varphi_i(q_1) + \frac{1}{2} \sum_{i,i'} \iint dr_1 \varphi_i^*(q_1) dr_2 \frac{|\varphi_i(q_1)|^2 |\varphi_{i'}(q_2)|^2}{|r_1 - r_2|} \\ &\quad - \frac{1}{2} \sum_{i,i'} \iint dr_1 dr_2 \frac{\varphi_i^*(q_1)\varphi_i(q_2)\varphi_{i'}^*(q_2)\varphi_{i'}(q_1)}{|r_1 - r_2|} \end{aligned} \tag{1.20}$$

其中，右边的三项分别表示单电子算符所对应的能量、电子间库仑作用能和电子交换能。对上式做变分计算，不计自旋与轨道相互作用，并将 $\varphi_i(q_i)$ 表示成坐标和自旋函数乘积

的形式，可得单电子波函数的微分方程：

$$\left[-\frac{1}{2}\nabla^2 + V(r)\right]\varphi_i(r) + \sum_{i'\neq i}\int dr' \frac{|\varphi_{i'}(r')|^2}{|r'-r|}\varphi_i(r) - \sum_{i'(\neq i),\,/\!/}\int dr' \frac{\varphi_{i'}^*(r')\varphi_{i'}(r)}{|r'-r|}\varphi_i(r) = E_i\varphi_i(r) \tag{1.21}$$

这就是著名的 Hartree-Fock 方程[9]，其中左侧最后一项是交换相互作用项，"$/\!/$"表示自旋平行。式（1.21）可以简化成单电子有效势方程：

$$[-\nabla^2 + V_{\text{eff}}(r)]\varphi_i(r) = E_i\varphi_i(r) \tag{1.22}$$

其中，$V_{\text{eff}} = V(r) - \sum_{i'\neq i}\int dr' \frac{|\varphi_{i'}(r')|^2}{|r'-r|} - \sum_{i'\neq i}\int dr' \frac{\varphi_{i'}^*(r')\varphi_{i'}(r)}{|r-r'|}$，是一个等效于对所有电子均匀分布的有效势场。

1.1.1.3 Hohenberg-Kohn 定理

基于非均匀电子气理论，Hobengerg 和 Kohn 提出 Hohenberg-Kohn 定理，内容如下。

定理一：任何一个多电子体系的基态总能量可唯一地用电荷密度 $\rho(r)$ 的泛函表示出来，且 $\rho(r)$ 一旦确定，体系的（非简并）基态性质也就确定。

定理二：电子密度函数使体系能够取得的最小能量值为体系的基态能量。

根据 Hohenberg-Kohn 定理，能量泛函可以表示为

$$E[\rho] = T[\rho] + V_{\text{ee}}[\rho] + V_{\text{ne}} \tag{1.23}$$

其中，$T[\rho]$ 表示系统的动能泛函；$V_{\text{ee}}[\rho]$ 表示电子与电子之间的相互作用能；V_{ne} 为定域势。$T[\rho]$ 与 $V_{\text{ee}}[\rho]$ 的总和是一个与外场无关的泛函，将其定义为 $F[\rho]$，即

$$F[\rho] = T[\rho] + V_{\text{ee}}[\rho] \tag{1.24}$$

故有

$$E[\rho] = F[\rho] + V_{\text{ne}} \tag{1.25}$$

1.1.1.4 Kohn-Sham 方程

Hohenberg-Kohn 定理为密度泛函理论提供了严格的理论基础，但是由于该定理仍不能给出泛函 $T[\rho]$ 和 $V_{\text{eff}}[\rho]$ 的具体形式，因此，泛函 $F[\rho]$ 的具体形式还是不确定。于是，在 1965 年，Kohn 和 Sham 就提出了一种以无相互作用参考体系的动能来估计实际体系动能主要部分的方法，即将动能的误差部分归入交换关联能，这种方法就是所谓的 Kohn-Sham 方法。

在该方法中 Kohn 和 Sham 假设[10]：①用 N 个单电子的波函数表示密度函数 $\rho(r)$；②用一个密度函数 $\rho(r)$ 与原电子系统一样且不存在相互作用的电子系统的动能泛函 $T_s[\rho]$ 代替原电子系统动能泛函 $T[\rho]$。

那么对于一个有相互作用的实际体系，其普适的泛函形式就可改写为

$$F[\rho] = T_s[\rho] + J[\rho] + E_{xc}[\rho] \qquad (1.26)$$

其中，$T_s[\rho]$ 为无相互作用参考体系的动能泛函；$J[\rho]$ 为经典的库仑作用泛函；$E_{xc}[\rho]$ 为交换相关能泛函。体系的密度 ρ 和 $T_s[\rho]$ 可分别表示为

$$\rho(r) = \sum_{i=1}^{N} \varphi_i(r)\varphi^*(r) \qquad (1.27)$$

$$T_s(\rho) = \sum_{i=1}^{N} <\varphi_i \left| -\frac{1}{2}\nabla_i^2 \right| \varphi_i> \qquad (1.28)$$

其中，φ_i 是单电子的波函数。交换相关能泛函 $E_{xc}[\rho]$ 的表达式为

$$E_{xc}[\rho] = T[\rho] - T_s[\rho] + V_{ee}[\rho] - J[\rho] \qquad (1.29)$$

由此可见，$V_{xc}[\rho]$ 也应该由两部分构成：一部分是真实体系动能与无相互作用参考体系之间的动能差；另一部分是真实体系电子间相互作用势能与经典库仑作用能之差。

总能量的表达式是

$$E[\rho] = \int \rho(r)V(r)\mathrm{d}r + T_s[\rho] + V_{xc}[\rho] + J[\rho] \qquad (1.30)$$

代入 T_s 和 ρ 的表达式，将总能量泛函 $E[\rho]$ 对单粒子轨道 $\varphi_i(r)$ 的变分来代替其对 ρ 的变分，可得到 Kohn-Sham 方程：

$$(\hat{T}_s + \hat{V}_{eff}) = \varepsilon_i \qquad (1.31)$$

其中

$$V_{eff}(r) = V_{ne}(r) + \int \frac{\rho(r)\mathrm{d}r}{|r-r'|} + \frac{\delta E_{xc}}{\delta \rho(r)} \qquad (1.32)$$

式（1.32）中，右边第一项表示电子与核之间的引力作用势，第二项表示电子-电子之间的库仑势，第三项表示交换相关势。Kohn-Sham 方程和 Hartree-Fork 方程从形式上看很相似，而本质上 Kohn-Sham 方程是用不考虑粒子相互作用的系统的动能来代替实际系统的动能，同时把与实际体系的全部差别都放到 $E_{xc}[\rho]$ 中去考虑，从而导出单电子方程；而 Hartree-Fock 方程则仅考虑了电子之间的交换相互作用，没考虑关联相互作用。因此，在密度泛函理论中，利用 Kohn-Sham 方法可以将实际复杂体系转化为单电子近似问题，用类似 Hartree-Fock 自洽场近似方法的思想得到更为准确的结果。

1.1.2 几个重要概念

1.1.2.1 交换关联泛函

根据 Hohenberg-Kohn 定理和 Kohn-Sham 方程，密度泛函理论中就只有交换关联能泛函部分还是未知的，必须将交换关联能泛函的具体形式给出，密度泛函理论才有其实际应用的价值。一般情况下，粒子数密度函数 $\rho(r)$ 与交换关联势是相关的，因此，交换关联势是非局域的，要精确表示出交换关联能，还是难以实现的。因此，目前在实际应用中通

常需要做进一步的假设，采用一定的近似方法来进行处理，最常用的近似有局域密度近似（local density approximation，LDA）[11-12]、广义梯度近似（generalized gradient approximation，GGA）[13]和Meta-GGA近似[14-15]等。

1. 局域密度近似——LDA

局域密度近似最早由Thomas-Fermi提出，后来在Kohn-Sham的研究中得到了进一步的深化完善。其基本思想是：对于非均匀电子气体系，假设空间电子密度处处相等，就可以将空间中任一点处的交换关联能用同密度下的均匀电子气的电子密度$\rho(r)$来表示，即

$$E_{xc}^{LDA}[\rho] = \int \rho(r)\varepsilon_{xc}(\rho)\mathrm{d}r \tag{1.33}$$

其中，ρ是粒子数密度函数；ε_{xc}是交换关联能量密度。对于存在磁相互作用的体系，需要考虑自旋效应的影响，此时局域密度近似的交换关联能形式为

$$E_{xc}^{LSDA}[\rho] = \int \rho(r)\varepsilon_{xc}[\rho_\alpha(r),\rho_\beta(r)]\mathrm{d}r \tag{1.34}$$

即局域自旋密度近似（local spin density approximation，LSDA）。其交换关联能可以分解为交换项与相关项两部分，即

$$E_{xc} = E_x + E_c \tag{1.35}$$

目前常见的局域密度近似相关泛函形式主要有：1980年由Cepeley和Alder[16]提出的CA泛函形式，1981年由Perdew和Zunger[11]提出的PZ81泛函形式，以及1992年由Perdew和Wang[17]提出的PW92泛函形式。

局域密度近似方法能很好地处理电子密度不高和电子密度变化缓慢的系统，如电子关联较弱的半导体以及简单金属材料体系。但是由于这种近似方法没有考虑由电子密度不均匀带来的修正，因此，在处理电子密度变化较大的体系时误差就很大。例如：在计算晶体的结合能和分子键能时往往会得到比实验值大20%左右的结果；计算电子关联较强的过渡金属氧化物体系往往也会存在较大的误差。要解决这些问题就需要在局域密度近似的基础上加入一种考虑由电子密度不均匀带来的修正的泛函，得到一种考虑电子密度分布不均的近似。

2. 广义梯度近似——GGA

由于实际的原子分子体系电子密度通常是非均匀的，因此，在均匀电子气模型基础上建立的L(S)DA在研究原子或分子的化学性质时往往达不到要求的计算精度。需要进一步引入电子密度的梯度项来提高计算精度，这样就发展出现了广义梯度近似——GGA。

$$E_{xc}^{GGA}[\rho] = \int f_{xc}[\rho(r), \nabla\rho(r)]\mathrm{d}r \tag{1.36}$$

GGA方法的中心思想是：交换关联函数既与局域密度有关，也与密度变化快慢密切相关，即用局域密度和密度梯度的组合形式给出交换相关能形式。这种近似方法可以很好

地处理电子密度不均匀或电子密度变化较大的体系。目前最常见的广义梯度近似相关泛函形式主要有：1991 年由 Perdew 和 Wang[18]提出的 PW 91 泛函形式，1996 年由 Perdew、Burke 和 Ernzerhof[19]提出的 PBE 泛函形式等。

GGA 方法得到的结果往往与实验结果仍有较大误差，要进一步提高精度，通常还可以考虑电子密度的高阶梯度对交换关联函数的影响，如 Meta-GGA 或 Post-GGA，以及非局域交换关联作用的影响，如范德瓦尔斯[20-21]作用。而且也并不是对任何体系 GGA 方法都能给出比 LDA 好的结果，在实际计算中还要根据具体的研究对象选取合适的近似方法，以得到更接近实验的结果。

3. Meta-GGA

1964 年，Hohenberg 和 Kohn 构建了一个密度泛函理论的"天堂"，"天堂"里可以通过电子密度泛函给出任意体系的基态[3]。Kohn 和 Sham 则搭建了通往"天堂"的"天梯"（Jacob's ladder）的第一级——局域密度近似（LDA）[22]。随后，"天梯"的第二级——广义梯度近似（GGA）尤其是 PBE 泛函[19]的出现以及在固体材料计算领域的应用取得的巨大成功似乎表明这是一条正确的路径。从此，学者们一直在努力修建"天梯"（图 1.1）更高阶级以提高计算精度。密度泛函的一般表达式可以表示如下：

图 1.1 密度泛函理论的"天梯"

$$E_{xc}[n_\uparrow, n_\downarrow] = \iiint d^3r \varepsilon_{xc}(n_\uparrow, n_\downarrow, \nabla n_\uparrow, \nabla n_\downarrow, \tau_\uparrow, \tau_\downarrow)$$

其中，只包含密度项为 LDA，包含密度梯度项为 GGA，包含动能项为 Meta-GGA，这三类泛函均为半局域（semi-local）泛函，它们构成了"天梯"的前三级。半局域泛函的一个重要优势就是计算速度快，但由于各种半局域泛函只能满足部分的约束条件，因此只对某些体系计算精度较高。"天梯"的第四级是将半局域泛函与非局域项组合构成杂化泛函，虽然在多个方面的计算精度有很大改进，但计算量却增长百倍。

SCAN 泛函（strongly constrained and appropriately normed semilocal density functional）[23]就是 Meta-GGA 泛函的一种，是基于约束构建非经验半局域泛函的一个重要成果，因为

SCAN 泛函是第一个满足全部已知的 17 个约束的半局域泛函。对 SCAN 泛函的系统测试表明，此泛函在计算各种固体的各种性质（尤其是能量相关性质）中比 LDA 和 GGA 有很大的改进，几乎达到了杂化泛函的水平，但是比杂化泛函要大大节约时间，计算量保持在半局域泛函水平[24-26]。SCAN 泛函的出现将 Meta-GGA 泛函的精度提高到了杂化泛函的水平。

1.1.2.2 布里渊区和 K 点网格

能带论中，固体的各种电子态按照它们的波矢分类。在倒易格子中取某一倒易阵点为原点，作所有倒格矢的垂直平分面，倒易格子被这些面划分为一系列的区域，这一划分方法在 1930 年由 L.-N. 布里渊首先提出，因此划分出来的这些区域被称为布里渊区。其中最靠近原点的一组面所围的闭合区称为第一布里渊区，通常文献中不做特殊说明时，提到的布里渊区指的就是第一布里渊区，这一区域又称简约布里渊区，是倒易格子的维格纳-塞茨原胞，如果对每一倒易格子作此元胞，它们会毫无缝隙地填满整个波矢空间。由于完整晶体中运动的电子、声子、磁振子等元激发的能量和状态都是倒易格子的周期函数，因此只需要用第一布里渊区中的波矢来描述能带电子、点阵振动和自旋波等的状态，并确定它们的能量（频率）和波矢关系。第一布里渊区之外，由另一组平面所包围的波矢区叫第二布里渊区，依次类推可得第三、第四布里渊区等。各布里渊区体积相等，都等于倒易格子的元胞体积。

K 点指的是布里渊区中的高对称点，由于这些点的高对称性，在计算的时候，只需要知道一个 K 点的性质，其等效点性质就都可以知道。高对称点之间的连线上取一些采样点，这些采样点构成 K 点网格，VASP（Vienna ab-inito simulation package）中可用 Monkhorst-Pack 方法和 Gamma 方法的思想获得 K 点网格，通过选取高对称的 K 点从而大大地减少计算体系性质的计算量，而具体的 K 点的选取取决于晶格的对称性。Monkhorst-Pack 方法之所以广泛使用是因为它的误差最小，而 Gamma 法是为了保证六方体系 K 点的对称性。

1.1.2.3 赝势

在对能带结构进行数值计算时，如图 1.2（a）所示，其中，R_c 是截断半径，$r<R_c$ 范围内，真实的内芯电子（图 1.2（b）中阴影部分的电子）的波函数的振荡很剧烈，但这一部分电子对材料的性能影响不大，几乎可以忽略，材料的性能主要由外层电子决定，外层电子的波函数比较平缓（$r>R_c$ 范围），很好描述。为了减小计算量，通过一个假想的势能函数代替内层电子波函数振荡的情形，这种假想的势能函数就叫作赝势。

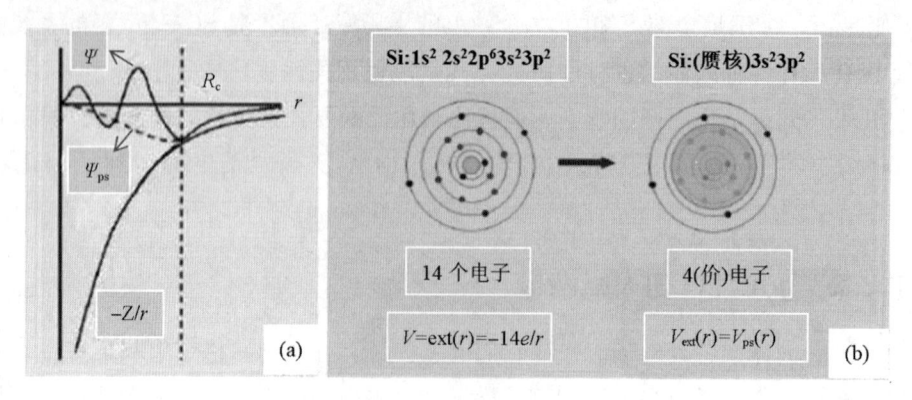

图 1.2 赝势示意图

(a) 赝波函数与势；(b) Si 原子的赝原子示意图

1.1.3 常用的第一性原理软件

1.1.3.1 VASP 软件包

VASP 作为一种可以进行电子结构计算和分子动力学模拟的第一性原理软件包，是由维也纳大学 Hafner 研究小组开发的目前用于材料模拟及计算科学研究的最流行的商业软件之一。软件通过近似求解体系的 Schrödinger 方程的方式获得体系的电子态和能量。软件采用平面波基组描述电子波函数，利用模守恒赝势（norm-conserving pesudopotential，NCPP）、投影增强波（projector augmented wave，PAW）或超软赝势（ultrasoft pesudopotential，USPP）方法描述电子与原子核之间的相互作用。由于基组尺寸小，通常采用 50~100 个平面波描述固体材料中的原子就可以得到可靠结果。求解电子基态采用的是传统的自洽迭代方法，迭代求解过程中采用了 Broyden-Pulay 密度混合方案。另外，VASP 包含了全功能的对称性代码，可以自动确定研究体系对称性，并方便对其进行 Monkhorst-Pack 网格设定，因此，利用 VASP 包可以对原子、分子、纳米线（管）、薄膜、大尺寸对称团簇和周期性固体材料等进行高效的研究，可计算材料的键长、键角等结构参数，体弹性模量、弹性常数等力学性能，能级、能带、态密度和 ELF（electron localization function）等电子特性，介电常数、吸收系数、反射率等光学特性，声子谱等晶格动力学性质，还可以对材料进行 GW（Green 函数 G 与含屏蔽的相互作用 W）方法的激发态计算和从头算分子动力学模拟。该程序最大的亮点是具有完整的、可靠性高的赝势库。

1.1.3.2 CASTEP 软件包

CASTEP 全称 Cambridge sequential total energy package，是专为固体材料科学设计的一个现代的量子力学软件包。该程序包使用密度泛函平面波（PAW）赝势方法，可对半导体、陶瓷、金属和矿石等的晶体及其表面特性做第一性原理量子力学的计算。CASTEP 可以用来研究体系的表面化学、态密度、光学特性、电荷密度的空间分布及其波函数；计算晶体的弹性常数及相关的力学特性，如泊松比、体积模量和弹性模量等；计算半导体或其他材料中的空位、杂质原子取代和间隙等点缺陷和晶粒界面、断层等扩展缺陷；可以通过线性响应方法计算固体的声子的色散关系、声子的态密度和相关的热学特性。该软件最大亮点是集成于 Material Studio 中，数据库强大，建模、后处理和可视化都极其方便。

1.1.3.3 ABINIT 软件包

ABINIT 程序是一种可以用于研究具有周期性结构固体体系和大分子总能量、电子结构以及电荷密度等特性的第一性原理软件包。这一软件包将电子与原子核之间的相互作用采用赝势和平面波基矢的方法来处理，其最大的特点就是软件包的赝势种类齐全，几乎元素周期表中所有元素的赝势都能找到，并且可以免费获取。另外，ABINIT 软件还可以根据 DFT 力和压力对固体体系的几何结构进行优化，并利用这些力结合密度泛函微扰理论进行分子动力学模拟，计算动力学矩阵、Born 有效电荷以及介电张量等特性。此外，ABINIT 软件还可以用来计算分子体系的激发态，研究固体体系的激发态特性。而且，ABINIT 程序包提供了一些用来处理计算结果和数据的工具模块，方便使用者对计算结果和数据进行处理。

1.2 分子动力学方法

随着量子力学理论和计算技术的发展，第一性原理方法已经成为研究物质各种特性的重要理论方法。但由于目前计算条件和理论的限制，利用第一性原理方法处理数万个原子的凝聚态系统以及纳米体系仍然有很大困难。分子动力学模拟作为一种数值模拟方法，是研究这类体系最有力的手段之一，这种方法既能给出研究体系中微观粒子的运动轨迹，又可以像做实验一样观察到体系内发生的各种物理化学变化。更重要的是这种理论方法不仅可以研究平衡体系，还能够模拟各种非平衡过程，特别是许多在实际实验中无法获得的微观细节都可以通过分子动力学模拟方便地获得。因此，分子动力学模拟在物理学、化学、材料科学以及生物学等领域的动态变化过程的研究[27-29]中都得到了广泛的应用。

1.2.1 分子动力学的基本原理

分子动力学的基本原理就是结合牛顿运动方程，用系统中各粒子的位置将系统的势能表示出来，即

$$F_i = m_i a_i = m_i \frac{d^2 r_i}{dt^2} = -\nabla_i U_P = -(i\frac{\partial}{\partial x_i} + j\frac{\partial}{\partial y_i} + k\frac{\partial}{\partial z_i})U_P \quad (1.37)$$

其中，F_i，a_i 和 U_p 分别表示第 i 个原子的受力、加速度以及第 i 个原子与体系其他原子间的相互作用势；t 表示时间。由式（1.37）可以推算在 Δt 时间步长后体系中各粒子的位置和速度：

$$r_i(t+\Delta t) = r_i(t) + v_i\Delta t + \frac{1}{2}a_i(\Delta t)^2 \quad (1.38)$$

$$v_i(t+\Delta t) = v_i(t) + a_i\Delta t \quad (1.39)$$

由新的粒子位置又可以得到系统在该处的势能，计算各个粒子在该处的受力和加速度，重复上面的步骤，如此循环就可以得到系统中粒子在各时刻的位置、速度和加速度，得到系统粒子的运动轨迹。

在分子动力学的发展中，为了得到粒子的运动轨迹，出现了很多求解微分运动方程的算法，如 Verlet 算法[30]、Velocity-Verlet 算法[31]、蛙跳法[32]及 Gear 算法[33]等，其中最常见的就是 Verlet 算法。Verlet 算法是 1976 年由 Verlet 提出的，其基本思路是：根据 t 时刻粒子的位置、速度和加速度以及 $t-\Delta t$ 时刻粒子的位置，推导出 $t+\Delta t$ 时刻粒子的位置，即

$$r(t+\Delta t) = 2r(t) - r(t-\Delta t) + \frac{1}{2}a_i(\Delta t)^2 \quad (1.40)$$

速度可由式（1.41）给出

$$v(t) = \frac{r(t+\Delta t) + r(t-\Delta t)}{2\Delta t} \quad (1.41)$$

相比于其他算法，Verlet 算法是最快的，在计算某一时刻粒子位置和速度上准确性相对较高，且选取时间步长越小，Verlet 算法的优势就越明显。

由于 Verlet 算法难以得到一定准确度的速度项，Swope 在 1982 年提出了 Velocity-Verlet 算法[34]，它可以同时给出体系中 i 粒子在任意时刻下的位置、速度及加速度且计算精度较高。$t+\Delta t$ 时刻的位置和速度可以表示为

$$r_i(t+\Delta t) = r_i(t) + v_i(t)\Delta t + \frac{1}{2}a_i(t)(\Delta t)^2 \quad (1.42)$$

$$v_i(t+\Delta t) = v_i(t) + \frac{1}{2}[a_i(t+\Delta t) + a_i(t)]\Delta t \quad (1.43)$$

各个算法各有优缺点，计算时需要综合考虑计算量、稳定性以及存储等问题，选择适当的算法。

1.2.2　原子间相互作用势

分子动力学方法是通过原子间的相互作用势，按照经典牛顿运动定律求出原子运动轨迹及其演化过程的方法。这种方法计算的关键是选取适当的原子间势函数，这决定着整个计算的工作量以及计算模型与真实系统的近似程度，从而影响模拟结果的准确与否。在模拟中针对不同的研究体系，需要慎重选择作用势。Tersoff 势函数作为一种常见的三体势形

式适于模拟共价键物质体系,一般用于描述Ⅳ族元素及其化合物体系的原子间相互作用,但对Ⅲ~Ⅴ族化合物半导体体系的描述就不是很准确,原因在于在Ⅲ~Ⅴ族化合物的原子间相互作用中除了共价键以外还有离子键,因此在描述Ⅲ~Ⅴ族原子间作用时需要对势函数进行修正并加入库仑作用项。

Tersoff 势是由 Tersoff[35] 提出的讨论键级与周围环境关系的 Morse 形式原子间相互作用势模型。Tersoff 认为体系的总键能是各个独立成键的原子对相互作用的总和,因此,体系的总能量可以表示成

$$E = \frac{1}{2}\sum_i \sum_{j\neq i} V_{ij} \tag{1.44}$$

$$V_{ij} = f_C(r_{ij})[f_R(r_{ij}) + b_{ij}f_A(r_{ij})] \tag{1.45}$$

$$f_C(r) = \begin{cases} 1, & r < R-D \\ \frac{1}{2} - \frac{1}{2}\sin(\frac{\pi}{2}\frac{r-R}{D}), & R-D < r < R+D \\ 0, & r > R-D \end{cases} \tag{1.46}$$

$$f_R(r) = A\exp(-\lambda_1 r) \tag{1.47}$$

$$f_A(r) = B\exp(-\lambda_2 r) \tag{1.48}$$

$$b_{ij} = (1 + \beta^n \zeta_{ij}^n)^{\frac{1}{2n}} \tag{1.49}$$

$$\zeta_{ij} = \sum_{k\neq i,j} f_C(r_{ik}) g(\theta_{ijk}) \exp[\lambda_3^m(r_{ij} - r_{ik})^m] \tag{1.50}$$

$$g(\theta) = \gamma_{ijk}\left[1 + \frac{c^2}{d^2} - \frac{c^2}{d^2 + (\cos\theta - \cos\theta_0)^2}\right] \tag{1.51}$$

其中,f_R 和 f_A 分别表示原子间的排斥和吸引作用;f_C 为一个光滑截断函数;$R+D$ 为键能的截断半径。

1.2.3 常见的分子动力学软件

lammps 是一款经典的分子动力学模拟代码,可在并行计算机上高效运行。最初由美国能源部的桑迪亚国家实验室开发,大部分资金来自美国能源部(Department of Energy, DOE)。lammps 是一个开源的免费代码,可以模拟成千上万甚至几百万个原子、分子,常用于模拟液体中的粒子、固体和气体的系统。优点是可以模拟较大体系的宏观性能,如熔点、扩散系数及黏度等第一性原理方法无法或很难计算的性能;缺点是对势函数可靠性的依赖很大,而目前的 lammps 势函数库的完整性和可靠性都还有待进一步提高。

参考文献

[1] THOMAS L H. The calculation of atomic fields[J]. Proc. Camb. Phil. Soc. ,1927,23: 542-548.

[2] FERMI E. Un metodo statistico per la determinazione di alcune priorieta dell'atome[J]. Rend. Accad. Lincei. ,1927,6:602-607.

[3] HOHENBERG P,KOHN W . Inhomogeneous electron gas[J]. Phys. Rev. ,1964,136 (3):B864-B871.

[4] KOHN W,SHAM L J. Self-consistent equations including exchange and correlation effects[J]. Phys. Rev. ,1965,140(4):A1133-A1138.

[5] BORN M,HUANG K. Dynamical theory of crystal lattices[M]. Oxford:Oxford Universities Press,1954.

[6] BORN M,OPPENHEIMER J R. Zur quantentheorie der molekeln[J]. Ann. Phys. , 1927,389:457-484.

[7] 谢希德,陆栋. 固体能带理论[M]. 上海:复旦大学出版社,1998.

[8] SZABO A,OSTLUN N S. Modern quantum chemistry - introduction to advance electronic structure theory[M]. New York:Mc-Graw Hill publishing Company,1989.

[9] FOCK V. Näherungsmethode zur Lösung des quantenmechanischen Mehrkörperproblems [J]. Z. Phys,1930,61:126-148.

[10] POPLE J A,BEVERIDGE D L,DOBOSH P A . Approximate self-consistent molecular -orbital theory. V. intermediate Neglect of differential overlap [J]. J. Chem. Phys. , 1967,47(6):2026-2033.

[11] PERDEW J P,ZUNGER A. Self-interaction correction to density-functional approximations for many-electron systems[J]. Phys. Rev. B,1981,23(10):5048.

[12] PERDEW J P,WANG Y . Accurate and simple analytic representation of the electron-gas correlation energy[J]. Phys. Rev. B,1992,45(23):13244-13249.

[13] WU Z G,COHEN R E. More accurate generalized gradient approximation for solids [J]. Phys. Rev. B,2006,73(23):235116(1)-(6).

[14] 熊志华,孙振辉,雷敏生. 基于密度泛函理论的第一性原理赝势法[J]. 江西科学, 2005,23(1):1-4.

[15] 李正中. 固体理论[M]. 北京:高等教育出版社,2002.

[16] CEPERLEY D M,ALDER B J. Ground state of the electron gas by a stochastic method [J]. Phys. Rev. Lett. ,1980,45(7):566-569.

[17] PERDEW J P,WANG Y. Accurate and simple analytic representation of the electron-

gas correlation energy[J]. Phys. Rev. B,1992,45(23):13244-13249.

[18] WANG Y, PERDEW J P. Spin scaling of the electron-gas correlation energy in the high-density limit[J]. Phys. Rev. B, 1991,43(11): 8911-8916.

[19] PERDEW J P,BURKE K,ERNZERHOF M. Generalized gradient approximation made simple[J]. Phys. Rev. Lett. ,1996,77(18):3865-3868.

[20] ANDERSSON Y,LANGRETH D C,LUNDQVIST B I. Van der waals interactions in density-functional theory[J]. Phys. Rev. Lett. , 1996,76(1):102-105.

[21] KOHN W,MEIR Y,MAKAROV D E. Van der waals energies in density functional theory[J]. Phys. Rev. Lett. ,1998,80(19):4153-4156.

[22] KOHN W, SHAM L. Self-consistent equations including exchange and correlation effects[J],Phys. Rev. ,1965,140:A1133.

[23] SUN J,RUZSINSZKY A,PERDEW J. Strongly constrained and appropriately normed semilocal density functional[J] Phys. Rev. Lett. ,2015,115(3):036402(1)-(6).

[24] SUN J,REMSING R C,ZHANG Y B,et al. Accurate first-principles structures and energies of diversely bonded systems from an efficient density functional[J]. Nat. Chem. , 2016,8(9):831-836.

[25] ZHANG G X,REILLY A M,TKATCHENKO A,et al. Performance of various density-functional approximations for cohesive properties of 64 bulk solids[J]. New J. Phys. , 2018,20:063020(1)-(18).

[26] CAR R. Density functional theory:fixing Jacob's ladder[J]. Nat. Chem. ,2016,8(9): 820-821.

[27] PHILLPOT S R,WOLF D,GLEITER H. Molecular-dynamics study of synthesis and characterization of a fully dense,three-dimensionally nanocrystalline materials[J]. J. Appl. Phys. ,1995,78(2):847-861.

[28] SCHIOTZ J,TOLLA F D,JACOBEN W. Softening of nanocrystalline metals at very small grain size[J]. Nature,1998,391(6667):561-563.

[29] SHIMOJO F,NAKANO A,KALIA R K,et al. Enhanced reactivity of nanoenergetic materials:a first-principles molecular dynamics study based on divide-and-conquer density functional theory[J]. Appl. Phys. Lett. ,2009,95(4):043114(1)-(3).

[30] VERLET L. Computer "experiments" on classical Fluids. I. Thermodynamical properties of Lennard-Jones molecules[J]. Phys. Rev. ,1967,159(1):98-103.

[31] SWOPE W C,ANDERSEN H C. A computer simulation method for the calculation of equilibrium constants for the formation of physical clusters of molecules:application to small water clusters[J]. J. Chem. Phys. ,1982,76:637-649.

[32] HOCKNEY R W. The potential calculation and some applications[J]. Methods Comput. Phys., 1970,9:136.

[33] GEAR C W. The automatic integration of ordinary differential equations[J]. Commun. ACM.,1971,14(3):176-179.

[34] BEEMAN D. Some multistep methods for use in molecular dynamics calculations[J]. J. Comput. Phys.,1976,20(2):130-139.

[35] TERSOFF J. New empirical approach for the structure and energy of covalent systems[J]. Phys. Rev. B,1988,37(12):6991-7000.

第 2 章 高压下 OsB_2 稳定结构相搜索和特性研究

2.1 概述

高压条件作为一种最常见的极端环境,是材料应用经常要面对的条件。高压下物质往往会产生许多新的物理现象,研究高压下材料内产生的新现象和新规律对于发展新理论、拓展材料的应用范围具有极其重要的意义,因此,成为当前国际上热门的研究课题,引起了国内外学者的广泛兴趣。高压下材料内发生的结构相变是研究的热点之一。Ming 等研究人员[1]在实验中发现高压条件下金红石结构的 MF_2(M = Fe,Co,Ni,Zn)会发生结构相变转变为 $CaCl_2$ 结构。吉林大学超硬材料国家重点实验室的研究人员[2]利用第一性原理方法在理论上验证了反铁磁材料二氟化物 MF_2(M = Fe,Co,Ni,Zn)从金红石结构向 $CaCl_2$ 结构转变的相变过程,并探究了相变的物理机制。另外,高压下材料的电、磁等特性往往也可能会发生变化。吉林大学高春晓课题组的研究人员[3]就在理论上研究了 0~50 GPa 之间 WSe_2 晶体的能带和态密度的变化,证实了实验上发现的 38.1 GPa 附近的相变过程,得到了高压下晶体带隙消失并表现出半金属性特征的结论,指出高压下产生的金属特性是 W—Se 化合键而不是范德瓦耳斯力键引起。日本大阪大学的 Shimizu 教授[4]则详细阐述了高压下绝缘体材料向超导体转变的过程和转变机制。此外,研究高压下材料结构变化对于确定物质的相图,探索高压下化学反应过程和机理都具有极其重要的意义。四川大学物理科学与技术学院陈向荣课题组的研究人员[5-7]就通过从头算方法研究了高压下金属 Ti 和 Zr 的状态方程,并对其高压下弹性性质和热力学性质做了讨论;原子与分子物理研究所的程新路教授在主持国家自然科学基金项目"高温高压下炸药 RDX 和 HMX 初始反应动力学过程研究"中利用从头算方法研究了高压下硝基甲烷的分子结构变化[8];利用分子动力学方法建立了能够描述高温高压下硝基甲烷(RDX)内化学反应过程的动力学模型[9],结合可能的分解产物和中间产物,系统研究了硝基甲烷的热分解机理,研究方法和结果对炸药的安全评估具有重要的参考意义。北京应用物理与计算数学研究所陈军课题组[10]利用反应力场(ReaxFF)结合分子动力学系统研究了一定温度、压强范围内的 HMX(奥克托今,cyclote-tramethylene-tetranitramine)反应动力学的过程,研究中计算了可能的中间产物、反应速率和反应 Hugoniot 曲线等，得到了与实验结果接近的爆炸速度和爆炸压强。

超硬材料在刀具、磨具、牙钻和矿山凿岩机等工业领域都具有重要的应用价值，因此成为很多学者的研究焦点。众所周知，第一类超硬材料金刚石是自然界最硬的材料，因其优越的力学性能[11]被广泛地应用。但是，由于在切割的过程中金刚石会与金属发生化学反应，产生铁碳化合物等，因此，其在黑色金属和钢铁加工领域的应用受限[12]。于是，学者们将目光转向与 C 近邻的 N、B、O 等轻元素组成的第二类超硬材料。这类超硬材料的结构中存在大量强而短的共价键，其键密度大，可以形成紧致的三维网状结构，因此具有极大的外部剪切抵抗能力和硬度[13]。其中最具代表性的就是立方氮化硼材料，其结构可视为金刚石中的 C 一半被 B 取代一半被 N 取代，其硬度约为金刚石的一半。近年来，Solozhenko 等人[14-15]在实验室相继合成立方 BC_2N 和立方 BC_5 结构，并测得它们的维氏硬度分别为 76 GPa 和 71 GPa。2015 年，Narayan 等人[16]从实验上合成另一种存在形式的碳——Q-碳，Science 新闻栏报道了这一消息，并指出其硬度高于金刚石。吉林大学马琰铭课题组[17]从理论上预测了立方 BC_3 结构的超硬材料，估计其硬度约为 62 GPa。Oganov 等人[18]从理论上预测了四方相 B_4CO_4 结构，并测得其维氏硬度和努氏硬度也都在 40 GPa 左右。这些实验合成和理论预测的 B、C、N、O 轻元素体系超硬材料，虽然克服了金刚石在黑色金属及其合金材料加工领域的缺陷，却在合成方面存在很大困难。它们的制备条件相当苛刻，需要在极端压力和温度下才能合成，工业生产成本很高，目前尚不能大规模应用。

探索新型超硬材料不仅具有重要的科学意义，还具有重要的实际应用价值，因此，设计合成新型的超硬材料成为国内外学者普遍关注的课题之一。高价电子密度过渡金属 Re、W、Ta、Os 具有高体积模量的特性，与轻元素 B、C、N、O 等小原子结合可以形成强而短的共价键。结合过渡金属和轻元素的优点，采用适当的结构调控方法，预计能设计出结构致密、超不可压缩、高硬度的材料。与前两类超硬材料相比，过渡金属与轻元素结合形成的超硬材料具有成本低、易合成等优点，成为未来超硬材料的一个重要研究方向。材料的框架结构以及化学键成分等因素对材料的硬度有重要影响，是决定材料硬度特性的根本原因，因此，深入研究影响材料硬度特性的结构因素及其微观机制对设计超硬过渡金属-轻元素化合物具有重要科学意义。

2005 年 Kaner 等[19]利用过渡金属 Os 和共价元素 B 合成 OsB_2，并通过加压方法研究其抗压缩性情况，得出其体积模量值在 365～395 GPa 之间，这一结果表明 OsB_2 可能具有超不可压缩性和较大的硬度。然而燕山大学高发明课题组[20]采用第一性原理总能计算方法研究 OsB_2 的结构、弹性和电子特性，结果表明虽然 OsB_2 具有较低的压缩性，但是利用半经验理论计算的 OsB_2 的硬度只有 27.9 GPa，不是超硬材料。随后，上海交通大学的孙弘课题组[21]利用第一性原理理想强度计算方法研究 OsB_2，发现尽管 OsB_2 结构中存在强共价 B—B 键和 Os—B 键，可增强其抗拉强度，但（001）面只存在 Os—Os 键，使得 OsB_2 的剪切模量在该晶向方向大大减小，导致其不可能成为超硬材料。此外，还有一些理论研究[22-23]表明 OsB_2 具有较低的压缩率，是硬材料，但不是超硬材料。

2007 年 Chung 等[24]报道称：他们在实验上合成了 ReB_2 超硬材料，在 0.49 N 的载荷下测得其平均硬度达到 48 GPa，并且可以划伤金刚石。随后，Dubrovinskaia 等人[25]对这一报道提出质疑，指出合成的 ReB_2 材料在金刚石上的划痕可能是其在金刚石表面的沉积。就此疑问，Chung 等研究人员[26]提供了 ReB_2 在金刚石表面划痕的原子力显微镜图像以及划伤深度数据，以证明金刚石表面的划痕确实是 ReB_2 划伤。中国科学院长春应用化学研究所的孟健课题组[27]从理论上计算了 ReB_2 的剪切模量和体积模量，结果分别为 289.4 GPa 和 354.5 GPa，这一结果从理论上说明 ReB_2 可能是超硬材料。四川大学贺端威[28]课题组也就 ReB_2 是否可能成为超硬材料做了深入探讨，结果表明 ReB_2 的硬度测量值随载荷的减小而增大；另外，采用超声测量从实验上测得 ReB_2 的体积模量大概为 210 GPa。此项研究对 ReB_2 材料是否为超硬材料提出了新的挑战，但无论如何，ReB_2 材料的硬度相对于 OsB_2 材料还是提高了很多。理论研究方面：吉林大学马琰铭课题组[29]自主研发了一款第一性原理结构搜索软件，可根据设定功能导向对给定元素的二元体系在一定压力和配比范围进行结构搜索，获得符合要求的结构。该课题组利用这一方法对 W-B 体系进行结构搜索，得到了一定配比范围内所有可能的 W_xB_y 热力学稳定结构，还找到了大量亚稳态相，证实和修正了多种以前提出的 W-B 化合物结构[30-32]，并首次预测了 W_2B、W_2B_5 和 WB_3 等的新相结构。随后，江苏师范大学的李印威课题组[33]采用这一结构搜索方法研究了 Os-C 体系，预测了三种可能的 Os-C 硬材料（OsC_2，OsC_3 和 OsC_4）的结构。河南大学的王渊旭课题组[34]也利用粒子群优化算法预测了 $R-3m$ 结构 ReB_4，并指出：由于存在强 B—B 和 B—Re 化合键，因此 $R-3m$ ReB_4 可能具有较大的硬度。这些研究表明：结构搜索是设计结构的一种行之有效的方法。同属过渡金属，Os 和 W、Re 具有很多类似的特性，Gu 等人[35]对过渡金属硼化物硬度特性的研究以及国内外课题组对过渡金属-轻元素体系的结构搜索研究[29,33-34,36]给本章的研究提供了很大启示。鉴于 Os-B 体系超硬材料的研究现状，本章将通过功能导向搜索方法设计超硬 Os-B 化合物结构，在设计得到的超硬材料结构的基础上，通过分子动力学和第一性原理研究从结构信息中探寻影响硬度特性的结构因素及其对硬度的影响机制，为实验上获得 Os-B 体系的超硬材料提供理论指导。

2.2 理论研究方法和细节

本章采用 CALYPSO 程序包[37-38]中的粒子群优化算法，对 OsB_2 晶体基态结构在 0~100 GPa 压强范围内进行了每个模拟单元 1~8 个原胞（f.u.）的结构搜索。利用本程序包已成功预测了多种化合物在给定条件下的结构[39-43]。本研究所有的第一性原理计算都是在密度泛函理论 VASP 程序包中进行的。选择的是广义梯度近似[44]作为交换相关势函数[45]。采用赝势平面波法分别描述电子和粒子相互作用，Os 和 B 原子分别采用 $5d^66s^2$ 和 $2s^22p^1$ 构型。选择 700 eV（能量的单位，1 eV = 1.6×10^{-19} J）的平面波截断能和合适的 Monkhost-Pack K 点网格[46]进行布里渊区采样，能量收敛为 1 meV/原子。

2.3 结果与讨论

2.3.1 结构的确定及从能量角度研究结构稳定性

本研究旨在获得高硬度的 OsB_2 结构，搜索压力范围从 0 到 100 GPa。通过人工设计、机器学习和结构搜索等方法设计出新材料的结构，首先需要判断其是否稳定，如果这个结构不稳定，那么后续该结构的性能研究和分析就犹如空中楼阁，没有任何意义。因此，判断材料是否稳定是材料设计领域中非常关键的一个环节。本节将通过计算生成焓、声子色散曲线和动力学多个角度讨论，确定该压力范围内获得的 OsB_2 稳定相。

生成焓是指由相应单质合成化合物所释放的能量。对于二元化合物 A_mB_n，其生成焓可表示为：$\Delta H = E(A_mB_n) - m\cdot E(A) - n\cdot E(B)$，其中 $E(A_mB_n)$ 是二元化合物 A_mB_n 的能量，$E(A)$ 和 $E(B)$ 分别为对应单质 A 和 B 的能量。本研究中 OsB_2 的生成焓则应由 $\Delta H = E(OsB_2) - E(Os) - 2E(B)$ 定义，其中 $E(OsB_2)$ 是各种稳定的 OsB_2 晶体结构的能量，$E(Os)$ 和 $E(B)$ 分别是纯 Os（空间群：$P6_3/mmc$）和 α 相 B（空间群：R-$3m$）的总能量。本工作中共发现了四个常压结构（$P6_3/mmc$、$Pmmn$、$I4/mmm$ 和 R-$3m$ 结构）和两个高压结构（$I4/mmm$ 和 R-$3m$ 结构）。计算它们的生成焓结果如表 2.1 中所列，由 CALYPSO 程序获得的它们的预测结构参数也在表 2.4 中给出。$Pmmn$ 型 OsB_2 的结构在实验上已经合成[47]，$P6_3/mmc$ 型 OsB_2 也已经有了理论研究和报道[22-23]。本工作预测的结果中包含了这两种常压 OsB_2 结构，并且与前人的研究结果吻合得很好，这证明了本研究的可靠性。除此之外，本研究还获得了两个新的常压相（$I4/mmm$ 和 R-$3m$ 结构）和两个新的高压相（$Fddd$ 和 $Cmcm$ 结构）。它们的结构稳定性及其性能都将在下面的研究中讨论。

表 2.1 不同 OsB_2 结构的生成焓 ΔH

单位：eV/f. u.

结构类型	$P6_3/mmc$	$Pmmn$	$I4/mmm$	R-$3m$	$Fddd$-60 GPa	$Cmcm$-80 GPa
ΔH	−0.67	−0.68	−0.41	−0.44	−0.75	−0.98
	−0.55[12]	−0.58[12]				

基于搜索到的结构，利用第一性原理 VASP 程序包进行了几何优化计算。经过结构的几何优化后，所有结构都保持了与初始对称性相同的对称性，结果如图 2.1 所示。

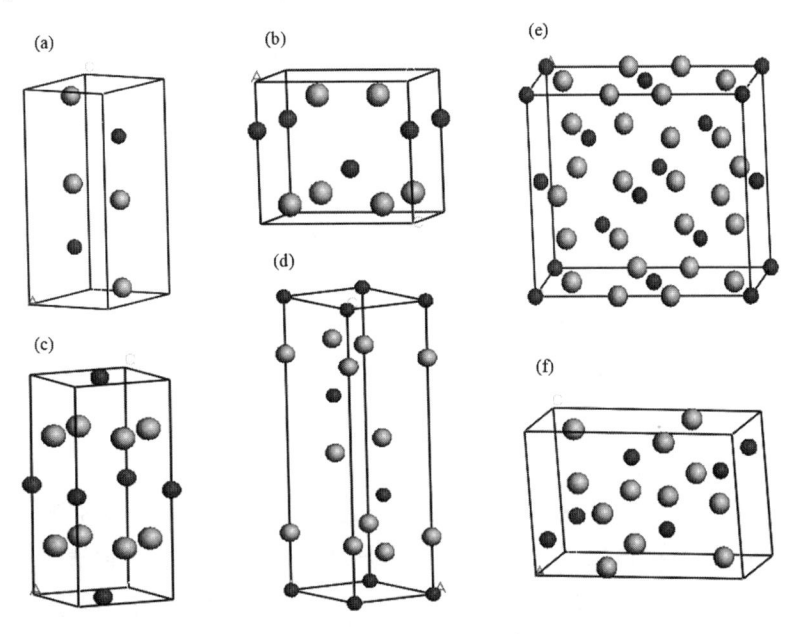

图 2.1 预测的 OsB_2 结构

(a) $P6_3/mmc$ 相；(b) $Pmmn$ 相；(c) $I4/mmm$ 相；(d) R-$3m$ 相；

(e) $Fddd$ 相（60 GPa）；(f) $Cmcm$ 相（80 GPa）

此外，还计算并绘制了不同 OsB_2 相的生成焓与压力的函数关系，并利用不同压力下 $I4/mmm$ 相 OsB_2 结构的生成焓作为参考零点，如图 2.2 所示，结果将在后面讨论。

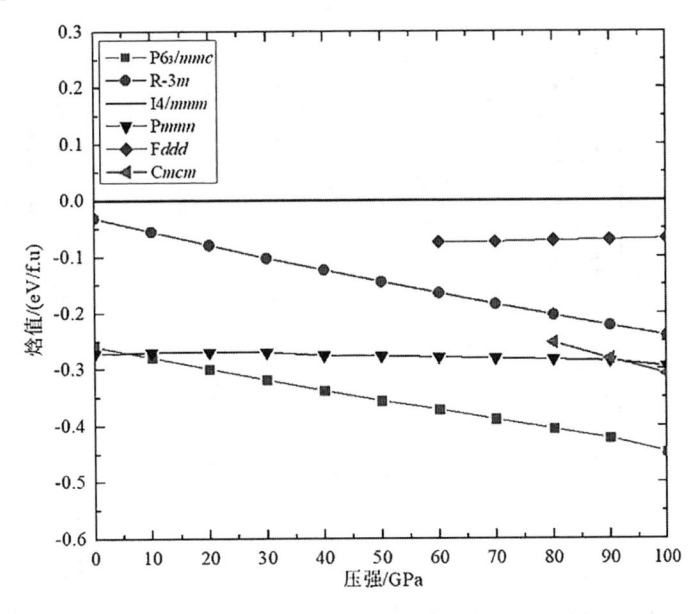

图 2.2 不同 OsB_2 相的生成焓随压力的变化关系

（选择不同压力下 $I4/mmm$ 相 OsB_2 结构的生成焓作为参考零点）

2.3.2 从晶格动力学角度研究结构的稳定性

声子谱是表示组成材料原子的集体振动模式，是研究材料晶格动力学稳定性的重要手段。如果材料的原胞中包含 n 个原子，那么声子谱总共有 $3n$ 支：其中有 3 条声学支，表示原胞的整体振动；$3n-3$ 条光学支，表示原胞内原子间的相对振动。计算出的声子谱如果有虚频，通常意味着该材料不稳定，因为

$$\omega \propto \sqrt{\frac{\beta}{m}} = \sqrt{\frac{1}{m}\frac{\partial^2 E(x)}{\partial x^2}} \tag{2.1}$$

其中，ω 为振动频率；β 为弹性常量；$E(x)$ 表示原子间的相互作用能；x 表示原子偏离平衡位置的位移；m 为原子质量。由上式可以看出，当振动频率 ω 为负值时，有

$$\frac{\partial^2 E(x)}{\partial x^2} < 0 \tag{2.2}$$

即表示原子平衡位置位于能量的"极大值点"（类似抛物线顶点），处于这样平衡位置的原子是不稳定的。但有些情况声子谱虚频是原胞选择不当造成的，这种情况可通过虚频信息调节晶胞尺寸消除虚频。如图 2.3 所示，单层 2H-NbSe$_2$ 声子谱声学支的一支有虚频，且虚频主要位于 $\varGamma$ 点和 M 点 1/2 处（对应倒格矢的 1/4 位置）。倒格矢的 1/4，对应晶格长度的 4 倍。因此，可将原胞沿上述倒格矢方向扩大四倍，进一步优化原子位置，就可能得到稳定的晶胞。

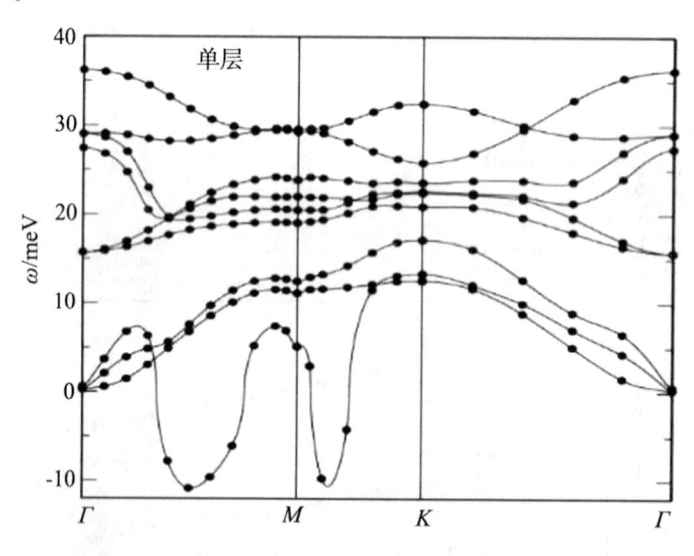

图 2.3 单层 2H-NbSe$_2$ 的声子谱[48]

本研究利用超胞法在 Phonopy 软件中计算了本工作中预测的 OsB$_2$ 的不同相的声子谱，所有结果如图 2.4 所示。很明显，对于所有这些结构，声子频率都是正的，声子色散曲线中没有虚频率，这意味着这几种常压和高压相从晶格动力学角度看也都是稳定的。

图 2.4 预测的 OsB_2 的常压和高压相的声子谱曲线

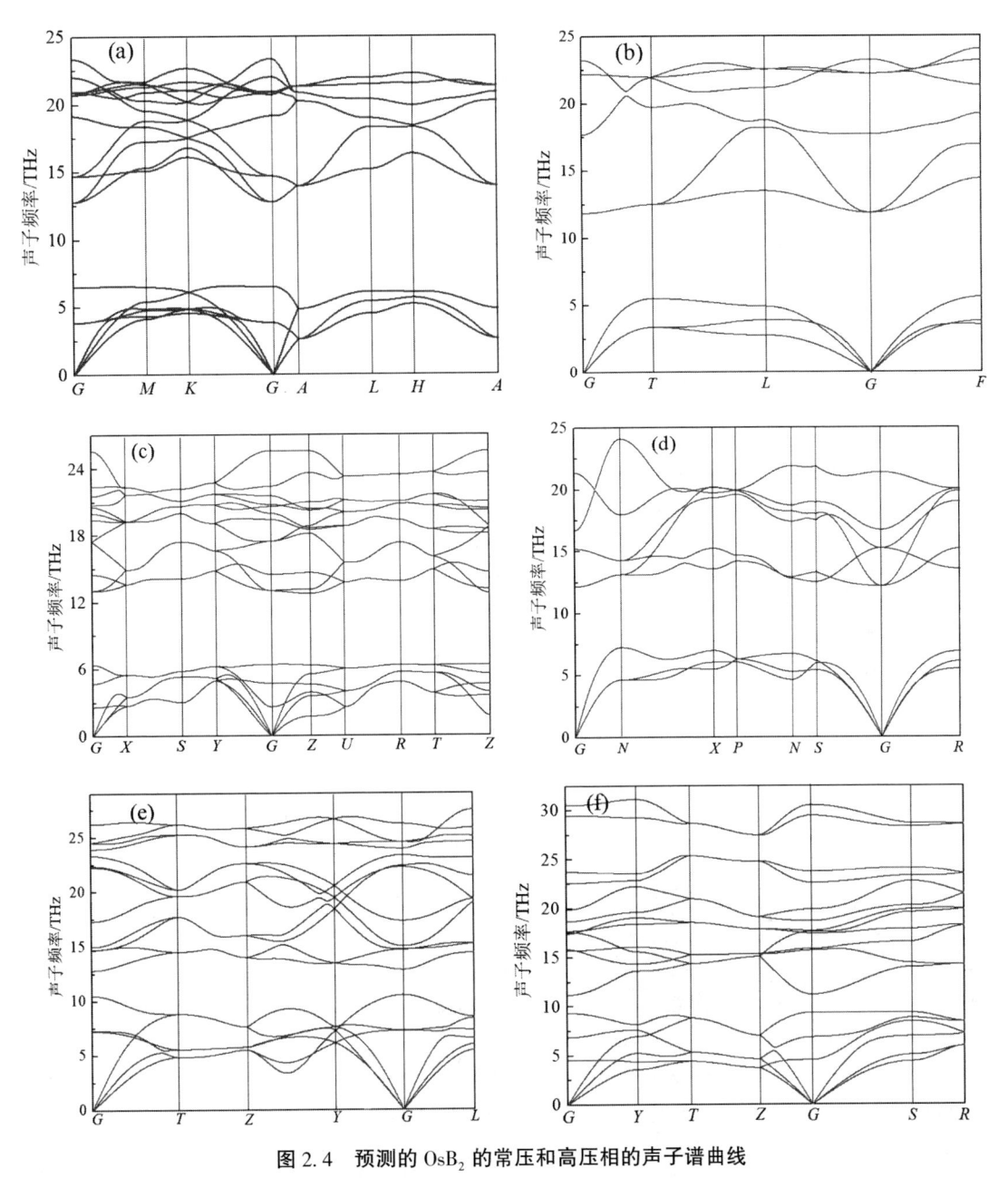

(a) $P6_3/mmc$-0 GPa；(b) $R-3m$-0 GPa；(c) $Pmmn$-0 GPa；(d) $I4/mmm$-0 GPa；
(e) $Fddd$-60 GPa；(f) $Cmcm$-80 GPa

此外，基态生成焓可以用来分析晶体的热力学稳定性。生成焓越低，结构的热力学稳定性越高。表 2.1 中列出了四种常压 OsB_2 结构的生成焓。结果表明，这四种结构在 0 GPa 下的稳定顺序由强到弱依次为 $Pmmn$，$P6_3/mmc$，$R-3m$，$I4/mmm$，但它们的生成焓都小于 -0.4 eV，说明它们在常压条件下都是热力学稳定的。此外，在 0~100 GPa 范围内，

OsB_2 不同相的生成焓随压力的变化如图 2.2 所示。从图 2.2 可以看出，$Pmmn$ 相是 OsB_2 在常压下最稳定的结构，当压力大于 5 GPa 时，$P6_3/mmc$ 结构比 $Pmmn$ 结构更稳定。在 5 GPa 左右的高压下，发生了从 $Pmmn$ 相向 $P6_3/mmc$ 相转变的结构相变。$Fddd$ 和 $Cmcm$ 相分别出现在 60 GPa 和 80 GPa。在约 90 GPa 的高压下，发生 $Pmmn$ 相向 $Cmcm$ 相转变的结构相变，$Cmcm$ 结构在该压力下成为第二稳定结构。

2.3.3 从热学角度研究结构的稳定性

通过能量和声子谱判断材料比较稳定之后，便可通过分析动力学进一步判断材料在一定温度下的稳定性。分子动力学方法就是通过构建超胞，施加一定温度，运行一段时间之后观察原胞结构是否遭到破坏来判断该材料能否在该温度下稳定存在。为了进一步评估 OsB_2 的室温热稳定性，本研究对四种新的预测结构进行了从头算分子动力学模拟。以 1 fs 为时间步长，模拟进行了 3 000 fs。如图 2.5 所示，结果表明在一定的温度下单胞的总能量随时间的变化相当小，这表明这些结构在室温下没有遭到破坏，是可以稳定存在的。

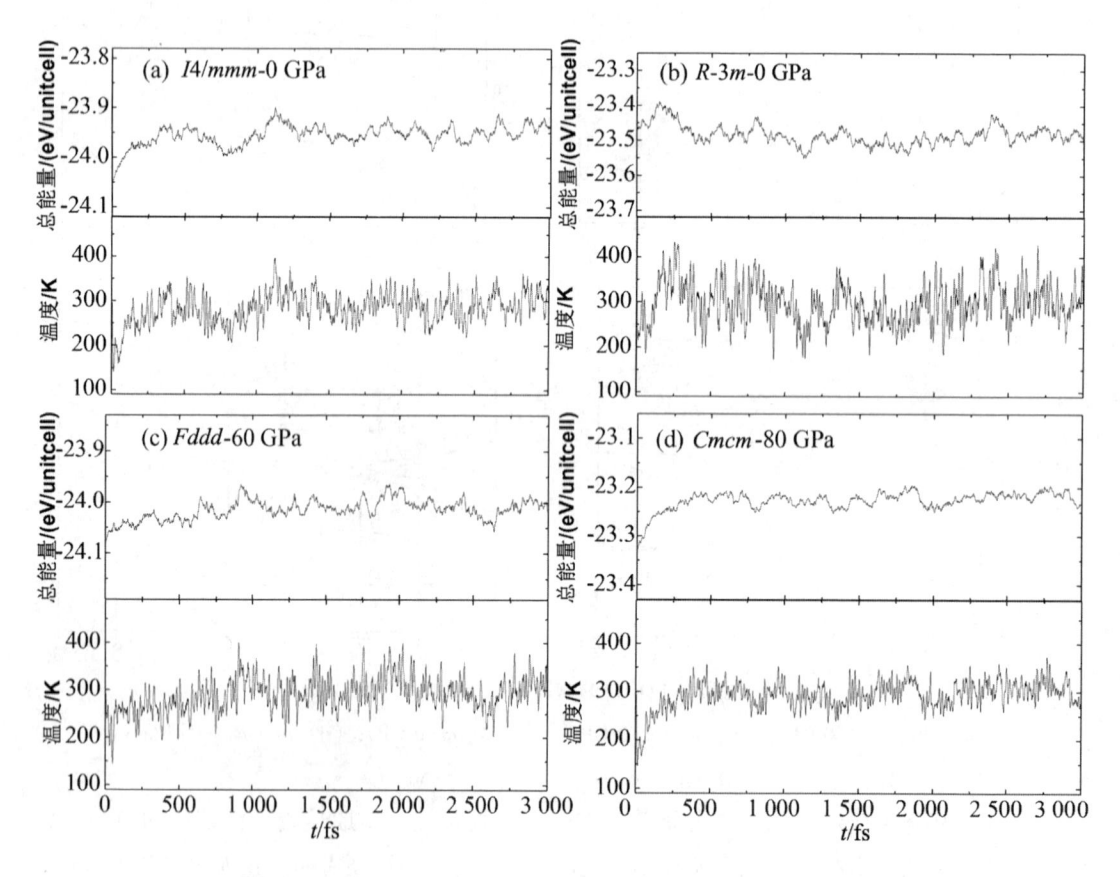

图 2.5 从头算分子动力学模拟得到的在一定温度下不同相 OsB_2 的单胞能量随时间的变化情况

2.3.4 从力学角度研究结构的稳定性

根据波恩稳定性判据，材料的弹性势能可以表示为

$$E = E_0 + \frac{1}{2}V_0 \sum_{i,j=1}^{6} C_{ij}\varepsilon_i\varepsilon_j + O(\varepsilon^3) \quad (2.3)$$

其中，V_0 为材料晶胞不受外力时的体积；C_{ij} 为弹性常量矩阵元；ε_i 为应力。如果一个材料的结构是稳定的，得到的弹性势能 E 一定大于 0。由此就可得到材料的弹性稳定性条件是：矩阵 C 是正定的；矩阵 C 的所有本征值都是正的；矩阵 C 的所有顺序主子式都是正的；矩阵 C 的任意子式都是正的。根据这一条件可知，不同晶系材料的弹性常量矩阵元需要满足不同的条件[49]。

对于立方相需要满足：

$$C_{11}>0, \ C_{44}>0, \ C_{11}-C_{12}>0, \ C_{11}+2C_{12}>0 \quad (2.4)$$

对于四方相需要满足：

$$C_{11}>0, \ C_{33}>0, \ C_{44}>0, \ C_{66}>0, \ C_{11}-C_{12}>0$$
$$C_{11}+C_{33}-2C_{13}>0, \ 2(C_{11}+C_{12})+C_{33}+4C_{13}>0 \quad (2.5)$$

对于正交相需要满足：

$$C_{11}>0, \ C_{22}>0, \ C_{33}>0, \ C_{44}>0, \ C_{55}>0, \ C_{66}>0$$
$$C_{11}+C_{22}-2C_{12}>0, \ C_{11}+C_{33}-2C_{13}>0, \ C_{22}+C_{33}-2C_{23}>0 \quad (2.6)$$

对于六方相需要满足：

$$C_{44}>0, \ C_{11}>C_{12}, \ (C_{11}+2C_{12})C_{33}>2C_{13}^2 \quad (2.7)$$

对于单斜相需要满足：

$$C_{11}>0, \ C_{22}>0, \ C_{33}>0, \ C_{44}>0, \ C_{55}>0, \ C_{66}>0,$$
$$C_{11}+C_{22}+C_{33}+2(C_{12}+C_{13}+C_{23})>0, \ C_{33}C_{55}-C_{35}^2>0 \quad (2.8)$$
$$C_{44}C_{66}-C_{46}^2>0, \ C_{22}+C_{33}-2C_{23}>0$$

本研究为了从力学角度研究几种预测的 OsB_2 结构的稳定性，计算了它们的弹性常数，如表 2.2 所示。

表 2.2 不同 OsB_2 相的弹性常数（0 GPa 下 $P6_3/mmc$, $Pmmn$, $I4/mmm$ 和 R-$3m$ 相；60 GPa 下 $Fddd$ 相和 80 GPa 下 $Cmcm$ 相）

结构	C_{11}	C_{22}	C_{33}	C_{44}	C_{55}	C_{66}	C_{12}	C_{13}	C_{23}	
$P6_3/mmc$	404	404	873	113	227	227	178	294	294	本工作
	453		870	206			183	218		参考文献 [23]
	487		880	215		154	180	229		参考文献 [22]
$Pmmn$	586	551	792	206	54	222	201	179	161	本工作

续表

结构	C_{11}	C_{22}	C_{33}	C_{44}	C_{55}	C_{66}	C_{12}	C_{13}	C_{23}	
	549	538	744	77	203	199	164	183		参考文献[23]
	570	540	753	68	191	192	178	188		参考文献[36]
	560	573	786	121	227	212	171	176	115	参考文献[22]
$I4/mmm$	650	650	969	107	306	306	80	214	214	本工作
$R-3m$	505	505	929	148	262	262	209	215	215	本工作
$Fddd$	1302	869	662	370	368	353	288	290	472	本工作
$Cmcm$	1095	982	1165	247	392	248	287	351	457	本工作

结合表 2.2 中弹性常数的计算结果和上述准则,所有考虑的结构在力学上都是稳定的。计算得到的 $P6_3/mmc$ 和 $Pmmn$ 相的弹性常数与前人的理论值基本一致[22-23,50]。对于四个常压稳定相,C_{33} 值远大于相应的 C_{11} 和 C_{22} 值,表明它们很难沿 z 轴被压缩,即 z 轴的抗压缩率最大。但对于高压相 $Fddd$-OsB_2,其 C_{11} 值非常大(1 302 GPa),甚至比立方 BN 的 C_{11}(773 GPa)大得多[51]。这意味着这一结构沿 x 轴是很难压缩的。对于另一高压相 $Cmcm$-OsB_2,C_{11}、C_{22} 和 C_{33} 的值相差不大,这表明它具有几乎各向同性的线性不可压缩性。

2.3.5　弹性特性和硬度

根据表 2.2 中的弹性常数,进一步用 Voigt 理论可计算不同 OsB_2 结构的弹性模量。在 Voigt 理论体系中,可通过以下公式得到体积模量 B 和剪切模量 G:

$$9B = (C_{11}+C_{22}+C_{33}) + 2(C_{12}+C_{23}+C_{13}) \tag{2.9}$$

$$15G = (C_{11}+C_{22}+C_{33}) - (C_{12}+C_{23}+C_{13}) + 3(C_{44}+C_{55}+C_{66}) \tag{2.10}$$

根据 Voigt-Reuss-Hill 近似[52],弹性模量 E 和泊松比 ν 可分别用体积模量和剪切模量表示为 $E = 9BG/(3B+G)$ 和 $\nu = (3B-2G)/[2(3B+G)]$。通过这一近似计算的弹性参数在表 2.3 中列出。不难发现,本工作中预测的所有 OsB_2 的结构都具有较大的体积模量,甚至远高于常用硬质材料 SiC[53] 和 Al_2O_3[54],这表明它们具有很高的不可压缩性。剪切模量是衡量材料抵抗剪切应变的物理参数。从表 2.3 可以看出,除了 $P6_3/mmc$ 和 $Pmmn$ 相,其他 OsB_2 相的剪切模量值均大于 220 GPa,因此它们具有优异的抗外部剪切应变能力。泊松比 ν 是衡量共价键结合程度的一个重要参数。对于共价材料,泊松比很小($\nu = 0.1$),而对于离子材料,该值约为 0.25[55]。$P6_3/mmc$ 和 $Pmmn$ 相的泊松比大于 0.25,说明它们是离子晶体,结构中离子键组分占主导地位。而对于 $I4/mmm$ 和 $R-3m$ 相,它们的小泊松比意味着这些结构中存在大量强共价键。对于高压结构,$Fddd$ 相的泊松比小于 $Cmcm$ 相,说明 $Fddd$ 相中的共价键比例大于 $Cmcm$ 相。

理论上有多种预测维氏硬度的理论模型，其中，燕山大学的田永军等人[56]提出了一种从晶体的体积模量 B 和剪切模量 G 计算硬度的理论模型，$H_v=0.92\ k^{1.137}G^{0.708}$，其中 $k=G/B$。Liu 等人[57]已成功地利用该理论模型计算了黄铁矿型过渡金属氮化物的硬度。本研究之前也利用该模型对 TcP_4 的理论维氏硬度进行了估算[58]。本工作中，通过该模型计算了 OsB_2 不同相的硬度，见表 2.3。对于 $P6_3/mmc$ 和 $Pmmn$ 结构，理论或实验上已经有过研究，本研究给出的这两种相的硬度值分别为 15.7 GPa 和 19.6 GPa。只有 $Pmmn$ 相才有实验结果，与以往的理论研究相比，我们的计算结果在允许误差范围内，与实验值符合得更好。$I4/mmm$ 和 $R\text{-}3m$ 结构是本研究预测的两种新的常压结构，本研究计算的它们的硬度值分别为 32.3 GPa 和 24.4 GPa，明显高于 $P6_3/mmc$ 和 $Pmmn$ 结构。尤其是 $I4/mmm$ 相，其硬度甚至大于共价化合物 $\beta\text{-}Si_3N_4$（30.3 GPa）[59]。从泊松比结果看，$P6_3/mmc$ 和 $Pmmn$ 结构中离子键占主导地位，而 $I4/mmm$ 和 $R\text{-}3m$ 结构中强共价键占很大比例，共价键对硬度的贡献大于离子键，因此 $I4/mmm$ 和 $R\text{-}3m$ 相的硬度明显大于 $P6_3/mmc$ 和 $Pmmn$ 相。下文将在电子特性研究中做更详细的讨论。

表 2.3 不同结构 OsB_2 的体积模量 B（GPa）、剪切模量 G（GPa）、弹性模量 E（GPa）和维氏硬度

结构	B	G	E	ν	H_v	
$P6_3/mmc$-0 GPa	357	174	449	0.290	15.7	本工作
	334	192	485	0.258	34.5	理论文献 [22]
$Pmmn$-0 GPa	335	189	477	0.263	19.6	本工作
	304	172	434	0.262	21.9	理论文献 [23]
	314	200	496	0.237	30.1	理论文献 [22]
	310	164	419	0.275		理论文献 [36]
					21.6±3	实验文献 [60]
					7.8-24.8	实验文献 [61]
	348					实验文献 [35]
$I4/mmm$-0 GPa	365	261	632	0.211	32.3	本工作
$R\text{-}3m$-0 GPa	357	221	550	0.243	24.4	本工作
$Fddd$-60 GPa	548	338	841	0.244	32.8	本工作
$Cmcm$-80 GPa	604	321	818	0.27	26.7	本工作

2.3.6 电子特性

电子性质是研究固体材料其他性质的重要基础，因此，对材料电子性质的研究有很多[62-63]。这里，为了探索预测结构硬度较大的原因，本工作研究了不同相 OsB_2 的电子性质。本工作用 GGA 和 HSE06 方法计算了 $I4/mmm$ 和 $R\text{-}3m$ 相的态密度。HSE06 方法是一种比 GGA 方法更精确的研究电子性质的方法，但模拟时间也要长得多。这两种方法所得结果的比较见图 2.6。结果表明，本研究用 GGA 方法就已经足够了，因此采用 GGA 方法

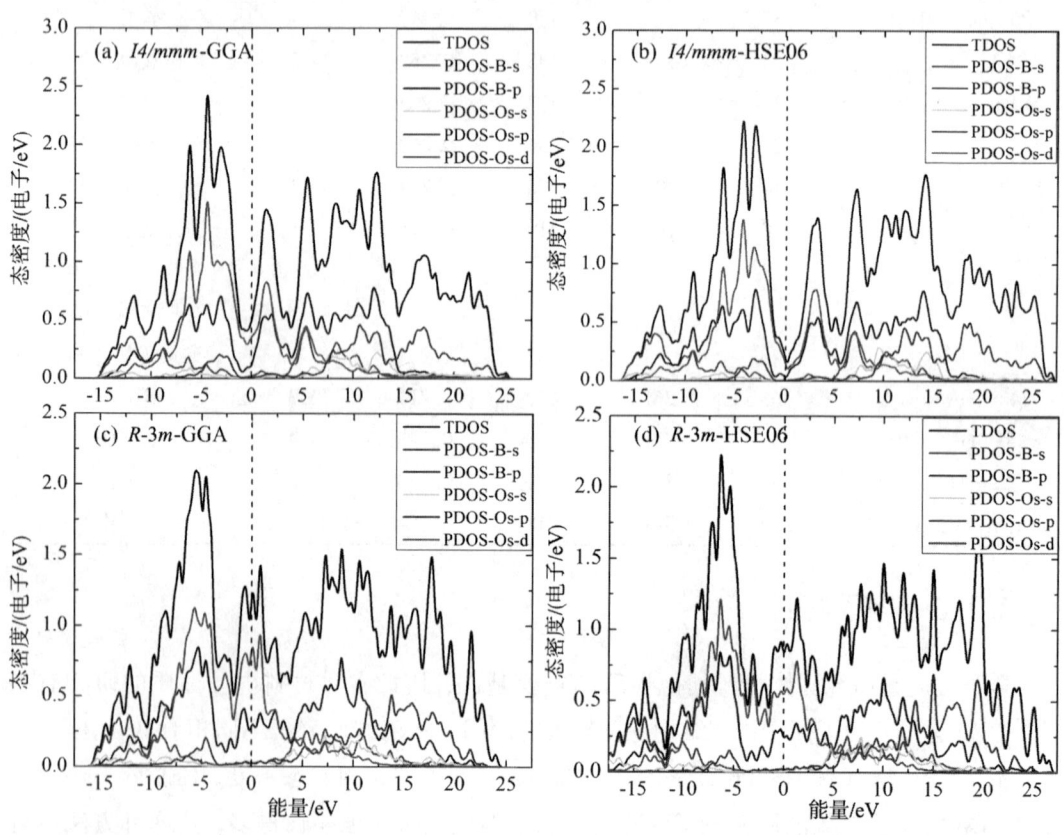

研究了其他 OsB_2 相的电子性质。从图 2.7 可以看出，不同相 OsB_2 结构的费米能级附近的总态密度（total density of states，TDOS）都主要由 B 原子的 p 轨道电子和 Os 原子的 d 轨道电子贡献。但是对于不同相，B 和 Os 之间的相互作用是不同的。对于 $P6_3/mmc$ 和 $Pmmn$ 相，B 原子的 p 轨道电子和 Os 原子的 d 轨道电子在费米能级两侧的分波态密度（partial density of states，PDOS）的形状非常相似，这意味着 B 原子的 p 电子和 Os 原子的 d 电子之间的相互作用很强，因此离子键在这两种相中占主导地位。而 $R-3m$，$Cmcm$ 和 $I4/mmm$ 相，B 原子的 p 电子和 Os 原子的 d 电子的 PDOS 形状相似性越来越低，这意味着在费米能级附近 Os 和 B 原子之间的相互作用越来越弱，Os—B 离子键强度越来越小。对于在 80 GPa 时出现的 $Fddd$ 相，Os 的 p 态和 B 的 d 态的 PDOS 形状在费米能级两侧是不同的，因此 Os 与 B 原子的相互作用在这一相中最弱。对于 OsB_2 的这些相，键组分包含共价键和离子键。如果 Os 与 B 原子的相互作用较强，则离子键占主导地位；相反，如果 B—B 原子之间的相互作用很强，那么共价键占主导地位。通常情况下，共价键组分的比例越高，硬度越大，当然，键强度也应该考虑进去。这将在下一部分讨论。这也就不难理解为什么它们在 0 GPa 下不同 OsB_2 结构的硬度由大到小依次为 $I4/mmm$，$R-3m$，$Pmmn$，$P6_3/mmc$ 相，高压相 $Fddd$ 和 $Cmcm$ 结构的硬度也都很大了。

图 2.6　GGA 和 HSE06 方法计算的 $I4/mmm$ 和 $R-3m$ 相 OsB_2 的总态密度和分波态密度对比

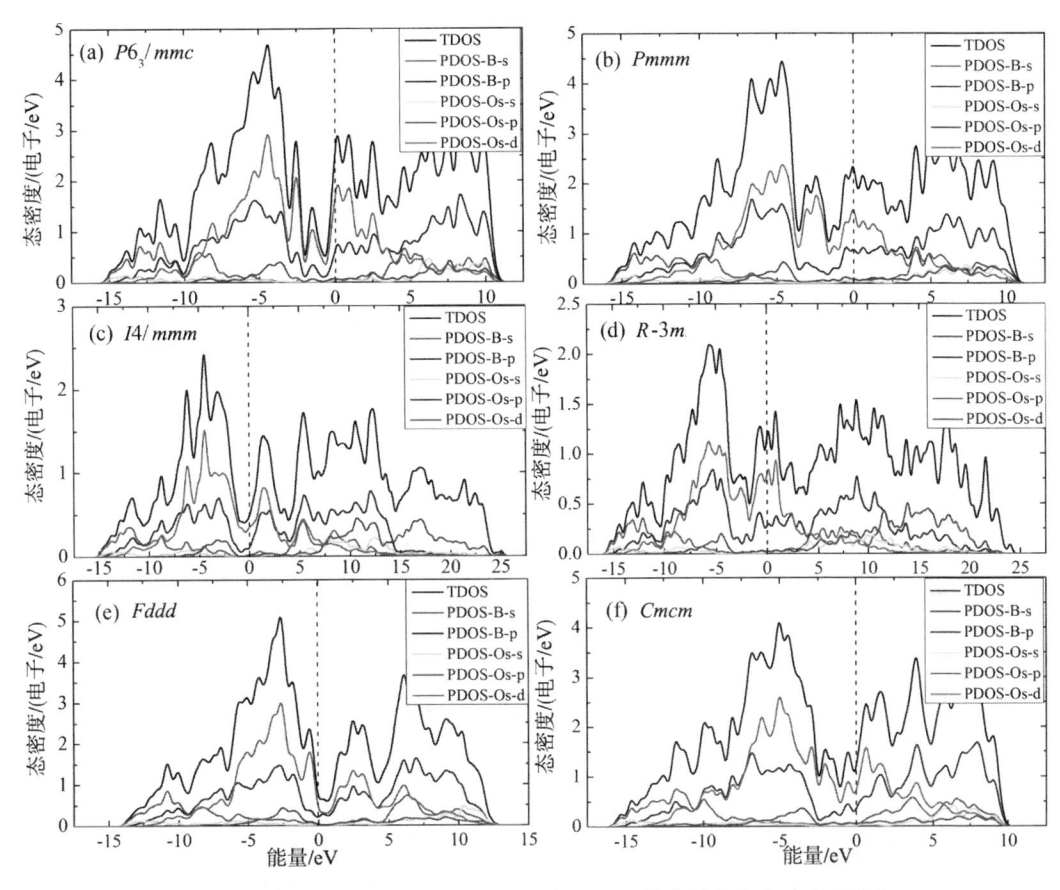

图 2.7　不同 OsB_2 相的总态密度和分波态密度（其中的虚线表示费米能级）

图 2.8 中给出了预测的 OsB_2 各常压和高压相的电荷密度。可以看出，$P6_3/mmc$ ［图 2.8（a）］和 $Pmmn$ ［图 2.8（b）］的 B 原子和 Os 原子之间的电荷密度逐渐变化，这意味着它们的结构中存在 B—B 共价键和 Os—B 离子键，但 B—B 和 Os—B 原子的电荷密度重叠不是很大，说明这些黏结强度不是很大。而对于 $R-3m$ 相 ［图 2.8（e）］，B 原子和 Os 原子之间的电荷密度有一个清晰的边界，B 原子之间的电荷密度连接在一起，表明存在很强的 B—B 共价键。对于 $I4/mmm$ 相，B 原子与 Os 原子的电荷密度边界更明显，甚至分别形成 B 原子层和 Os 原子层。图 2.8（c）和图 2.8（d）示出了 B 和 Os 层在（110）方向上的电荷密度。可以看出，B 原子和 Os 原子之间的电荷密度不受相互影响。在 B 层中，四个 B 原子之间的电荷密度连接在一起，形成了很强的 B—B 共价键网格结构，因此具有较高的硬度。从图 2.8（f）高压相 $Fddd$-OsB_2 的电荷密度可以看出，在这种结构中，B—B 共价键和 Os—B 离子键都很强，因此它也具有很高的硬度。在图 2.8（g）中，高压 $Cmcm$ 相的电荷密度与常压 $Pmmn$ 相非常相似，但 B—B 和 Os—B 原子的电荷密度重叠远大于 $Pmmn$ 相。这意味着 $Cmcm$ 相中的 B—B 共价键和 Os—B 离子键较强（即键强度较大），因此硬度高于 $Pmmn$ 相。各种 OsB_2 结构的电荷密度结果与态密度的研究结果吻合较

好。这些化合物结构中键成分的键强度和共价 B—B 键与离子 Os—B 键的比例对其不可压缩性和硬度起着关键作用。

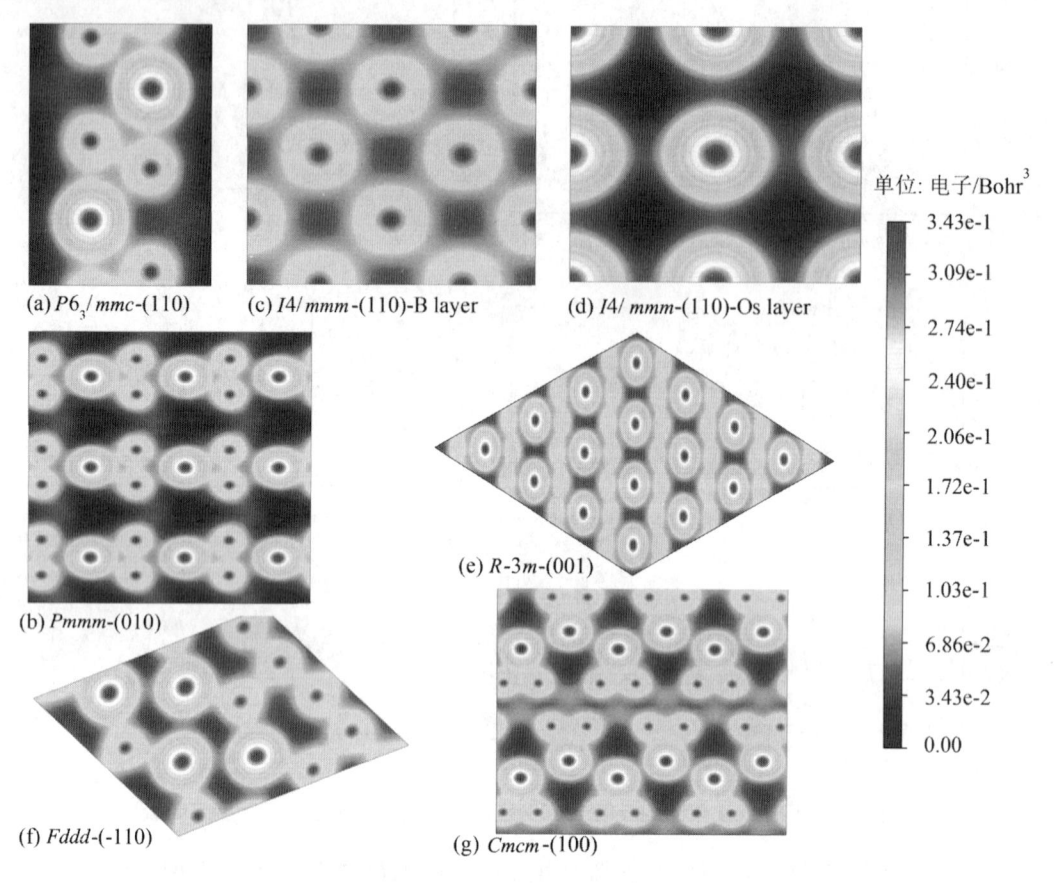

(a) $P6_3/mmc$-(110)
(c) $I4/mmm$-(110)-B layer
(d) $I4/mmm$-(110)-Os layer
(b) $Pmmm$-(010)
(e) R-$3m$-(001)
(f) $Fddd$-(-110)
(g) $Cmcm$-(100)

单位: 电子/Bohr^3

图 2.8　不同 OsB_2 相的电荷密度图

表 2.4　本工作预测的在 0~100 GPa 范围内的不同 OsB_2 相

结构	晶格参数/nm	ΔE/(eV/f.u.)	原子	x	y	z
$P6_3/mmc$-2u	$a=b=0.291\,9$ $c=0.730\,7$	-0.67	Os (2d) B (4f)	0.666,67 0.333,33	0.333,33 0.666,67	0.25 0.448,07
$Pmmn$-2u	$a=0.467\,6$ $b=0.287\,2$ $c=0.406\,7$	-0.68	Os (2a) B (1a)	0.0 0.304,96	0.0 0.5	0.346,32 0.138,34
$I4/mmm$-2u	$a=b=0.283\,0$ $c=0.680\,3$	-0.41	Os (2b) B (4d)	0.5 0.0	0.5 0.5	0.0 0.25
R-$3m$-3u	$a=b=0.289\,0$ $c=1.113\,9$	-0.44	Os (3a) B (6c)	0.0 0.0	0.0 0.0	0.0 0.196,52

续表

结构	晶格参数/mm	ΔE/（eV/f.u.）	原子	x	y	z
$Fddd$-8u（60GPa）	$a=0.766\ 8$ $b=0.644\ 4$ $c=0.385\ 9$	-0.75	Os（8a） B（16e）	-1.0 -0.378	-0.5 0.0	-0.5 0.0
$Cmcm$-4u（80GPa）	$a=0.264\ 9$ $b=0.718\ 8$ $c=0.474\ 8$	-0.98	Os（4c） B（8f）	0.0 0.0	0.931 36 0.665 43	0.75 0.568，98

2.4 总结

本章通过PSO算法搜索了OsB$_2$在0到100 GPa压力范围内的可能结构。搜索得到了四个常压结构和两个高压结构。其中，$P6_3/mmc$和$Pmmn$的常压结构在以往的研究中已经有过报道，本研究的预测结果与这些研究是一致的。另外两个常压相（$I4/mmm$和R-$3m$结构）和两个高压相（$Fddd$和$Cmcm$结构）是本章新预测的OsB$_2$相。声子、弹性常数、生成焓和分子动力学计算都证实了这几种相是稳定的。高的体积模量、剪切模量和弹性模量表明它们都是潜在的硬质材料。根据体积模量和剪切模量计算这些结构的硬度，结果表明，新预测的$I4/mmm$相具有比$P6_3/mmc$和$Pmmn$常压结构更高的硬度，其他相也具有较大的硬度。电子态密度和电荷密度分析表明，这些新预测结构中的强共价B—B键和离子Os—B键对其不可压缩性和硬度起着关键作用。

参考文献

［1］MING L C，MANGHNANI M H. High pressure phase transformation in FeF$_2$（rutile）［J］. Geophys. Res. Lett. ，1978,5(6):491-494.

［2］WANG H B,LIU X,Li Y W,et al. First-principles study of phase transitions in antiferromagnetic XF$_2$（X = Fe，Co and Ni）［J］. Solid. State. Commun. 2011，151（20）:1475-1478.

［3］LIU B,HAN Y H ,GAO C X,et al. Pressure induced semiconductor-semimetal transition in WSe$_2$［J］. J. Phys. Chem. C,2010,114(33):14251-14254.

［4］SHIMIZU K. Superconductivity from insulating elements under high pressure［J］. Physica C,2015,514:46-49.

［5］HAO Y J,ZHANGE L,CHEN X R,et al. First-principles phase transition and equation of state of titanium[J]. Solid. State. Commun. ,2008,146(3-4):105-109.

[6] HAO Y J,ZHANG L,CHEN X R,et al. Ab initio calculations of the thermodynamics and phase diagram of zirconium[J]. Phys. Rev. B,2008,78(13):134101(1)-(4).

[7] HAO Y J,ZHANG L,CHEN X R,et al. Phase transition and elastic constants of zirconium from first-principles calculations[J]. J. Phys. :Condens. Matter. ,2008,20(23):235230(1)-(5).

[8] DONG Y J,CHENG X L. Structural properties of nitromethane molecular crystal under high pressure:an ab initio investigation[J]. Chin. J. Struct. Chem. ,2008,28:1105.

[9] GUO F,CHENG X L,ZHANG H. Reactive molecular dynamics simulation of solid nitromethane impact on(010) surfaces induced and nonimpact thermal decomposition[J]. J. Phys. Chem. A,2012,116(14):3514-3520.

[10] LONG Y,CHEN J. Systematic study of the reaction kinetics for HMX[J]. J. Phys. Chem. A,2015,119(18):4073-4082.

[11] SUMIYA H,TODA N,SATOH S. Mechanical properties of synthetic type IIa diamond crystal[J]. Diam. Relat. Mater. ,1997,6(12):1841-1846.

[12] KOMANDURI R,SHAW M C. Wear of synthetic diamond when grinding ferrous metals [J]. Nature,1975,255(5505):211-213.

[13] CHEN S,GONG X,WEI S. Superhard pseudocubic BC_2N superlattices[J]. Phys. Rev. Lett. ,2007,98(1):015502(1)-(4).

[14] SOLOZHENKO V L,ANDRAULT D,FIQUET G,et al. Synthesis of superhard cubic BC_2N[J]. Appl. Phys. Lett. ,2001,78(10):1385-1387.

[15] SOLOZHENKO V L,KURAKEVYCH O O,ANDRAULT D,et al. Ultimate metastable solubility of boron in diamond:synthesis of superhard diamondlike BC_5[J]. Phys. Rev. Lett. ,2009,102(1):015506(1)-(4).

[16] NARAYAN J,BHAUMIK A. Novel phase of carbon,ferromagnetism,and conversion into diamond[J]. J. Appl. Phys. ,2015,118:215303.

[17] ZHANG M,LIU H Y,LI Q,et al. Superhard BC_3 in cubic diamond structure[J]. Phys. Rev. Lett. ,2015,114(1):015502(1)-(5).

[18] WANG S,OGANOV A R,QIAN G,et al. Novel superhard B—C—O phases predicted from first principles[J]. Phys. Chem. Chem. Phys. ,2016,18:1859-1863.

[19] KANER R B,GILMAN J J,TOLBERT S H. Designing superhard materials[J]. Science,2005,308(5726):1268-1269.

[20] YANG J,SUN H,CHEN C F. Is osmium diboride an ultra-hard material[J]. J. Am. Chem. Soc. ,2008,130(23):7200-7201.

[21] GOU H Y,HOU L,ZHANG J W,et al. First-principles study of low compressibility os-

mium borides[J]. Appl. Phys. Lett. ,2006,88:221904(1)-(3).

[22] ZHONG M M,KUANG X Y,WANG Z H,et al. Phase stability,physical properties,and hardness of transition-metal diborides MB_2(M = Tc,W,Re,and Os):first-principles investigations[J]. J. Phys. Chem. C,2013,117(20):10643-10652.

[23] WANG Y C,YAO T K,WANG L M,et al. Structural and relative stabilities,electronic properties and possible reactive routing of osmium and ruthenium borides from first-principles calculations[J]. Dalton. Trans. ,2013,42(19):7041-7050.

[24] CHUNG H Y,WEINBERGER M B,LEVINE J B,et al. Synthesis of ultra-incompressible superhard rhenium diboride at ambient pressure[J]. Science,2007,316(5823):436-439.

[25] DUBROVINSKAIA N,DUBROVINSKY L,SOLOZHENKO V L. Comments on "synthesis of ultra-incompressible superhard rhenium diboride at ambient pressure"[J]. Science,2007,318(5856):1550c.

[26] CHUNG H Y,WEINBERGER M B,LEVINE J B,et al. Response to comment on"synthesis of ultra-incompressible superhard rhenium diboride at ambient pressure"[J]. Science,2007,318(5856):1550c.

[27] HAO X F,XU Y,WU Z,et al. Low-compressibility and hard materials ReB_2 and WB_2: prediction from first-principles study[J]. Phys. Rev. B,2006,74(20):224112(1)-(5).

[28] QIN J,HE D,WANG J,et al. Is rhenium diboride a superhard material[J]. Adv. Mater. , 2008,20:4780.

[29] LI Q,ZHOU D,ZHENG W T,et al. Global structural optimization of tungsten borides [J]. Phys. Rev. Lett. ,2013,110(13):136403(1)-(5).

[30] KIESSLING R,WETTERHOLM A,SILLÉN L G,et al. The crystal structures of molybdenum and tungsten borides[J]. Acta. Chem. Scand. ,1947,1:893.

[31] WOODS H P,WAGNER F E,FOX B G. Tungsten diboride:preparation and structure [J]. Science, 1966,151(3706):75.

[32] KAYHAN M,HILDEBRANDT E,FROTSCHER M,et al. Neutron diffraction and observation of superconductivity for tungsten borides,WB and W_2B_4[J]. Solid. State. Sci. , 2012,14(11-12):1656-1659.

[33] LI Y W,HAO J,XU Y. Predicting hard metallic osmium-carbon compounds under high pressure[J]. Phys. Lett. A,2012,376(46):3535-3539.

[34] WANG B,WANG D Y,WANG Y X. A new hard phase of ReB_4 predicted from first principles[J]. J. Alloys. Compd. ,2013,573:20-26.

[35] GU Q F,KRAUSS G,STEURER W. Transition metal borides:superhard versus ultra-

incompressible[J]. Adv. Mater. ,2008,20(19):3620-3626.

[36] ZHANG M,YAN H,ZHANG G,et al. Ultra-incompressible orthorhombic phase of osmium tetraboride(OsB_4) predicted from first principles[J]. J. Phys. Chem. C,2012,116(6):4293-4297.

[37] WANG Y,LV J,ZHU L,et al. Crystal structure prediction via particle-swarm optimization[J]. Phys. Rev. B,2010,82(9):094116(1)-(8).

[38] WANG Y,LV J,ZHU L,et al. CALYPSO:A method for crystal structure prediction[J]. Comput. Phys. Commun. ,2012,183(10):2063-2070.

[39] ZHU L,WANG Z,WANG Y,et al. Spiral chain O_4 form of dense oxygen[J]. Proc. Natl. Acad. Sci. ,2012,109(3):751-753.

[40] WANG Y,LIU H,LV J,et al. High pressure partially ionic phase of water ice[J]. Nat. Commun. ,2011,2:563(1)-(5).

[41] LI Q,LIU H,ZHOU D,et al. A novel low compressible and superhard carbon nitride: body-centered tetragonal CN_2[J]. Phys. Chem. Chem. Phys. ,2012,14(37):13081-13087.

[42] LI X F,PENG F. Superconductivity of pressure-stabilized vanadium hydrides[J]. Inorg. Chem. ,2017,56(22):13759-13765.

[43] LV J,WANG Y,ZHU L,et al. Predicted novel high-pressure phases of lithium[J]. Phys. Rev. Lett. ,2011,106(1):015503(1)-(4).

[44] PERDEW J P,BURKE K,ERNZERHOF M. Generalized gradient approximation made simple[J]. Phys. Rev. Lett. ,1996,77(18):3865-3868.

[45] KRESSE G,FURTHMULLER J. Efficient iterative schemes for ab initio total-energy calculations using a plane-wave basis set[J]. Phys. Rev. B,1996,54(16):11169-11186.

[46] CHADI D J. Special points for Brillouin-zone integrations[J]. Phys. Rev. B,1977,16(4):1746-1747.

[47] STENBERG E,ARONSSON B,ASELIUS J. Borides of ruthenium,osmium and iridium[J]. Nature,1962,195(4839):377-378.

[48] CALANDRA M,MAZIN I I,MAURI F. Effect of dimensionality on the charge-density wave in few-layer $2H-NbSe_2$[J]. Phys. Rev. B,2009,80(24):241108(1)-(4).

[49] MOUHAT F,COUDERT F X. Necessary and sufficient elastic stability conditions in various crystal systems[J]. Phys. Rev. B, 2014,90(22):224104(1)-(4).

[50] WU Z J,ZHAO E J,XIANG H P,et al. Crystal structures and elastic properties of superhard and from first principles[J]. Phys. Rev. B,2007,76(5):054115(1)-(15).

[51] MOON W H,SON M S,HWANG H J. Molecular-dynamics simulation of structural

properties of cubic boron nitride[J]. Physica B,2003,336(3-4):329-334.

[52] HILL R. The elastic behaviour of a crystalline aggregate[J]. Proc. Soc. London. A, 1952,65(5):349-354.

[53] SUNG C M,SUNG M. Carbon nitride and other speculative superhard materials[J]. Mater. Chem. Phys. ,1996,43(1):1-18.

[54] LEGER J M,HAINES J,SCHMIDT M,et al. Discovery of hardest known oxide[J]. Nature,1996,383(6599):401.

[55] HAINES J,LEGER J M,BOEQUILLON G. Synthesis and design of superhard materials[J]. Annu. Rev. Matter. Res. ,2001,31(1):1-23.

[56] TIAN Y J,XU B,ZHAO Z S. Microscopic theory of hardness and design of novel superhard crystals[J]. Int. J. Refract. Met. H. ,2012,33(1):93-106.

[57] LIU Z T,GALL D,KHARE S V. Electronic and bonding analysis of hardness in pyrite-type transition-metal pernitrides[J]. Phys. Rev. B,2014,90(13):134102(1)-(11).

[58] FENG S Q,CHENG X R,CHENG X L,et al. Theoretical study on electronic, optical properties and hardness of technetium phosphides under high pressure[J]. Crystals, 2017,7(6):176(1)-(9).

[59] GAO F M,HE J L,WU E D,et al. Hardness of covalent crystals[J]. Phys. Rev. Lett. , 2003,91(1):015502(1)-(4).

[60] CHUNG H Y,WEINBERGER M B,YANG J M,et al. Correlation between hardness and elastic moduli of the ultraincompressible transition metal diborides RuB_2, OsB_2 and ReB_2[J]. Appl. Phys. Lett. ,2008,92(26):261904(1)-(3).

[61] IVANOVSKII A L. Mechanical and electronic properties of diborides of transition 3d-5d metals from first principles:toward search of novel ultra-incompressible and superhard materials[J]. Prog. Mater. Sci. , 2012,57(1):184-228.

[62] MA A N,LI S S,ZHANG S F,et al. Discovery of a ferroelastic topological insulator in a two-dimensional tetragonal lattice [J]. Phys. Chem. Chem. Phys. , 2019, 21 (1): 5165-5169.

[63] ZHANG M H,CHEN X L,JI W X,et al. Discovery of multiferroics with tunable magnetism in two-dimensional lead oxide[J]. Appl. Phys. Lett. ,2020, 116(17):172105 (1)-(5).

第 3 章 高压下 VH_2 稳定结构相搜索和特性研究

3.1 概述

金属氢化物以其潜在的高温超导电性[1-2]和储氢性能[3]等独特的物理性质引起了人们的广泛关注。高压下,由于原子间距的减小和键合方式的改变,材料往往涌现出许多新的物理和化学性质。高压下最常见的现象是一个结构会经历多次结构相变,此外,许多意想不到的材料在高压下表现出高温超导电性,金属氢化物也不例外。近年来 H_3S[4-5]、PH_3[6]和稀土金属氢化物等[7]的超导电性依次被发现,更多在常压下不稳定的富氢超导化合物在高压下被预测出来,如 Si_2H_6[8],KH_6[9],$GeH_4(H_2)_2$[10],LiH_n[11],VH_n[12],这些高压超导相的发现和预测,使金属氢化物成为超导领域的热点。

金属氢化物在储氢领域的优势也十分突出。作为中子管的靶材料,ZrH_2 的氢密度约为 $7.3×10^{22}cm^{-3}$,VH_2 的氢密度约为 $10.5×10^{22}cm^{-3}$[13]。这些金属氢化物具有比液态氢和固态氢更高的氢密度,是一种很有潜力的储氢材料。

人们关注的往往都是金属氢化物的储氢性能和超导电性,而其热性能却经常被忽略。但是金属氢化物中子管的工作温度很高(400~1 300 K)。这意味着制作中子管的金属氢化物应该具有很高的热稳定性,因此,研究金属氢化物的热学性质具有重要的科学意义。由于金属氢化物的这些性质很难通过实验测定,因此,理论上对这些性质进行研究就显得尤为重要。从理论上讲,第一性原理方法是研究固态材料结构和相应性能的有力工具[14-23]。利用第一性原理和准谐德拜模型研究金属氢化物热力学性质的工作已有报道[24-25]。在以往的研究中,CHEN 等人[26]着重研究了高压下 VH_2 的相变,Peng 等人[12]着重研究了高压下 V-H 体系的潜在超导相结构。本章利用第一性原理计算系统地研究了 VH_2 在 0~300 GPa 范围内的结构演变,并进一步探讨了 VH_2 的电子、弹性和热学性质。

3.2 理论研究方法和细节

本章采用 CALYPSO 程序[27-28]中的粒子群优化算法在 0~300 GPa 压强范围内搜索 VH_2

的稳定结构，该代码已成功地用于预测各种化合物在高压下的固体结构[29-33]。在搜索到结构的基础上，进一步研究它们的电子、弹性和热学性质，并预测它们的潜在应用价值。所有基本的第一性原理计算都在 VASP 代码中进行，选择广义梯度近似（GGA）的 Perdew-Burke-Ernzerhof（PBE）方法作为交换相关势函数[34-35]。用赝势平面波方法描述电子-离子相互作用，V 原子和 H 原子分别选择 $3d^34s^2$ 和 $1s^1$ 构型的电子组态。计算中选择 600 eV 的平面波截断能和适当的布里渊区 Monkhorst Pack K 点网格[36]。晶格参数和原子位置的优化的收敛标准为总能量差小于 1×10^{-7} eV/原子、作用于原子的力小于 0.001 eV/原子。声子谱是在 Phonopy 程序包中采用直接超胞法计算得到的，结果可用以研究搜索结构的晶格动力学稳定性。

3.3 结果与讨论

3.3.1 研究压力范围内搜索到的 VH_2 结构相

本章在 0~300 GPa 的压力范围内对 VH_2 的所有可能的结构相进行了搜索。通过计算它们的生成焓、声子色散曲线和热力学性质，确定了稳定相。本节将首先讨论搜索相的生成焓，其他稳定性质将在下面的内容中讨论。生成焓由 $\Delta H_f = E(VH_2) - E(V) - 2E(H)$ 定义，其中 $E(VH_2)$ 是各种稳定 VH_2 结构相的能量，$E(V)$ 和 $E(H)$ 分别是纯 V（空间群：Im-$3m$）[37] 和固体 H 的能量（空间群：$P6_3/m$ 和 $C2/c$）[38]。一般来说，如果生成焓为负，则该结构在能量上是稳定的，且不会分解成其他化合物，未来就有望在实验室合成，反之，结构不稳定。

结果预测了 VH_2 的几种稳定常压结构（Fm_$3m$、$P4/nmm$ 和 $P6_3mc$ 相）和高压结构（$Pnma$ 和 P-$3m1$ 相）。其中，Fm_$3m$ 结构实验上已有报道[39]，高压下 VH_2 的 $P4/nmm$、$P6_3mc$ 和 $Pnma$ 结构在理论上也已经有过报道[12,25-26,40]。结果表明，本研究预测的结构包含了以前报道的所有结构，这表明本理论研究是可靠的。研究表明，$P4/nmm$、$P6_3mc$ 相在常压下可以稳定存在。它们的结构如图 3.1 所示。VH_2 的计算生成焓和这些相的预测结构参数在表 3.1 和表 3.2 给出。

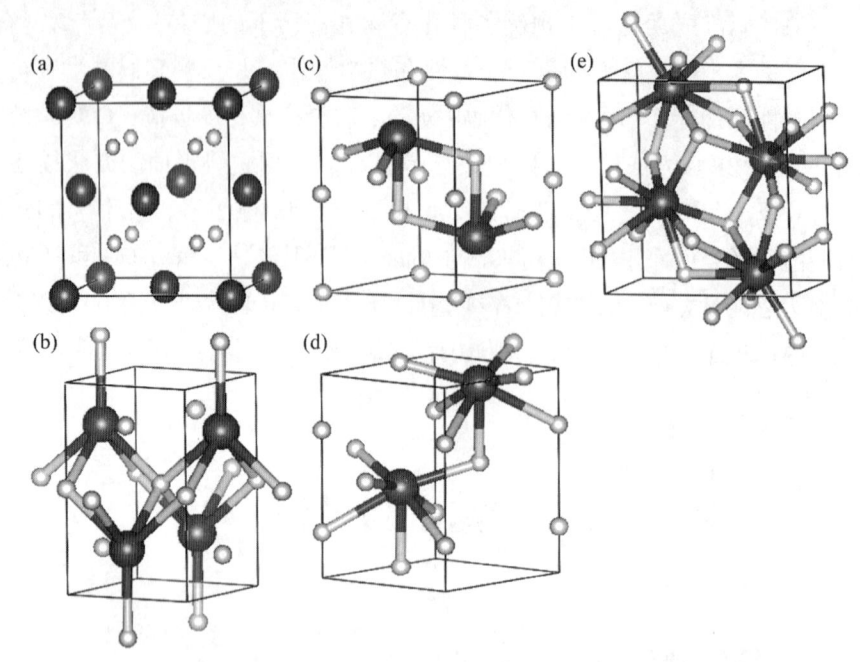

图 3.1 在 0~300 GPa 的压力范围内得到的 VH_2 的稳定结构相
半径大的小球代表的是 V 原子，半径小的小球代表的是 H 原子
(a) Fm_3m 常压相；(b) $P4/nmm$ 常压相；(c) $P6_3mc$ 常压相；
(d) $Pnma$ 高压相（50 GPa）；(e) $P-3m1$ 高压相（100 GPa）

表 3.1 不同压强下稳定 VH_2 结构相的理论生成焓 ΔH_f（eV/atom）

结构	Fm_3m	$P4/nmm$	$P6_3mc$	$Pnma$		$P-3m1$
压强	0 GPa	0 GPa	0 GPa	50 GPa	200 GPa	100 GPa
ΔH	-0.35	-0.27	-0.29	-0.65	-0.89	-0.76
	-0.22				-0.80	

表 3.2 0~300 GPa 范围内搜索到的各稳定 VH_2 相结构信息

结构	压强/GPa	晶格参数/nm	原子	x	y	z	密度/(g·cm^{-3})
VH_2-Fm_3m	0	$a=b=c=0.416\ 8$, $\alpha=\beta=\gamma=90°$	V (4a) H (8c)	0 0.75	0 0.25	0 0.25	4.863
VH_2-$P4/nmm$	0	$a=b=0.282\ 4$, $c=0.433\ 8$, $\alpha=\beta=\gamma=90°$	V (2c) H (2b) H (2b)	0.5 0.5 0	0 0 0	0.2347 0.8279 0.5	5.087

续表

结构	压强/GPa	晶格参数/nm	原子	x	y	z	密度/(g·cm^{-3})
VH$_2$-P6$_3$mc	0	$a=b=0.2933$, $c=0.4723$ $\alpha=\beta=90°$, $\gamma=120°$	V (2b) H (2b) H (2a)	0.3333 0.6667 0	0.6667 0.3333 0	0.4059 0.5345 0.7691	5.002
VH$_2$-Pnma	50	$a=0.4409$, $b=0.2701$, $c=0.4873$, $\alpha=\beta=\gamma=90°$	V (4c) H (4c) H (4c)	0.7389 0.6252 0.0296	0.75 0.75 0.75	0.0933 0.4227 0.7090	6.065
VH$_2$-P-3m1	100	$a=b=0.2677$, $c=0.4181$, $\alpha=\beta=90°$, $\gamma=120°$	V (2d) H (2d) H (1b) H (1a)	0.6667 0.6667 0 0	0.3333 0.3333 0 0	0.2353 0.6381 0.5 0	6.785

生成焓随压强的变化可以用来讨论固体材料在高压下的相变过程。在图 3.2 中，给出了不同 VH$_2$ 相的生成焓随压强的函数，以讨论高压下 VH$_2$ 的结构演变过程。可以看出，在常压下，Fm_3m 相是 VH$_2$ 最稳定的结构。当压力增加到 45 GPa 左右时，Fm_3m 相开始向另一相转变，当压力大于 50 GPa 时，$Pnma$ 相变成最稳定的相。随着压强进一步增大，各种高压相（$Pnma$ 和 P-3m1 结构）相继出现。然而，$P4/nmm$、P-3m1、$P6_3mc$ 和 $Pnma$ 结构在高压下的焓差很小。此外，本研究还计算了 $P4/mmm$ 等结构在不同压力下的声子谱，结果表明它们在较宽的压力范围内都没有虚频，因此这些高压相可在较宽的高压范围内稳定共存。

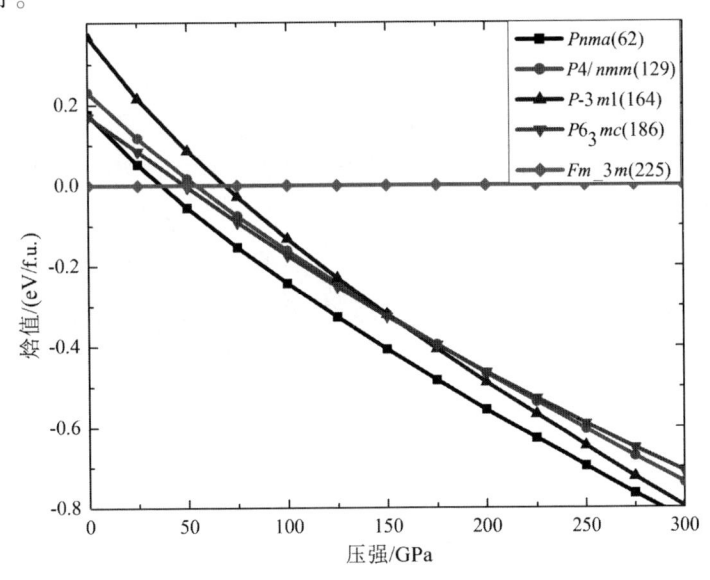

图 3.2 不同 VH$_2$ 相的生成焓随压强的变化关系

选择不同压强下 Fm_3m 相 VH$_2$ 结构的生成焓作为参考零点

3.3.2 结构稳定性研究

根据 2.3.4 节中的理论基础,通过计算结构的弹性常数可以从力学角度探索结构的稳定性。不同结构弹性常数需要满足不同的条件,只要满足这些标准[41-45],结构就可以被认为是力学上稳定的。在本工作中,常压 Fm_3m-VH_2 结构为立方相;$P4/nmm$-VH_2 为四方相;$P6_3mc$ 结构为六方相;高压 P-$3m1$ 相和 $Pnma$ 相分别为六方相和正交相。按照公式(2.4(~(2.7)的标准,结合表 3.3 中给出的不同 VH_2 相的弹性常数,可以判定,这些 VH_2 结构在力学上都是稳定的。

表 3.3 不同 VH_2 相的弹性常数

结构	C_{11}	C_{22}	C_{33}	C_{44}	C_{55}	C_{66}	C_{12}	C_{13}	C_{23}	
Fm_3m@0 GPa	302.4	302.4	302.4	85.1	85.1	85.1	144.1	144.1	144.1	本工作
$P4/nmm$@0 GPa	375.6	375.6	343.1	117.7	91.8	91.8	114.5	127.3	127.3	本工作
$P6_3mc$@0 GPa	341.5	333.1	209.7	86.3	96.9	96.5	148.7	105.9	106.6	本工作
$Pnma$@50 GPa	542.1	525.7	481.8	190.0	124.5	152.5	243.9	234.3	294.1	本工作
60 GPa	577.9	562.5	521.5	204.5	128.8	161.7	267.5	245.7	310.4	本工作
60 GPa	578.48	545.59	573.66	142.48	191.18	148.43	278.86	323.98	335.68	参考文献[26]
P-$3m1$@100 GPa	750.8	749.3	691.6	229.7	228.6	228.4	289.2	367.4	368.1	本工作

声子色散曲线作为研究晶格动力学的一个重要方法,通常用来讨论结构的稳定性[46-49]。本章采用 Phonopy 软件包中的超胞法计算了所有 VH_2 结构的声子色散关系,结果如图 3.3 所示。可以看出,这些结构的声子色散曲线中都没有虚频,这意味着这些预测的 VH_2 的常压和高压结构在晶格动力学上是稳定的。对于声子态密度,VH_2 的不同相位呈现出相似的特征,有两个区域分别归属于声学模和光学模。声学支反映了原胞质心的振动,光支反映了原胞内粒子的相对振动。由图 3.3 可知,声学模主要由 V 原子贡献,而光学模主要由 H 原子贡献。除高压 P-$3m1$ 相外,不同相的光、声分支之间有明显的边界。另外,声子态密度峰值对应于晶格振动的最集中频率,三个常压相的这一峰值在 40 THz 左右;而 $Pnma$ 相和 P-$3m1$ 相的对应值分别在 50 THz 和 58 THz 左右。这表明高压相的晶格平均振动频率高于常压相。

图 3.3　不同 VH_2 相的声子色散曲线

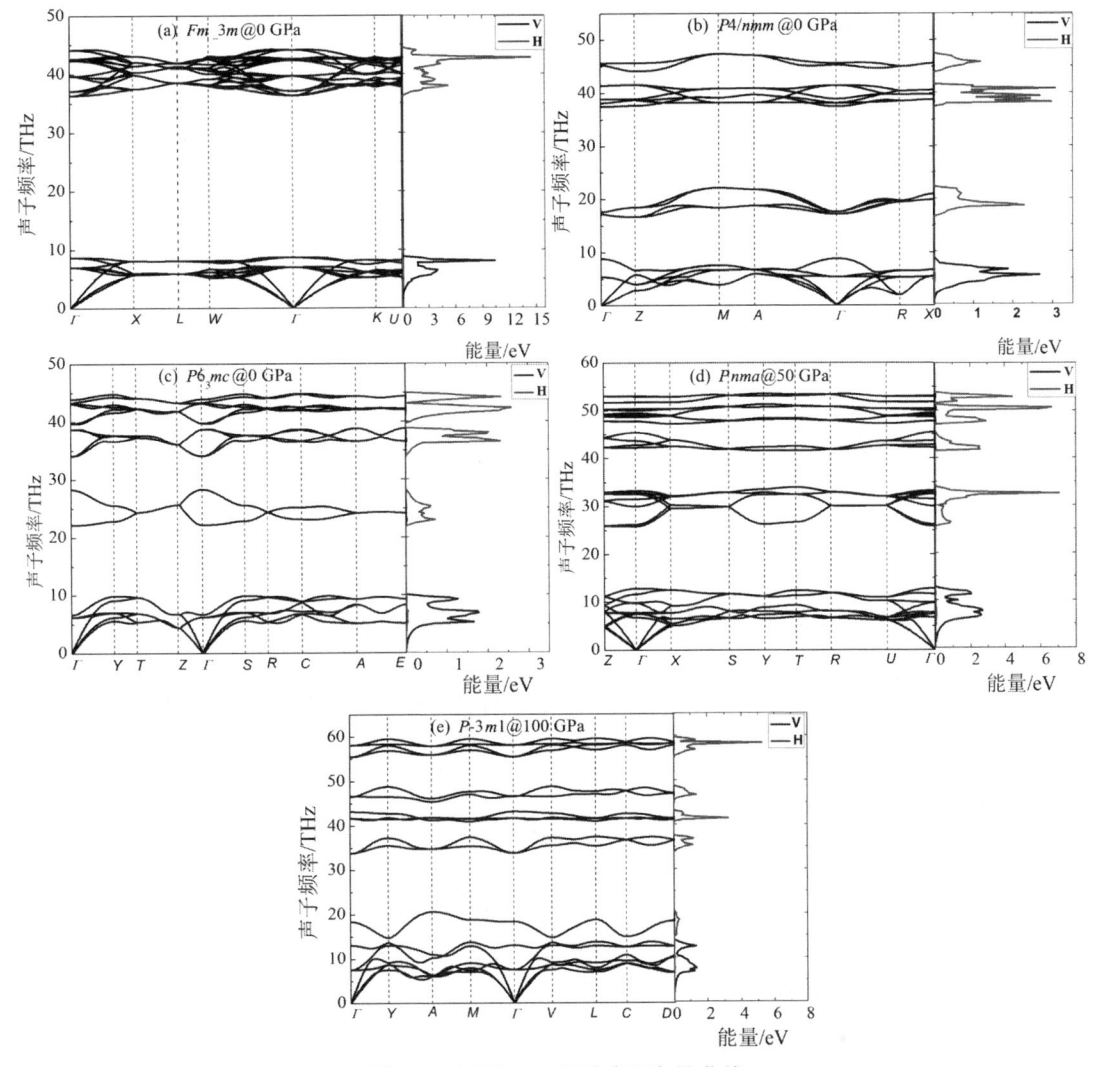

为了研究不同 VH_2 相的热学稳定性,在 500 K 下对不同的 VH_2 相进行从头算分子动力学计算。以 1 fs 的时间步长,计算 3 000 步的动力学模拟。单位晶胞的总能量和温度随时间的变化如图 3.4 所示。可以看出,除高压 P-3m1 相外,当系统温度在 500 K 左右变化时,所有 VH_2 相的单位晶胞总能量的波动都比较小。这表明这些结构可在室温甚至高温环境下稳定存在。随着 500 K 下分子动力学模拟的发展,P-3m1 相的单胞总能量有一定程度的降低,表明其热学稳定性不如其他相。

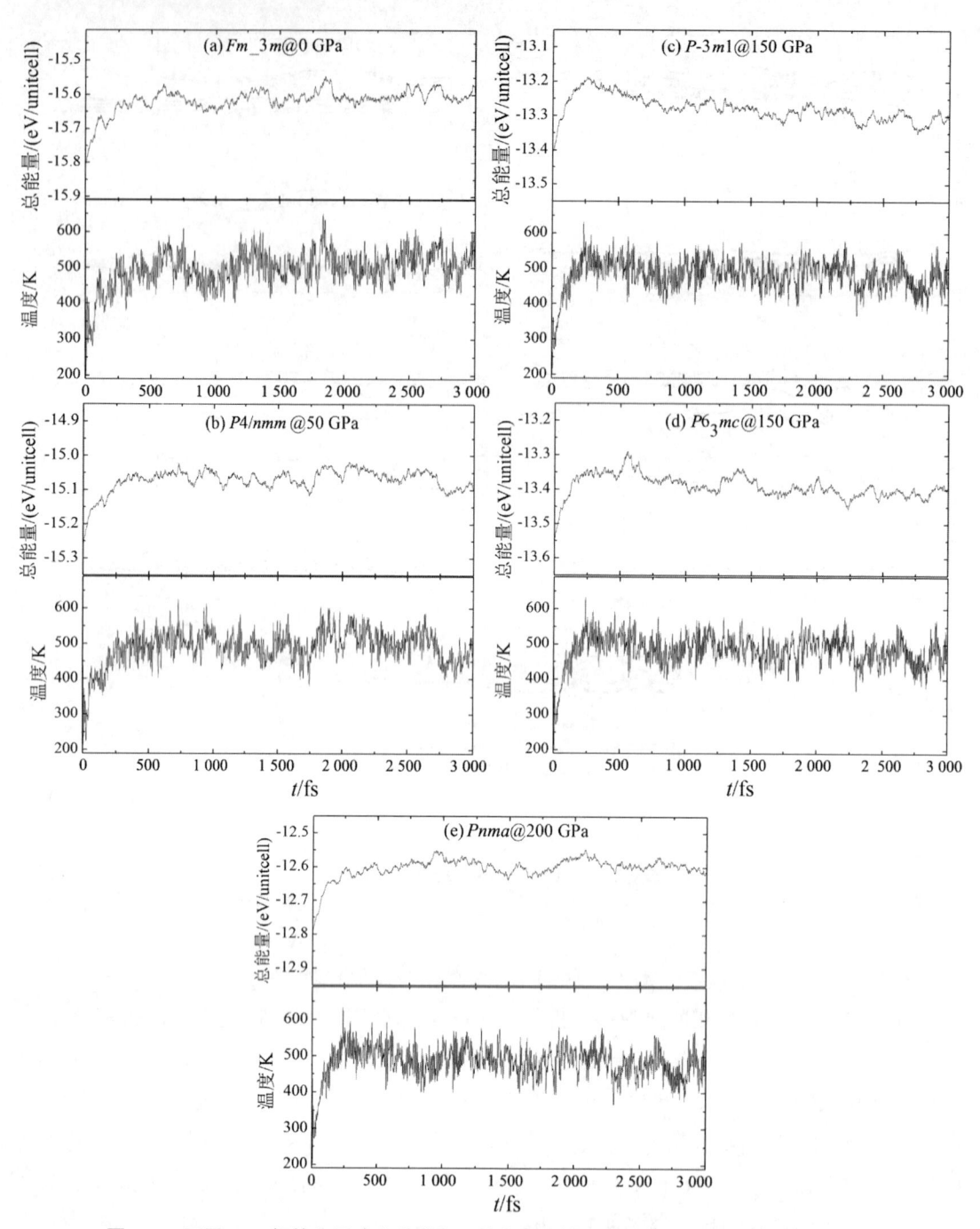

图 3.4 不同 VH_2 相的分子动力学模拟：单位晶胞的总能量和温度随时间的演化过程

3.3.3 电子特性

电子性质与晶体的化学键密切相关，态密度的计算可以用来探索原子间化学键的性质。图 3.5 给出了不同 VH_2 相的总态密度和分波态密度（TDOS 和 PDOS）。结果表明，

VH$_2$ 各相在费米能级附近的 TDOS 值较大,主要由 V 原子的 p 轨道和 d 轨道电子贡献。这表明这些 VH$_2$ 相都具有良好的导电性或金属性,它们的金属性主要由 V 原子贡献。而且,对于所有的 VH$_2$ 相,V 和 H 原子的电子轨道的 PDOS 形状差别很大,这意味着 V 和 H 之间的相互作用很小。这可能表明这些化合物中的化学键是离子键。

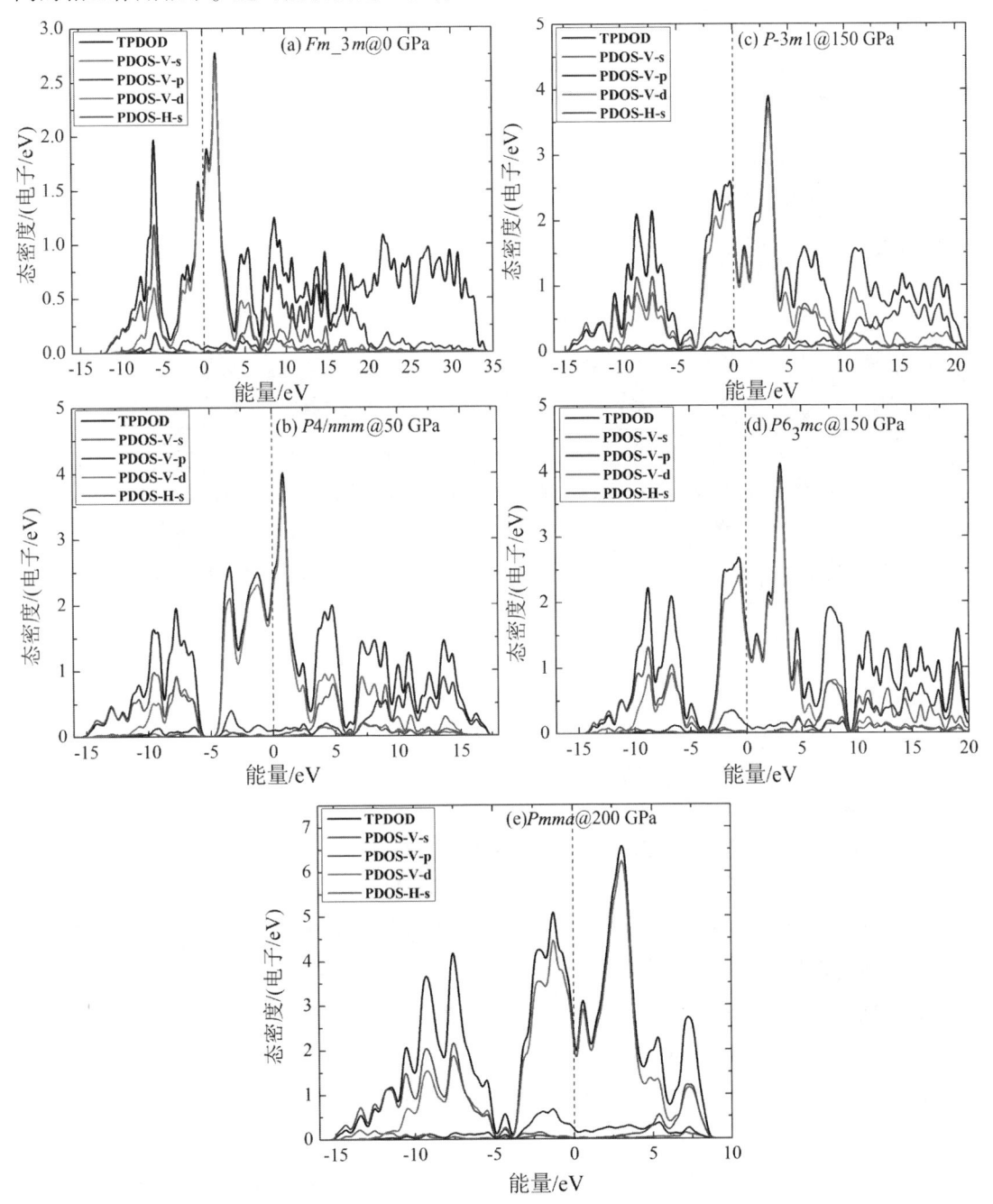

图 3.5 不同 VH$_2$ 相的总态密度和分波态密度

电荷密度反映了晶体中电荷的分布情况,可以用来判断原子间化学键的强度。图 3.6

给出了不同 VH_2 相的电荷密度。可以看出，对于所有这些 VH_2 相，不同电子的电荷密度边界都是很明显的，这一点与上面对态密度的分析是一致的，即 V 和 H 之间的相互作用很小。V—H、H—H 和 V—V 原子的电荷密度没有重叠，电荷密度分布在每个原子周围，这意味着原子间的相互作用不像共价键那样很强，这进一步说明离子键是这些化合物的主要化学键。

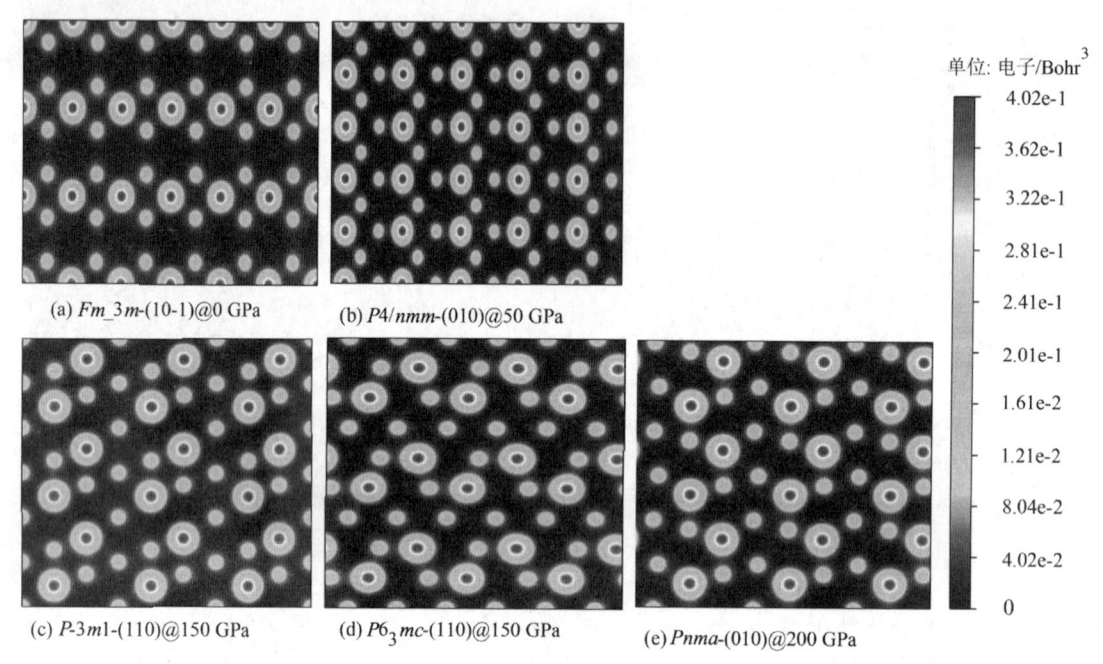

(a) Fm_3m-(10-1)@0 GPa

(b) $P4/nmm$-(010)@50 GPa

(c) P-$3m1$-(110)@150 GPa

(d) $P6_3mc$-(110)@150 GPa

(e) $Pnma$-(010)@200 GPa

单位：电子/$Bohr^3$

图 3.6　不同 VH_2 相的电荷密度分布情况

为了尽可能地显示成键情况，对不同的结构选择了不同的截面

3.3.4　弹性和热学特性

根据 Voigt-Reuss-Hill 近似[50]可对材料的弹性特性进行理论计算，很多工作都利用这一近似从理论上研究了化合物的弹性特性[51-53]。在本工作中，也用这一方法计算不同 VH_2 相的弹性参数，如表 3.4 所示。各个 VH_2 相的体积模量和弹性模量之间的差异不明显，但其剪切模量远小于体积模量和弹性模量，说明这些相的抗剪应变能力较差。而体积模量和弹性模量即使是常压相也都在 200 GPa 左右，这意味着它具有良好的抗压和抗拉性能。对于三种常压相，$P4/nmm$ 的弹性性能最好，其体积模量、剪切模量和弹性模量均优于其他两常压相。Fm_3m 与 $P6_3mc$ 相比较，前者具有更好的体积模量，而后者具有更好的弹性模量和剪切模量。与常压相相比，VH_2 的两种高压相的弹性模量有所增加，但剪切模量仍远小于其他两种模量，可以推断，剪切变形抗力是限制这些化合物力学性能的主要原因。泊松比 ν 是评价材料化学键成分的一个重要参数。对于共价晶体，其值约为 0.1；而对于离子化合物，它接近于 0.25[54]。从表 3.4 可以看出，不同相的 VH_2 泊松比均大于

0.25，这说明它们主要由离子键组成，这一点也与电荷密度分布的分析结果是一致的。

为了研究 VH_2 的热学性能，本研究还计算了不同相的德拜温度。根据德拜模型，德拜温度 Θ_D 可表示为晶体材料密度和平均声速的函数，公式如下：

$$\Theta_D = \frac{h}{k_B}\left[\frac{3n}{4\pi}\left(\frac{N_A\rho}{M}\right)\right]^{\frac{1}{3}} v_a \qquad (3.1)$$

其中，h 和 k_B 分别是普朗克常数和玻耳兹曼常数；n 是分子中的原子数，N_A 是阿伏伽德罗数；ρ 是晶体的密度；M 是分子量；v_a 是晶体材料的平均声速。平均声速可用横向声速 v_t 和纵向声速 v_l 表示，公式如下：

$$v_a = \left[\frac{1}{3}\left(\frac{2}{v_t^3}+\frac{1}{v_l^3}\right)\right]^{-\frac{1}{3}} \qquad (3.2)$$

纵向和横向声速可由材料的剪切模量、体积模量和晶体密度表示，公式如下：

$$v_l = \sqrt{\frac{3B+4G}{3\rho}}, \quad v_t = \sqrt{\frac{G}{\rho}} \qquad (3.3)$$

基于上述理论，本研究计算了不同 VH_2 相的纵向声 v_l、横向声 v_t、平均声速 v_a 和德拜温度 Θ_D，并将其列于表 3.4 中。可以看出，三个常压相的德拜温度均高于 750 K，两个高压相位的德拜温度约为 1 000 K。根据德拜-林德曼理论，固体材料的熔化温度 T_m 可以用公式 $T_m = A\Theta_D^2$ 表示为德拜温度 Θ_D 的函数（其中 A 取决于晶体的密度和原子质量）[55]。因此，在我们研究的压力范围内，这些 VH_2 相的德拜温度都比较高，这表明它们都具有高熔点，也意味着它们具有良好的热稳定性。由式（3.1）可知，德拜温度值主要由材料的体积、剪切模量和密度决定。各种相的 VH_2 的德拜温度比较高是由于其较高的体积模量和剪切模量，特别是体积模量。对于高压相（如 $Pnma$@ 50 GPa 和 $P-3m1$@ 100 GPa 相），密度较高，这对德拜温度的贡献是负面的。但由于高压相的体积模量和剪切模量远高于常压相，因此，高压相的德拜温度仍然远高于常压相。

表 3.4　不同 VH_2 结构的体积模量 B（GPa）、剪切模量 G（GPa）、弹性模量 E（GPa）、泊松比 ν、密度 ρ（g/cm³）、纵向声速 v_l、横向声速 v_t、平均声速 v_a（m/s）以及德拜温度（K）

结构	B	G	E	ν	ρ	v_l	v_t	v_a	Θ_D
Fm_3m@ 0 GPa	197	83	218	0.32	4.86	7 953	4 131	4 624	756.2
$P4/nmm$@ 0 GPa	204	109	278	0.27	5.09	8 287	4 629	5 153	855.5
$P6_3mc$@ 0 GPa	179	91	233	0.28	5.00	7 749	4 265	4 754	784.8
$Pnma$@ 50 GPa	344	145	381	0.32	6.07	9 412	4 889	5 472	963.3
$P-3m1$@ 100 GPa	471	215	560	0.31	6.79	10 567	5 629	6 289	1 149.3

3.4　总结

本章采用粒子群优化算法结合第一性原理方法在 0 到 300 GPa 压强范围内预测可能的

VH_2 结构。获得了三个常压相和两个高压相的稳定结构，包括了所有先前报道的 VH_2 结构，证实了本工作的可靠性。在此基础上，进一步研究了它们的结构演化、晶格动力学、电学和热学性质。从能量、力学、热力学和热学性质的角度研究了 VH_2 的这些相的稳定性，结果表明它们都是稳定的。电子态密度的计算表明，这些相都表现出金属导电性，且这一特性主要由 V 原子的 d 轨道贡献。另外，这些 VH_2 相主要由离子键组成。弹性性能的计算表明，这些 VH_2 结构的体积模量和弹性模量都比较大，但剪切模量很小，剪切模量限制了这些化合物的力学性能。不同 VH_2 相的泊松比均大于 0.25，说明它们都是离子化合物。最后，研究了几种常压和高压 VH_2 相的热学性质，结果表明它们都具有较高的德拜温度，这表明它们在高温领域有着重要的应用前景。本研究丰富了 VH_2 化合物的晶体结构和性质。

参考文献

[1] SATTERTHWAITE C B, TOEPKE I L. Superconductivity of hydrides and deuterides of thorium[J]. Phys. Rev. Lett. ,1970,25(11):741-743.

[2] KLEIN B M, COHEN R E. Anharmonicity and the inverse isotope effect in the palladium-hydrogen system[J]. Phys. Rev. B,1992,45(21):12405-12414.

[3] LEWIS G J, SACHTLER J W, LOW J J, et al. High throughput screening of the ternary $LiNH_2-MgH_2-LiBH_4$ phase diagram[J]. J. Alloys Compd. ,2007,446-447(1):355-359.

[4] DUAN D F, LIU Y X, TIAN F B, et al. Pressure-induced metallization of dense $(H_2S)_2H_2$ with high-T_c superconductivity[J]. Sci. Rep. ,2014,4(1):6968(1)-(6).

[5] DROZDOV A P, EREMETS M I, TROYAN I A, et al. Conventional superconductivity at 203 kelvin at high pressures in the sulfur hydride system[J]. Nature,2015,525(7567):73-76.

[6] LIU H Y, LI Y W, GAO G Y, et al. Crystal structure and superconductivity of PH_3 at high pressures[J]. J. Phys. Chem. C,2016,120(6):3458-3461.

[7] PENG F, SUN Y, PICKARD C J, et al. Hydrogen clathrate structures in rare earth hydrides at high pressures: possible route to room-temperature superconductivity[J]. Phys. Rev. Lett. ,2017,119(10):107001(1)-(6).

[8] JIN X, MENG X, HE Z, et al. Superconducting high-pressure phases of disilane[J]. Proc. Natl. Acad. Sci. ,2010,107(22):9969-9973.

[9] ZHOU D, JIN X, MENG X, et al. Ab initio study revealing a layered structure in hydrogen-rich KH under high pressure[J]. Phys. Rev. B, 2012,86(1):014118(1)-(7).

[10] ZHONG G, ZHANG C, CHEN X, et al. Structural, electronic, dynamical, and supercon-

ducting properties in dense GeH$_4$(H$_2$)$_2$[J]. J. Phys. Chem. C, 2012, 116(8): 5225-5234.

[11] ZUREK E, HOFFMANN R, ASHCROFT N, et al. A little bit of lithium does a lot for hydrogen[J]. Proc. Natl. Acad. Sci. , 2009, 1069(42):17640(43).

[12] LI X F, PENG F. Superconductivity of pressure-stabilized vanadium hydrides[J]. Inorg. Chem. , 2017, 56(22):13759-13765.

[13] FAURE C, BACH P, BERNARDET H. Tubes scelles generateurs de neutrons[J]. Le Vide les Couches Minces, 1982, 37(212):207-286.

[14] ALNUJAIM S, BOUHEMADOU A, BEDJAOUI A, et al. Ab initio prediction of the elastic, electronic and optical properties of a new family of diamond-like semiconductors, Li$_2$HgMS$_4$(M = Si, Ge and Sn)[J]. J. Alloy. Compd. , 2020, 843(1):155991(1)-(14).

[15] SOUADIA Z, BOUHEMADOU A, BIN-OMRAN S, et al. Electronic structure and optical properties of the dialkali metal monotelluride compounds: *Ab initio* study[J]. J. Mol. Graph. Model. , 2019, 90(1):77-86.

[16] AMINE M, MOHAMMED E I, BALTACH H, et al. Doping-induced half-metallic ferromagnetism in vanadium and chromium-doped alkali oxides K$_2$O and Rb$_2$O: *ab initio* method[J]. J. Supercond. Nov. Magn. , 2017, 30(1):2197-2210.

[17] BOUHEMADOU A, ALLALI D, BIN-OMRAN S, et al. Elastic and thermodynamic properties of the SiB$_2$O$_4$(B = Mg, Zn and Cd) cubic spinels: an *ab initio* FP-LAPW study[J]. Mat. Sci. Semicon. Proc. , 2015, 38(1):192-202.

[18] AL-DOURI Y, HASHIM U, KHENATA R, et al. *Ab initio* method of optical investigations of CdS$_{1-x}$Te$_x$ alloys under quantum dots diameter effect[J]. Sol. Energy. , 2015, 115(1):33-39.

[19] AMERI M, BELKHARROUBI F, AMERI I, et al. Ab initio calculations of structural, elastic, and thermodynamic properties of HoX(X = N, O, S and Se)[J]. Mat. Sci. Semicon. Proc. , 2014, 26(1):205-217.

[20] BOUHEMADOU A, BOUDRIFA O, GUECHI N, et al. Structural, elastic, electronic, chemical bonding and optical properties of Cu-based oxides ACuO(A = Li, Na, K and Rb): an ab initio study[J]. Comp. Mater. Sci. , 2014, 81(1):561-574.

[21] AL-DOURI Y, KHENATA R. Structural investigation of Si$_{0.5}$Ge$_{0.5}$ alloy for optoelectronic applications: ab initio study[J]. Optik, 2013, 124(22):5674-5678.

[22] AL-DOURI Y, BAAZIZ H, CHARIFI Z, et al. Further optical properties of CdX(X = S, Te) compounds under quantum dot diameter effect: *ab initio* method[J]. Renew. En-

erg. ,2012,45(1):232-236.

[23] AMERI M,TOUIA A,KHENATA R,et al. Structural and optoelectronic properties of NiTiX and CoVX(X= Sb and Sn) half-Heusler compounds:an ab initio study[J]. Optik,2013,124(7):570-574.

[24] REN W Y,XU P C,SUN W G. First-principles study of the structural and thermodynamic properties of ZrH_2[J]. Physica B,2010,405(8):2057-2060.

[25] ZHANG Z J,WANG F,ZHENG Z,et al. First principles studies of elastic and thermodynamic properties of fcc-VH_2 with pressure and temperature[J]. Physica B,2011,406(4):737-741.

[26] CHEN C B,TIAN F B,DUAN D F,et al. Pressure induced phase transition in MH_2(M = V,Nb)[J]. J. Chem. Phys. ,2014,140(11):114703(1)-(7).

[27] WANG Y,LV J,ZHU L,et al. Crystal structure prediction via particle-swarm optimization[J]. Phys. Rev. B,2010,82(9):094116(1)-(8).

[28] WANG Y,LV J,ZHU L,et al. CALYPSO:A method for crystal structure prediction [J]. Comput. Phys. Commun. ,2012,183(10):2063-2070.

[29] ZHU L,WANG Z,WANG Y,et al. Spiral chain O_4 form of dense oxygen[J]. Proc. Natl. Acad. Sci. ,2012,109(3):751-753.

[30] LI Q,ZHOU D,ZHENG W T,et al. Global structural optimization of tungsten borides [J]. Phys. Rev. Lett. ,2013,110(13):136403(1)-(5).

[31] WANG Y,LIU H,LV J,et al. High pressure partially ionic phase of water ice[J]. Nat. Commun. ,2011,2(1):563(1)-(5).

[32] FENG S Q,YANG Y,GUO F,et al. Structural,elastic,electronic and hardness properties of osmium diboride predicted from first principles calculations [J]. J. Alloy. Compd. ,2020,844(1):156098(1)-(8).

[33] LV J,WANG Y,ZHU L,et al. Predicted novel high-pressure phases of lithium[J]. Phys. Rev. Lett. , 2011,106:015503(1)-(4).

[34] PERDEW J P,BURKE K,ERNZERHOF M. Generalized gradient approximation made simple[J]. Phys. Rev. Lett. , 1996,77(18):3865-3868.

[35] KRESSE G,FURTHMULLER J. Efficient iterative schemes for ab initio total-energy calculations using a plane-wave basis set [J]. Phys. Rev. B, 1996, 54 (16): 11169-11186.

[36] CHADI D J. Special points for Brillouin-zone integrations[J]. Phys. Rev. B, 1977,16 (4):1746-1747.

[37] ISHIZUKA M,IKETANI M,ENDO S. Pressure effect on superconductivity of vanadium

at megabar pressures[J]. Phys. Rev. B,2000,61(16):3823-3825.

[38] PICKARD C J,NEEDS R J. Structure of phase III of solid hydrogen[J]. Nat. Phys.,2007,3(7):473-476.

[39] MULLER H,WEYMANN K. Investigation of the ternary systems Nb-VH and Ta-VH[J]. Journal of the Less-Common Metals,1986,119(1):115-126.

[40] MATUMURA T,YUKAWA H,MORINAGA M. Alloying effects on the electronic structures of VH_2 and V_2H[J]. J. Alloys Compd.,1999,284(1-2):82-88.

[41] WU Z J,ZHAO E J,XIANG H P,et al. Crystal structures and elastic properties of superhard and from first principles[J]. Phys. Rev. B,2007,76(5):054115(1)-(15).

[42] BORN M. On the stability of crystal lattices. I[J]. Math. Proc. Cambridge Philos. Soc.,1940,36(2):160-172.

[43] BORN M,HUANG K,LAX M. Dynamical theory of crystal lattices[J]. Am. J. Phys.,1955,23(7):474.

[44] MOUHAT F,COUDERT F. Necessary and sufficient elastic stability conditions in various crystal systems[J]. Phys. Rev. B,2014,90(22):224104(1)-(4).

[45] LI Z Z,WANG J T,MIZUSEKI H,et al. Computational discovery of a new rhombohedral diamond phase[J]. Phys. Rev. B,2018,98(9):094107(1)-(8).

[46] PAN Y. Structural prediction and overall performances of $CrSi_2$ disilicides:DFT investigations[J]. ACS. Sustainable. Chem. Eng.,2020,8:11024-11030.

[47] PU D L,PAN Y. Influence of high pressure on the structure,hardness and brittle-to-ductile transition of $NbSi_2$ ceramics[J]. Ceram. Int.,2021,47:2311-2318.

[48] PAN Y,YU E D,WANG D J,et al. Sulfur vacancy enhances the electronic and optical properties of FeS_2 as the high performance electrode material[J]. J. Alloy. Compd.,2021,858:157662(1)-(7).

[49] PAN Y,CHEN S,JIA Y L. First-principles investigation of phonon dynamics and electrochemical performance of TiO_{2-x} oxides lithium-ion batteries[J]. Int. J. Hydrogen. Energ.,2020,45(11):6207(1)-(10).

[50] HILL R. The elastic behaviour of a crystalline aggregate[J]. Proc. Soc. London. A,1952,65(5):349-354.

[51] PAN Y,PU D L,LIU G H. Influence of Mo concentration on the structure,mechanical and thermodynamic properties of Mo-Al compounds from first-principles calculations[J]. Vacuum,2020,175:109291(1)-(9).

[52] PAN Y,PU D L,YU E D. Structural,electronic,mechanical and thermodynamic properties of Cr-Si binary silicides from first-principles investigations[J]. Vacuum,2021,

185:110024(1)-(8).

[53] PAN Y, GUAN W M. The hydrogenation mechanism of PtAl and IrAl thermal barrier coatings from first-principles investigations[J]. Int. J. Hydrogen. Energ., 2020, 45(38):20032-20041.

[54] HAINES J, LEGER J M, BOEQUILLON G. Synthesis and design of superhard materials[J]. Annu. Rev. Matter. Res., 2001, 31(1):1-23.

[55] RECOULES V, CLEROUIN J, ZERAH G, et al. Effect of intense laser irradiation on the lattice stability of semiconductors and metals[J]. Phys. Rev. Lett., 2006, 96(5):055503(1)-(4).

第4章 常压和高压下 W_2B_5 结构和特性研究

4.1 概述

因在磨料、刀具和耐磨涂层等领域的优异表现，超硬材料（硬度 $\geqslant$ 40 GPa）引起了世界各国科学家和研究人员的广泛关注。但是传统的超硬材料金刚石[1-2]和类金刚石结构的其他超硬材料，如立方氮化硼等轻元素化合物[3-6]，很难人工合成，这极大地限制了这些传统超硬材料在基础科学和技术领域的应用。

过渡金属轻元素化合物作为一类新型的超硬材料，与传统的超硬材料相比具有许多优点。特别是硼化钨，作为过渡金属轻元素化合物的一员，具有制造成本低、容易合成等优点，因此引起了科学界的广泛关注。过去的研究中，已经在实验上合成了五种不同化学计量比的硼钨化合物，它们分别是 W_2B（γ 相）[7-8]、WB（α-WB 或 δ-WB）[7,9]、WB_2（AlB_2 结构）[10]、W_2B_5[11] 和 WB_4[12-14]。大量研究表明，富硼硼钨化合物具有更优异的力学性能。早在 2005 年，Kaner 等人[15]就预测了富硼硼钨化合物作为超硬材料的潜在应用，随后，人们进行了许多研究来研究硼化钨这方面的性质。2008 年，Gu 等人[12]利用 ETH 型金刚石对顶砧和同步辐射方法研究了 WB_2 和 WB_4 的结构稳定性和抗压缩性。结果表明，这两种硼化钨具有较高的体积模量，它们维氏硬度值分别为 38.4 GPa 和 46.2 GPa。随后，Mohammadi 等人[13]使用显微和纳米压痕技术研究了 WB_4 的硬度，在 0.49 N 的外加载荷下，他们测量的 WB_4 的维氏硬度为 43.3 GPa。这一结果进一步证实了 WB_4 的超硬特性。Xie 等人[14]使用同步辐射 X 射线衍射在 58.4 GPa 和 63 GPa 的静水压下研究了超硬 WB_4 的高压行为，结果发现 WB_4 的高硬度是由其三维刚性共价硼网络结构所致。Zhong 等人[16]采用第一性原理方法计算了三种不同结构（OsB_2 型、ReB_2 型和 WB_2 型结构）的 WB_2 的结构稳定性、弹性强度和形成焓，结果表明 ReB_2 型结构的 WB_2 具有最高的硬度，为 35.7 GPa，因为其包含了锯齿形共价链结构。2007 年，Frotschera 等人[17]使用 X 射线、中子粉末衍射以及波长色散电子探针技术研究了富硼 W-B 系统化合物，发现化学计量比和二硼化钨相同的 W_2B_4 晶体以空间群 $P6_3/mmc$ 结晶，但假设的相同结构的 W_2B_5 晶体不能稳定存在。2013 年，Li 等人[18]采用系统的第一性原理全局结构优化方法来搜索和识别钨硼化物的结构,他们的研究结果证实了先前提出的几种硼化钨化合物的结构,并纠正了其中一些错误分配比的结构。此外,他们首次预测了稳定富硼的六方 $P6_3/mmc$-2u W_2B_5 和 R-3m-6u WB_3 结构。作为钨硼化物的两种新预测的稳定相,其物理性质尚未见报道。本章将系统地探索其中过渡金属硼化物 W_2B_5 的结构和弹性性质、电子性质和硬度,并探索其在高压下性能的改变。

4.2 理论研究方法和细节

本章采用标准 Kohn-Sham 自洽密度泛函理论[19-23],在 CASTEP 软件中[24]研究了钨硼化物 W_2B_5 的结构、力学和电子性质,并计算了高压下 W_2B_5 的相应性能。交换相关能采用的是 Perdew、Burke 和 Ernzerhof(PBE)[25-27]设计的广义梯度近似。同时,采用赝势平面波方法来描述价电子与原子核的相互作用。在本研究的计算中,选择的 W 的价电子组态为 $5s^25p^65d^46s^2$,B 的价电子组态为 $2s^22p^1$。选择平面波基,截断能为 300 eV,以确保系统能量的稳定。使用 Monkhorst-pack 网格进行布里渊区采样[28]。利用共轭梯度(conjugate gradient,CG)算法对原子位置进行结构优化,自洽计算中的电子迭代收敛标准为 1×10^{-6} eV/atom,离子弛豫过程中的力学收敛标准为每个原子受力要小于 0.01 eV/nm。

4.3 结果与讨论

4.3.1 弹性特性和力学稳定性

六方 $P6_3/mmc$-2u 相 W_2B_5 的晶体结构如图 4.1 所示。

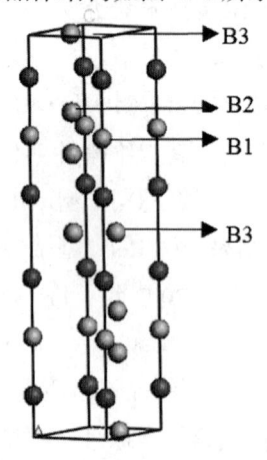

图 4.1 六方 $P6_3/mmc$-2u 相 W_2B_5 的晶体结构

六方 $P6_3/mmc$-2u 相 W_2B_5 的弹性常数如表4.1所示，其随压强的变化如图4.2所示。

表4.1 六方 $P6_3/mmc$-2u 相 W_2B_5 的弹性常数

单位：GPa

材料	$C_{11}=C_{22}$	C_{33}	C_{12}	$C_{13}=C_{23}$	$C_{44}=C_{55}$	C_{66}	B	G	
金刚石	1 076	1 076	125	125	577	577	442	519	参考文献[29]
	1 046	1 046	118	118	560	560	427		
W_2B_5	601	685	106	163	199	247	304	224	

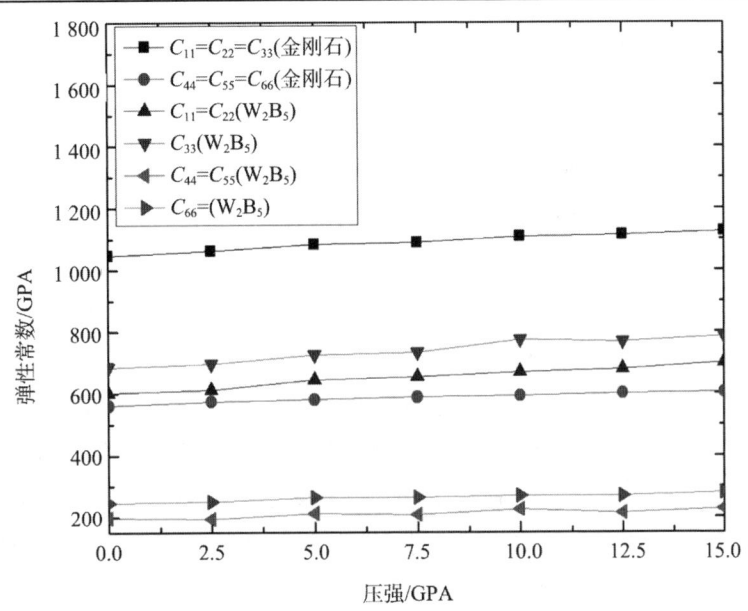

图4.2 六方 $P6_3/mmc$-2u 相 W_2B_5 的弹性常数随压强的变化关系

根据第2章2.3.4部分从力学角度研究结构的稳定性可知，对于六方相，力学稳定性标准如下：

$$C_{44}>0,\ C_{11}>C_{12},\ (C_{11}+2C_{12})C_{33}>2C_{13}^2$$

将这些判据与六方 $P6_3/mmc$-2u W_2B_5 在不同压强下的弹性常数相结合，可知，这种晶体在 0~15 GPa 的压力范围内是力学稳定的。

根据Voigt近似，体积模量和剪切模量可用二阶弹性常数表示，计算公式如下：

$$B_V = (1/9)[2(C_{11}+C_{12})+4C_{13}+C_{33}] \quad (4.1)$$

$$G_V = (1/30)(C_{11}+C_{12}+2C_{33}-4C_{13}+12C_{44}+12C_{66}) \quad (4.2)$$

其中，B_V 和 G_V 分别是Voigt理论中的体积模量和剪切模量。

根据Reuss近似[30]，体积模量和剪切模量可用二阶弹性常数表示如下：

$$B_R = [(C_{11}+C_{12})C_{33}-2C_{13}^2]/(C_{11}+C_{12}+2C_{33}-4C_{13}) \quad (4.3)$$

$$G_R = (5/2)[(C_{11}+C_{12})C_{33}-2C_{13}^2]C_{44}C_{66}/ \\ \{3B_VC_{44}C_{66}+[(C_{11}+C_{12})C_{33}-2C_{13}^2](C_{44}+C_{66})\} \quad (4.4)$$

其中，B_R 和 G_R 分别是 Reuss 理论中的体积模量和剪切模量。

根据 Voigt、Reuss 和 Hill 近似[31]，可通过如下公式获得多晶体积模量 B 和剪切模量 G：

$$B = (1/2)(B_R + B_V), G = (1/2)(G_R + G_V) \quad (4.5)$$

材料的弹性模量 E 和泊松比 ν 可用体积模量 B 和剪切模量 G 表示如下：

$$E = 9BG/(3B + G) \quad (4.6)$$

$$\nu = (3B - 2G)/2(3B + G) \quad (4.7)$$

根据上面的理论可以计算六方 $P6_3/mmc$-2u 相的弹性模量，如表 4.2 所示。

表 4.2 六方 $P6_3/mmc$-2u 相 W_2B_5 的 B_V、G_V、B_R 和 G_R

结构	B_V/GPa	G_V/GPa	B_R/GPa	G_R/GPa	B/GPa	G/GPa	E/GPa	B/G	ν
W_2B_5-2u	305.77	225.87	302.63	223.08	304.20	224.48	540.49	1.36	0.20

由表 4.2 可以看出，这种晶体的体积模量约为 300 GPa，这意味着该材料具有较低的压缩性，此外，剪切模量大于 220 GPa，表明它具有良好的抗剪应变能力。这意味着 W_2B_5-2u 具有良好的综合抗外力形变性能。

为了评估材料的脆性，Pugh[32]引入了 B/G：该比值的临界值为 1.75[31]。如果比值小于 1.75，则认为该材料为脆性材料，否则认为该材料为韧性材料。W_2B_5-2u 的 B/G 小于 1.75，因此这种材料是脆性材料。此外，B/G 的倒数 G/B，可作为判断晶体类型的参考标准。对于共价和离子材料，体积模量和剪切模量之间的典型关系为 $G/B \approx 1.1$ 和 $G/B \approx 0.6$。对于六方 $P6_3/mmc$-2u 相 W_2B_5 G/B 分别为 0.74，这意味着离子键和共价键在这种晶体中共存。随着压强的增大，在 15 GPa 时，G/B 降至 0.71。随着压强的增加，晶体中共价键的比例降低，而离子键的比例增加。

泊松比值 ν 是评估共价键程度的一个重要参数。对于共价材料，泊松比很小（ν = 0.1），而对于离子材料，该值约为 0.25[33]。本研究中的 W_2B_5-2u 晶体的泊松比约为 0.20，这表明它具有部分离子和共价成分。当压强增大到 15 GPa 时 W_2B_5-2u 晶体的泊松比升至 0.21，这也表明离子键的程度随着压强的增加而增加，这与上面的讨论一致。

弹性各向异性的研究对于探讨材料中微裂纹的形成具有重要意义。因此，我们进一步研究了 W_2B_5-2u 的体各向异性和剪切各向异性。对于六方相，弹性各向异性 Δ_P、Δ_{S1} 和 Δ_{S2} 可通过以下公式计算[34]：

$$\Delta_P = C_{33}/C_{11} \quad (4.8)$$

$$\Delta_{S1} = (C_{11} + C_{33} - 2C_{13})/4C_{44} \quad (4.9)$$

$$\Delta_{S2} = C_{44}/C_{66} \quad (4.10)$$

其中，Δ_P 是压缩波的各向异性；Δ_{S1} 和 Δ_{S2} 分别为垂直于基面（S1）和基面（S2）的剪切波的各向异性。

对于固体材料，如果它满足 $\Delta_P = \Delta_{S1} = \Delta_{S2} = 1$，则可认为该材料的弹性性质为各向同性，否则为各向异性。根据该准则，对于金刚石来说，它在零压和高压下都是各向同性晶体。而对于 $P6_3/mmc$-2u W_2B_5，在 0 GPa 和 15 GPa 下获得的 Δ_P 分别为 1.141 和 1.120，都是各向同性。W_2B_5 的 $C_{33} > C_{11} = C_{22}$ 表示 c 轴方向比其他两个轴方向更硬。

剪切各向异性因子可衡量不同平面中原子间键的各向异性程度，通过以下公式可获得[35]：

$$A_1 = 4C_{44}/(C_{11} + C_{33} - 2C_{13}) \tag{4.11}$$

$$A_2 = 4C_{55}/(C_{22} + C_{33} - 2C_{23}) \tag{4.12}$$

$$A_3 = 4C_{66}/(C_{11} + C_{22} - 2C_{12}) \tag{4.13}$$

其中，A_1 是 <011> 和 <010> 方向之间 {100} 剪切面的剪切各向异性因子；A_2 是 <101> 和 <001> 方向之间 {010} 剪切面的剪切各向异性因子；A_3 是 <110> 和 <010> 方向之间 {001} 剪切面的剪切各向异性因子。对于各向同性晶体，应满足 $A_1 = A_2 = A_3 = 1$，否则晶体具有剪切各向异性。对于 W_2B_5-2u，$A_1 = A_2 = 0.83$，$A_3 = 1$，这表明该晶体在 {100} 和 {010} 平面上的剪切特性是相同的，但与 {001} 平面不同。

基于以上对六方 $P6_3/mmc$-2u 相 W_2B_5 弹性性能的研究，可知它具有较大的弹性模量、较小的 B/G 值和较低的泊松比，这一结果表明，该晶体可能是潜在的硬质材料。

4.3.2 电子特性

研究固体材料电子特性对于讨论其导电性、化学键成分和轨道杂化具有重要意义，因此，这里研究了六方 $P6_3/mmc$-2u 相 W_2B_5 的净电荷分布和态密度，讨论了它的电子性质。图 4.3 给出了 W_2B_5 的电子态密度。从图 4.3 可看出，在费米能级处态密度值为正，这表明这种晶体表现出金属特性。此外，可看到费米能级附近的总态密度（TDOS）主要由 W-5d 和 B-2p 态贡献。而 B-s 电子局域在深能级，在费米能级附近对 DOS 几乎没有贡献，故该轨道的电子不参与键合。仔细对比分波态密度，不难发现 W-5d 和 B-2p 态在费米能级附近的波形非常相似，这种现象是由于这两种电子的强烈杂化所致。这进一步表明，金属和 B 原子之间的化学键还包含强共价键成分，强共价键有利于提高其体积模量和剪切模量。

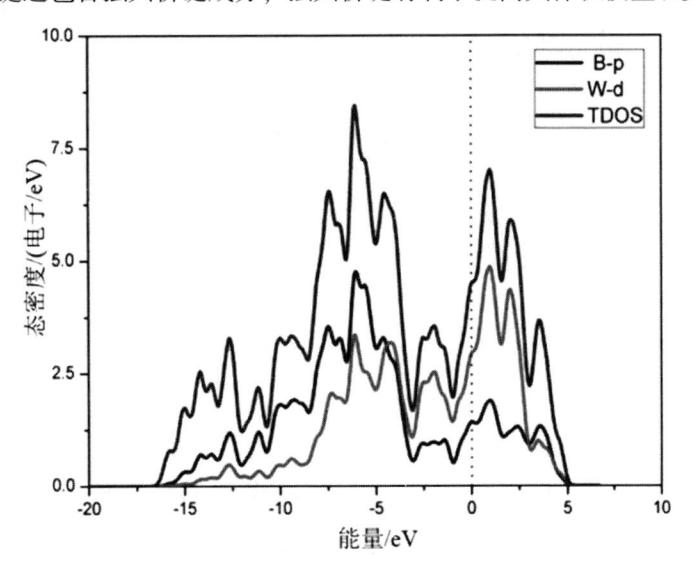

图 4.3 六方 $P6_3/mmc$-2u 相 W_2B_5 的总态密度和分波态密度

表 4.3 提供了该化合物在不同压强下的 Mulliken 布居情况。从表 4.3 可以看出，钨原子失去电子净电荷为正，硼原子得到电子净电荷为负，随着压强的增大，更多电子从钨原子向硼原子转移。这意味着 W 和 B 之间的化学键具有离子性，且随着压强的增大，离子性增强。

表 4.3 六方 $P6_3/mmc$ W_2B_5-2u 在不同压力下的计算 Mulliken 布居分析，N 表示每种类型的原子数

压强/GPa	B1/N	B2/N	B3/N	W/N
0	-0.11 (2)	-0.34 (4)	-0.48 (4)	0.88 (4)
10	-0.11 (2)	-0.35 (4)	-0.49 (4)	0.90 (4)
15	-0.11 (2)	-0.36 (4)	-0.50 (4)	0.91 (4)

总之，钨原子和硼原子之间的化学键主要是强共价键，其中含有部分离子键成分。在评估其硬度时，必须考虑这部分的作用。

4.3.3 硬度

维氏硬度作为衡量固体材料抗剪和抗压性能的一个物理量，实验上通常定义为 F/A 的值，其中，F 是施加在金刚石压头上的压力，单位为 kg·N，A 是被测材料表面的压痕面积，单位为 mm²。理论上有多种预测维氏硬度的理论模型[36-37]，本工作利用的是燕山大学高发明团队[38]提出的微观理论模型，该模型对计算共价和离子共价晶体维氏硬度很有效。该模型中，维氏硬度可以用下列公式计算：

$$H_V = \left[\prod^{\mu}(H_V^{\mu})^{N^{\mu}}\right]^{1/\sum N^{\mu}} \tag{4.14}$$

$$H_V^{\mu} = 699 P^{\mu}(v_b^{\mu})^{-(5/3)} \exp(-3\,005 f_m^{1.553}) \tag{4.15}$$

其中，H_V 是计算材料的硬度；H_V^{μ} 是 μ-型键的硬度；N^{μ} 是原胞中的总的键数；P^{μ} 是 μ-型键的密立根重叠布居；v_b^{μ} 是 μ-型键的键体积；f_m 是金属度。其中，μ-型键的键体积 v_b^{μ} 可以通过下面的公式计算：

$$v_b^{\mu} = \frac{(d^{\mu})^3}{\sum_{\nu}(d^{\nu})^3(N^{\nu}/\Omega)} = \frac{(d^{\mu})^3 \Omega}{\sum_{\nu}[(d^{\nu})^3 N^{\nu}]} \tag{4.16}$$

其中，d^{μ} 是键长；Ω 是原胞的体积。

金属度近似等于 n_m/n_e，其中 n_m 和 n_e 分别表示可被激发的电子数和价电子总数。根据电子的费米液体理论，f_m 可以表示成

$$f_m = \frac{n_m}{n_e} = \frac{0.026 D_F}{n_e} \tag{4.17}$$

其中，D_F 是费米能级处的电子态密度。

前人根据上述模型计算的 MB_2（M = Tc，W，Re 和 Os）的理论硬度与实验结果吻合

很好[16]。表4.4列出了本工作中利用上述理论计算的金刚石和六方 $P6_3/mmc$-2u W_2B_5 在不同压强下的键参数和维氏硬度。与金刚石在 0 GPa 下硬度的实验值相比，也符合得很好，这些结果表明了以上的模型的可靠性。

值得注意的是，金刚石的硬度随着压强的升高而增加，而压强效应降低了六方 $P6_3/mmc$-2u W_2B_5 的硬度。Wang 等人[39]研究了高压下 OsN_2 的硬度，得出了与本工作类似的结论。

表4.4 六方 $P6_3/mmc$ W_2B_5-2u 在不同压强下的键参数和硬度值

	P/GPa	化学键	d^μ/nm	P^μ	$\Omega/10^{-3}$nm^3	$v_b^\mu/10^{-3}$nm^3	$f_m/10^{-3}$	H^μ/GPa	H_V/GPa
WB_2-WB_2	0	B—B (1)	0.172 7	0.76		2.521		25.6[16]	27.7[12]
		B—B (2)	0.183 8	0.65		0.303 8			
		W—B (1)	0.233 5	0.26		6.229			
ReB_2-ReB_2	0	B—B	0.180 7	0.64		1.846		39.1[16]	39.3[12]
		Re—B	0.224 0	0.25					
金刚石	0	C—C	0.154 4	0.75	45.4	2.836	0		92.3
									90[40]
									93.5[41]
	5	C—C	0.153 9	0.75	44.9	2.804	0		94.0
	10	C—C	0.153 3	0.75	44.4	2.773	0		95.8
	15	C—C	0.152 8	0.75	43.9	2.744	0		97.4
W_2B_5	0	B—B	0.165 5	0.38	124.1	2.204	0	71.16	16.11
		B—B	0.173 8	2.30		2.553	0	337.13	
		B—B	0.192 3	1.41		3.458	0	124.64	
		B—W	0.228 2	0.75		5.779	1.38	25.27	
		B—W	0.230 9	-0.21		5.987	1.38	6.67	
		B—W	0.236 9	0.13		6.465	1.38	3.63	
		B—W	0.242 7	0.06		6.952	1.38	1.48	
	5	B—B	0.164 8	0.38	122.1	2.173	0	72.84	16.09
		B—B	0.172 8	2.32		2.506	0	350.75	
		B—B	0.191 2	1.43		3.398	0	130.16	
		B—W	0.227 1	0.73		5.691	1.35	24.96	
		B—W	0.230 0	-0.22		5.913	1.35	7.06	
		B—W	0.235 6	0.11		6.356	1.35	3.13	
		B—W	0.241 4	0.06		6.832	1.35	1.51	

续表

P/GPa	化学键	d^μ/nm	P^μ	$\Omega/10^{-3}$nm^3	$v_b^\mu/10^{-3}$nm^3	$f_m/10^{-3}$	H^μ/GPa	H_V/GPa
10	B—B	0.164 0	0.37	120.3	2.142	0	72.68	14.34
	B—B	0.171 8	2.33		2.462	0	362.80	
	B—B	0.190 2	1.44		3.341	0	134.81	
	B—W	0.226 1	0.72		5.612	1.30	25.36	
	B—W	0.229 1	−0.23		5.839	1.30	7.58	
	B—W	0.234 5	0.09		6.261	1.30	2.64	
	B—W	0.240 2	0.03		6.729	1.30	0.78	
15	B—B	0.163 3	0.36	118.7	2.113	0	72.30	13.16
	B—B	0.171 0	2.35		2.424	0	375.49	
	B—B	0.189 3	1.44		3.290	0	138.29	
	B—W	0.225 1	0.70		5.534	1.31	25.22	
	B—W	0.228 3	−0.24		5.775	1.31	8.05	
	B—W	0.233 4	0.07		6.168	1.31	2.10	
	B—W	0.239 1	0.02		6.628	1.31	0.53	

通过对键参数和键成分的深入分析，发现金刚石是共价晶体，虽然六方 $P6_3/mmc$-2u W_2B_5 属于极性共价晶体，主要由 B—B 共价键构成，但它的化学键中仍然存在部分的 B—W 离子键和 W—W 金属键成分。根据公式（4.15），可以计算 μ 型键的硬度。通过引入因子 f_m，在计算硬度时考虑了金属成分的影响。不难发现，B—B 共价键对这两种晶体的硬度有很大贡献，而离子键和金属键限制了它的硬度。共价键的硬度随着压力的增加而增加，而压强效应降低了离子键和金属键的硬度。压强对离子键和金属键的影响大于对共价键的影响。因此，随着压强的增加，金刚石的硬度增加，而六方 $P6_3/mmc$-2u W_2B_5 的硬度降低，且压力效应可以提高六方 $P6_3/mmc$-2u W_2B_5 的金属度。

总之，通过对 W_2B_5 的弹性性质和硬度的研究，本研究发现体积模量和剪切模量随着压强的升高而增加，而硬度则降低。这意味着硬度与弹性性质的联系不大，而与键参数和键成分有着重要的联系。硬度变化是键参数和键组分随压强的变化所致。

4.4 总结

本章利用赝势平面波方法研究了金刚石和六方 $P6_3/mmc$-2u 相 W_2B_5 在高压下的弹性性质、电子特性和硬度。从高压下的弹性性质研究可知，金刚石和六方 $P6_3/mmc$-2u 相

W_2B_5 在 0~15 GPa 的压力范围内结构稳定。随后，计算了这两种晶体在高压下的硬度，发现金刚石的硬度随着压强的升高而增加，而压强效应降低了六方 $P6_3/mmc$-2u W_2B_5 的硬度。通过分析它们的键参数和键成分，可以发现共价键的硬度随着压强的增加而增加，而压强效应则降低了离子键和金属键的硬度。而压强对离子键和金属键的影响大于对共价键的影响，这导致金刚石的总硬度随着压力的增加而增加，六方 $P6_3/mmc$-2u W_2B_5 的硬度随压强的增加而降低。

参考文献

[1] BROOKES C A. Plastic deformation and anisotropy in the hardness of diamond[J]. Nature,1970,228(5272):660-661.

[2] SUMIYA H,TODA N,SATOH S. Mechanical properties of synthetic type IIa diamond crystal[J]. Diam. Relat. Mater. ,1997,6(12):1841-1846.

[3] SOLOZHENKO V L,DUB S N,NOVIKOV N. Mechanical properties of cubic BC_2N, a new superhard phase[J]. Diam. Relat. Mater. , 2001,10(12):2228-2231.

[4] SOLOZHENKO V L,KURAKEVYCH O O,ANDRAULT D,et al. Ultimate metastable solubility of boron in diamond:synthesis of superhard diamondlike BC_5[J]. Phys. Rev. Lett. ,2009,102(1):015506(1)-(4).

[5] TANIGUCHI T,AKAISHI M,YAMAOKA S. Mechanical properties of polycrystalline translucent cubic boron nitride as characterized by the Vickers indentation method[J]. J. Am. Ceram. Soc. ,1996,79(2):547-549.

[6] SOLOZHENKO V L,ANDRAULT D,FIQUET G,et al. Synthesis of superhard cubic BC_2N[J]. Appl. Phys. Lett. ,2001,78(10):1385-1387.

[7] KIESSLING R. The crystal structures of molybdenum and tungsten borides[J]. Acta Chem. Scand. , 1947,1:893-916.

[8] ITOH H,MATSUDAIRA T,NAKA S,et al. Formation process of tungsten borides by solid state reaction between tungsten and amorphous boron[J]. J. Mater. Sci. , 1987, 22 (8):2811-2815.

[9] OKADA S,KUDOU K,LUNDSTROM T. Preparations and some properties of W_2B, δ-WB and WB_2 crystals from high-temperature metal solutions[J]. Jpn. J. Appl. Phys. , 1995,34:226-231.

[10] WOODS H P,WAGNER F E ,FOX B G et al. Tungsten diboride:preparation and structure[J]. Science,1966,151(3706):75.

[11] KAYHAN M,HILDEBRANDT E,FROTSCHER M,et al. Neutron diffraction and observation of superconductivity for tungsten borides,WB and W_2B_4[J]. Solid. State. Sci. , 2012,14(11-12):1656-1659.

[12] GU Q F, KRAUSS G, STEURER W. Transition metal borides: superhard versus ultra-incompressible[J]. Adv. Mater. ,2008,20(19):3620-3626.

[13] MOHAMMADI R, LECH A T, XIE M, et al. Tungsten tetraboride, an inexpensive superhard material[J]. Proc. Natl. Acad. Sci. ,2011,108(27):10958-10962.

[14] XIE M, MOHAMMADI R, MAO Z, et al. Exploring the high-pressure behavior of superhard tungsten tetraboride[J]. Phys. Rev. B,2012,85(6):064118(1)-(8).

[15] KANER R B, GILMAN J J, TOLBERT S H. Designing superhard materials[J]. Science,2005,308(5726):1268-1269.

[16] ZHONG M M, KUANG X Y, WANG Z H, et al. Phase stability, physical properties, and hardness of transition-metal diborides MB_2(M = Tc, W, Re, and Os): first-principles investigations[J]. J. Phys. Chem. C,2013,117(2):10643-10652.

[17] FROTSCHERA M, KLEINB W, BAUERC J, et al. M_2B_5 or M_2B_4? A reinvestigation of the Mo/B and W/B system[J]. Z. Anorg. Allg. Chem. ,2007,633(15):2626-2630.

[18] LI Q, ZHOU D, ZHENG W, et al. Global structural optimization of tungsten borides[J]. Phys. Rev. Lett. ,2013,110(13):136403(1)-(5).

[19] ORDEJÓN P, ARTACHO E, SOLER J M. Self-consistent order-density-functional calculations for very large systems[J]. Phys. Rev. B,1996,53(16):R10441-R10444.

[20] BARTH U V, HEDIN L. A local exchange-correlation potential for the spin polarized case. I[J]. J. Phys. C. Solid State Phys. ,1972,5(13):1629-1642.

[21] SÁNCHEZ-PORTAL D, ORDEJÓN P, ARTACHO E, et al. Density-functional method for very large systems with LCAO basis sets[J]. Int. J. Quantum Chem. ,1997,65(5):453-461.

[22] KOHN W, SHAM L J. Self-consistent equations including exchange and correlation effects[J]. Phys. Rev. A,1965,140(4):A1133-A1138.

[23] STROBEL R, MACIEJEWSKI M, EPRATSINIS S, et al. Unprecedented formation of metastable monoclinic $BaCO_3$ nanoparticles[J]. Therm. Acta. ,2006,445(1):23-26.

[24] MATERIALS STUDIO, Version 4.1, Accelrys Inc. ,San Diego,Cal. ,2006.

[25] STAROVEROV V N, SCUSERIA G E. High-density limit of the Perdew-Burke-Ernzerh of generalized gradient approximation and related density functionals[J]. Phys. Rev. A,2006,74(4):044501(1)-(4).

[26] WU Z G, COHEN R E. More accurate generalized gradient approximation for solids[J]. Phys. Rev. B,2006,73(23):235116(1)-(6).

[27] PERDEW J P, BURKE K, ERNZERHOF M. Generalized gradient approximation made simple[J]. Phys. Rev. Lett. ,1996,77(18):3865-3868.

[28] CHADI D J. Special points for Brillouin-zone integrations[J]. Phys. Rev. B, 1977,16(4):1746-1747.

[29] GRIMSDITCH M H, RAMDAS A K. Brillouin scattering in diamond[J]. Phys. Lett. A, 1974, 48(1):37-38.

[30] WU Z, ZHAO E, XIANG H, et al. Crystal structures and elastic properties of superhard and from first principles[J]. Phys. Rev. B, 2007, 76(5):054115(1)-(15).

[31] HILL R. The Elastic behaviour of a crystalline aggregate[J]. Proc. Soc. London. A, 1952, 65(5):349-354.

[32] PUGH S F. XCII. Relations between the elastic moduli and the plastic properties of polycrystalline pure metals[J]. Phil. Mag., 1954, 45(367):823-843.

[33] HAINES J, LEGER J M, BOEQUILLON G. Synthesis and design of superhard materials [J]. Annu. Rev. Matter. Res., 2001, 31(1):1-23.

[34] STEINLE-NEUMANN G, STIXRUDE L, COHEN R E. First-principles elastic constants for the hcp transition metals Fe, Co, and Re at high pressure[J]. Phys. Rev. B, 1999, 60(2):791-799.

[35] RAVINDRAN P, FAST L, KORZHAVYL P A, et al. Density functional theory for calculation of elastic properties of orthorhombic crystals: application to TS_2[J]. J. Appl. Phys., 1998, 84(9):4891-4904.

[36] LV Z L, CHENG Y, CHEN X R, et al. First principles study of electronic, bonding, elastic properties and intrinsic hardness of $CdSiP_2$[J]. Comput. Mater. Sci., 2013, 77:114-119.

[37] LIU Y Z, JIANG Y H, FENG J, et al. Elasticity, electronic properties and hardness of MoC investigated by first principles calculations[J]. Physica B, 2013, 419:45-50.

[38] GAO F M. Theoretical model of intrinsic hardness[J]. Phys. Rev. B, 2003, 73(13):132104(1)-(4).

[39] WANG Z H, KUANG X Y, ZHONG M M, et al. Pressure-induced structural transition of OsN_2 and effect of metallic bonding on its hardness[J]. EPL, 2011, 95(6):66005(1)-(6).

[40] TIAN Y J, XU B, ZHAO Z S. Microscopic theory of hardness and design of novel superhard crystals[J]. Int. J. Refract. Met. Hard Mater., 2012, 33:93-106.

[41] CHEN X Q, NIU H Y, LI D Z, et al. Modeling hardness of polycrystalline materials and bulk metallic glasses[J]. Intermetallics, 2011, 19(9):1275-1981.

第 5 章 CdP_2 凝聚态高压相变及特性研究

5.1 概述

CdP_2 晶体属于Ⅱ-Ⅴ族半导体化合物。为了研究这一晶体在太阳能电池的制备中的应用前景，Dmitruk 等人[1]研究了 $β-CdP_2$ 晶体结构的光电导率的光谱分布情况。结果表明，在可见光区，$β-CdP_2$ 晶体比常规晶体（CdS、CdSe）具有更高的光敏性，是一种有效的光电抗蚀剂。此外，$β-CdP_2$ 晶体还具有较大的热光系数。这种特殊的性质，使其成为可用于制造热传感器的一种很有前途的材料[2-3]。此外，$β-CdP_2$ 的电学性质是各向异性的，这又使其成为一种很有前途的电子工程材料[4]。

CdP_2 有两种形态的相，分别是正交（α-）相[5]和四方（β-）相[6]。这两种相在常压环境条件下都可以稳定地存在。但是由于 $β-CdP_2$ 在常压下比 $α-CdP_2$ 更稳定，因此，以往的研究大多集中在 $β-CdP_2$ 上，尤其是其光电性能[7-11]。$β-CdP_2$ 的晶格动力学和热性能的研究也有报道[12]。此外，由于缺陷和掺杂效应对 CdP_2 的电学和光学性能有很大的影响，因此，大量的研究[13-14]主要探索了掺杂和工艺诱导缺陷对 $β-CdP_2$ 的带结构和吸收光谱的影响，而报道的缺陷或掺杂效应的 CdP_2 化合物的性能差别也很大。此外，还有报道研究了 CdP_2 晶体的温度诱导相变[15]。在笔者研究组以前的研究[16]中，研究过 β-方石英的光诱导非热相变，也预测过 CdP_2 晶体的压力诱导相变[17]。然而，对于 CdP_2 在高压下的硬度，尤其是 $α-CdP_2$ 的硬度研究很少，高压下 CdP_2 的声子、热力学性质也未见报道。因此，本章主要研究 $α-CdP_2$ 和 $β-CdP_2$ 在高压下的声子色散曲线、热力学性质和硬度。此外，我们还将从动力学的角度进一步研究 CdP_2 晶体的压致相变，讨论压力对这两种 CdP_2 晶体硬度的影响。密度泛函理论中的第一性原理计算已被广泛用于研究许多种类晶体的结构性质、晶格动力学和热力学性质[18-19]。在这项工作中，利用这种方法系统地研究 $α-CdP_2$ 和 $β-CdP_2$ 的声子性质、热力学性质和硬度。

5.2 理论研究方法和细节

本章用标准 Kohn-Sham 自洽密度泛函理论[20-21]研究了 $α-CdP_2$ 和 $β-CdP_2$ 的声子性

质、弹性性质、热力学性质和硬度。研究中，利用文献［4］和［5］中给出的α-CdP$_2$和β-CdP$_2$的实验晶格参数分别作为本理论研究的初始结构。β-CdP$_2$晶体在293 K温度下的空间对称群为$P4_32_12=D_4$，晶格参数$a=b=0.528\ 52$ nm，$c=1.978\ 7$ nm，$\beta=90°$；而α-CdP$_2$的空间对称群为$Pna2_1$，晶格参数$a=0.990\ 1$ nm，$b=0.540\ 9$ nm，$c=0.515\ 7$nm，$\beta=90°$。采用共轭梯度（CG）算法对原子位置进行结构优化，在CG结构优化中设置的收敛标准为能量不大于$1×10^{-7}$ eV/atom，原子力不大于0.3 eV/nm。交换相关能采用Perdew、Burke和Ernzerhof（PBE）设计的广义梯度近似[22-23]。用赝势平面波方法描述了价电子与原子核的相互作用，计算中Cd和P的价电子构型分别选为$4d^{10}5s^2$和$3s^23p^3$。选择截断能为290 eV的平面波基矢，以确保系统能量的稳定状态。使用Monkhorst-pack网格对布里渊区进行采样[24]。

对于声子计算，主要有两种方法：冻结声子法[25]和线性响应法[26-27]。在第一种方法中，通过对中心单元的每个原子施加不同方向的微小位移，计算施加在其他原子上的力。然后通过比较微小位移前后的力的变化，从超胞计算中得到声子色散曲线。对于线性响应方法，总能量的二阶导数是通过施加外部静态扰动时电子密度的线性变化获得的。然后，根据一阶微扰理论，建立外电场变化与电荷密度响应之间的自洽方程。通过求解自洽方程，可以计算电荷密度响应、动力学矩阵、力常数和声子频率。本章采用线性响应法计算声子色散关系。此外，热力学性质的计算方法见5.3.2节。另外，晶体的维氏硬度是用Gao等人[28]2006年提出的理论方法计算的，具体计算方法见下文5.3.3节。

5.3 结果与讨论

5.3.1 声子色散关系与结构相变

实验上已经合成的CdP$_2$有α-CdP$_2$和β-CdP$_2$两种相，这两种相在常压下都是稳定的，但对两种相在高压下的特性研究较少。首先，本章研究α-CdP$_2$和β-CdP$_2$的焓值随压强增加的变化，并在图5.1中作出了α-CdP$_2$和β-CdP$_2$的焓差曲线，以讨论CdP$_2$在高压下可能发生的结构相变。

根据图5.1所示的焓差曲线的结果，很容易发现在0~20 GPa的压力范围内，β相是CdP$_2$更稳定的结构。随着压力的进一步升高，α相的焓值小于β相的焓值，这意味着当压力大于20 GPa时，α-CdP$_2$成为一个更稳定的相。这表明：在略高于20 GPa的压强下，CdP$_2$可能发生从β相到α相的转变。

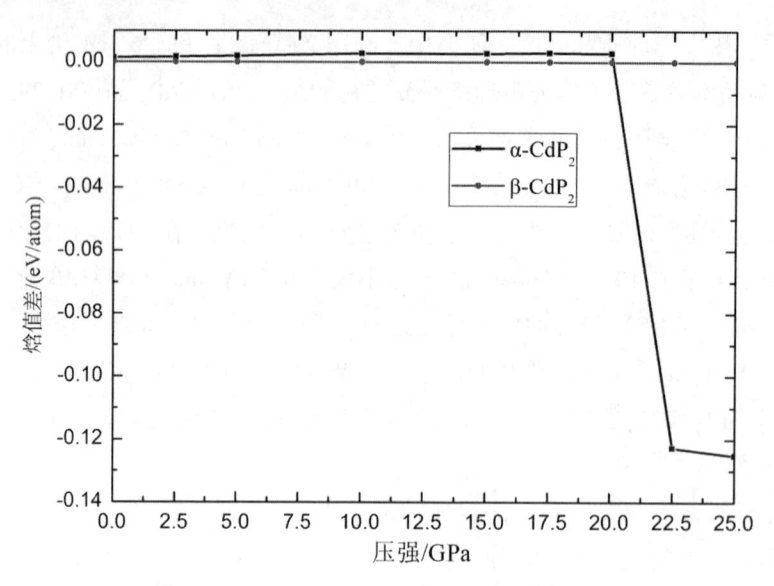

图 5.1 298 K 下 α-CdP$_2$ 和 β-CdP$_2$ 的焓值差

以 β-CdP$_2$ 的焓值为参考，将 β-CdP$_2$ 在不同压力下的焓值设为零，
对应圆点线，黑线对应 α-CdP$_2$ 和 β-CdP$_2$ 的焓值差

声子色散曲线是研究晶格动力学的重要手段。为了证实上面的相变猜测，计算了 β-CdP$_2$ 和 α-CdP$_2$ 在不同压强下的声子色散曲线，如图 5.2 和图 5.3 所示。从图 5.2 可看出，β-CdP$_2$ 的晶格动力学表现出多种异常：①有趣的是光学分支的声子频率随压强的增加而增加，而声学声子分支则随压强的增加而软化；②当压力升至 20 GPa 时，M 点出现虚频。随着压力的进一步增加，整个横向声学（transverse acoustic，TA）支在 25 GPa 处软化至虚频，这表明 β-CdP$_2$ 在高压下结构变得不稳定。

对于 α-CdP$_2$，声子计算表明它在 0~25 GPa 之间都是稳定的。而对于 β-CdP$_2$，在大于 20 GPa 的压强下声子谱中出现虚频，说明在高压下它变得不稳定。将声子色散曲线与 α-CdP$_2$ 和 β-CdP$_2$ 的焓值差曲线相结合，可确定在略大于 20 GPa 的压强下发生了从 β 相到 α 相的相变。在相变前，α-CdP$_2$ 为亚稳相。当压力大于 20 GPa 时，α-CdP$_2$ 变得比 β-CdP$_2$ 更稳定，β-CdP$_2$ 变为亚稳相。相变压强对应于图 5.1 所示的焓值差曲线中的交点。

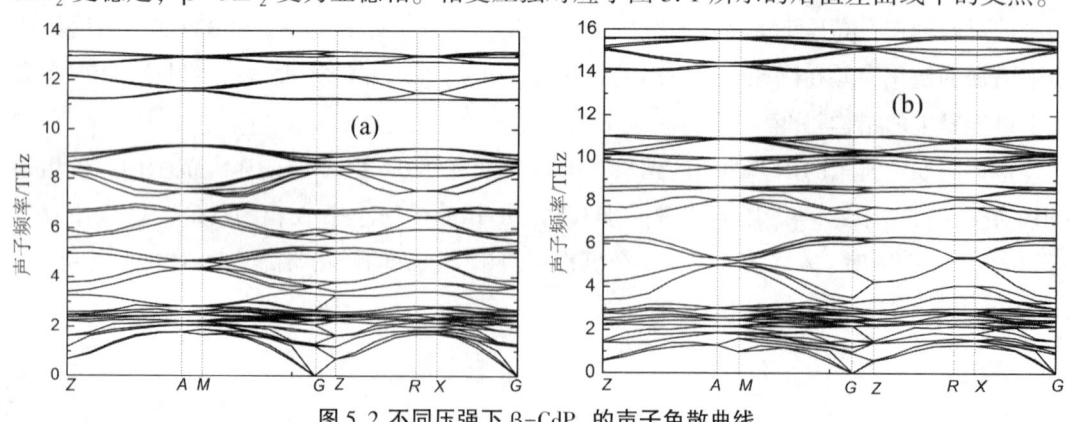

图 5.2 不同压强下 β-CdP$_2$ 的声子色散曲线

图 5.2 不同压强下 β-CdP_2 的声子色散曲线（续）

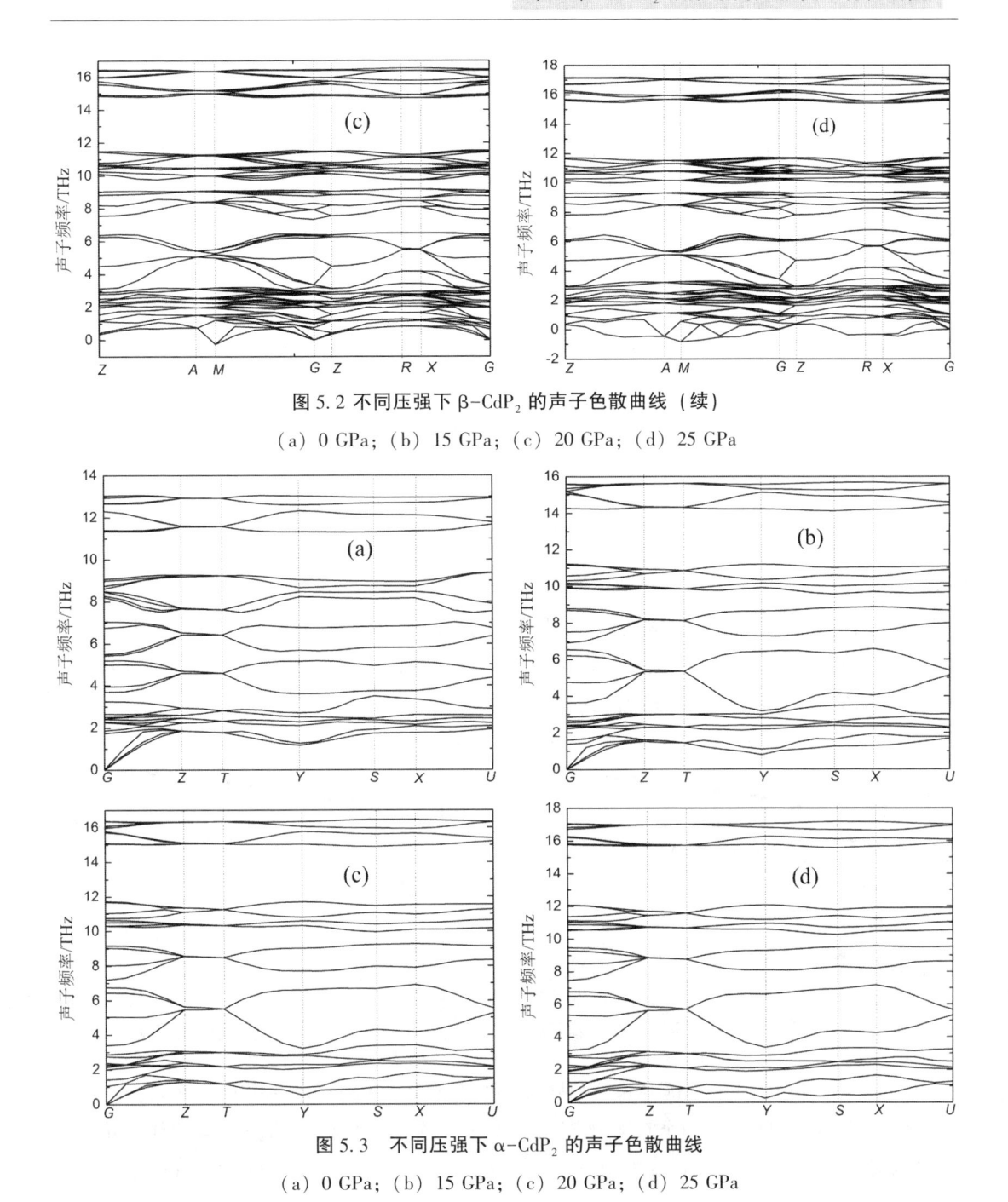

(a) 0 GPa；(b) 15 GPa；(c) 20 GPa；(d) 25 GPa

图 5.3 不同压强下 α-CdP_2 的声子色散曲线

(a) 0 GPa；(b) 15 GPa；(c) 20 GPa；(d) 25 GPa

5.3.2 热力学特性

固体材料的德拜温度是热力学性质中一个重要的物理量，它与材料的硬度和超导转变温度等都密切相关。因此，研究德拜温度具有重要的物理意义。而根据德拜模型，德拜温度用弹性常数由以下方程计算得到：

$$\Theta = \frac{h}{k_B}\left[\frac{3n}{4\pi}\left(\frac{N_A\rho}{M}\right)\right]^{1/3} v_m \tag{5.1}$$

其中，h 是普朗克常数；k_B 是玻尔兹曼常数；N_A 是阿伏伽德罗常数；n 是一个原胞中的原子个数；M 是摩尔质量；ρ 是密度；v_m 是平均声速。平均声速是通过下列公式计算得到的：

$$v_m = \left[\frac{1}{3}\left(\frac{2}{v_s^3}+\frac{1}{v_p^3}\right)\right]^{-1/3} \tag{5.2}$$

其中，v_s 和 v_p 分别是剪切声速和压缩声速。而剪切声速和压缩声速又可以根据下面的公式计算：

$$v_p = \left(\frac{3B+4G}{3\rho}\right)^{\frac{1}{2}} \tag{5.3}$$

$$v_s = \left(\frac{G}{\rho}\right)^{\frac{1}{2}} \tag{5.4}$$

其中，B 和 G 对应的分别是材料的体积模量和剪切模量。

根据上述公式和弹性常数的结果，可以得到两种 CdP_2 晶体在高压下的德拜温度。图 5.4 给出了在不同压强下两种 CdP_2 相的计算德拜温度随温度的变化。可以看出 α-CdP_2 和 β-CdP_2 的德拜温度都是随着压强的增加而升高。

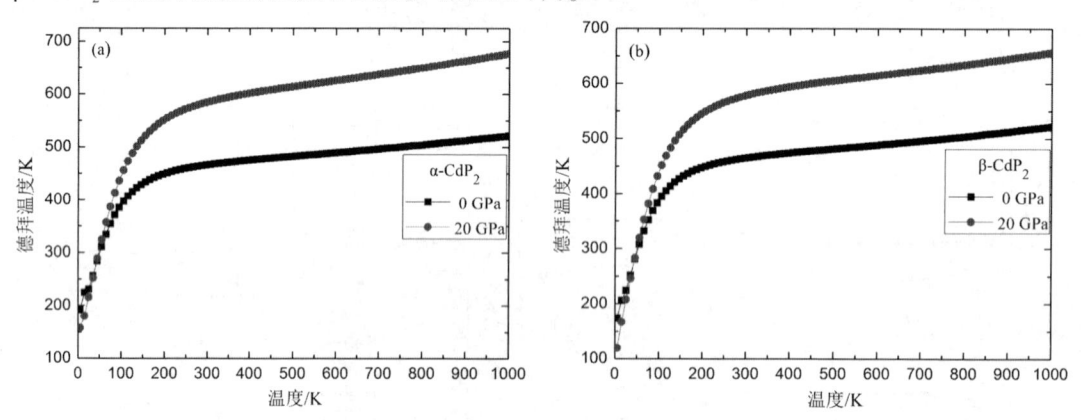

图 5.4 在不同压强下两种相的 CdP_2 德拜温度随温度的变化情况

作为凝聚态物理学的一个重要物理量，固体的热容遵循标准的弹性连续体理论[29]：在足够低的温度下，热容 C_V 与 T^3 成正比；在较高温度下，热容 C_V 接近于 Petit-Dulong 极限[30]。图 5.5 给出了不同压强下 α-CdP_2 和 β-CdP_2 的热容 $C_V(T)$ 随温度的变化曲线。从图 5.5 可以看出，在低温下，热容 C_V 随着压强的增加而减小。而在较高温度下，不同压强下的 C_V 值仍接近于 Petit-Dulong 极限值。

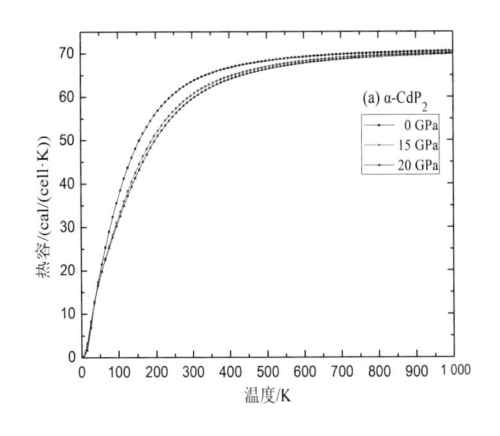

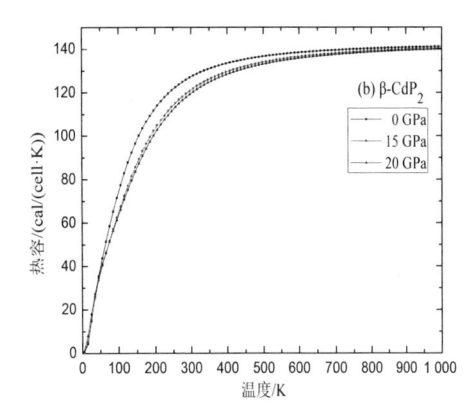

图 5.5 在不同压强下两种相的 CdP_2 的热容 $C_V(T)$ 随温度的变化曲线

注：1 cal/cell·K 表示单胞每升温 1 K 吸收的热量为 1 cal

5.3.3 硬度特性

本工作中利用燕山大学高发明团队等人[28]提出的微观理论模型计算了 α-CdP_2 和 β-CdP_2 从 0 到 20 GPa 的维氏硬度。该模型在第 4.3.3 节已经做了详细介绍，这里不再赘述。

根据这一理论，在常压环境下计算的 α-CdP_2 和 β-CdP_2 的键参数和维氏硬度，如表 5.1 所示。从表 5.1 中不难发现，P—P 键的贡献对 α-CdP_2 和 β-CdP_2 的硬度起主要作用，而 Cd—P 键限制了它们的硬度。另外，金属度 f_m 也是限制其硬度的重要因素，随着材料金属度的增加，硬度下降。

表 5.1 α-CdP_2 和 β-CdP_2 在常压环境下的键参数和维氏硬度

	化学键	d^μ/nm	P^μ	Ω/(10^3nm^3)	V_b^μ/(10^3nm^3)	f_m/10^{-5}	H_V^μ/GPa	H_V/GPa
α-CdP_2	P—P	0.216 2	0.62	286.0	7.802	0	14.12	3.84
	P—P	0.220 8	0.49		8.310	0	10.05	
	Cd—P	0.258 4	0.53		13.320	1.713	4.16	
	Cd—P	0.261 6	0.44		13.821	1.713	3.25	
	Cd—P	0.262 6	0.10		13.980	1.713	0.72	
	Cd—P	0.264 4	0.33		14.269	1.713	2.31	
β-CdP_2	P—P	0.216 8	0.60	574.1	7.873	0	13.461	4.59
	P—P	0.221 4	0.50		8.385	0	10.099	
	Cd—P	0.258 3	0.58		13.315	1.078	4.979	
	Cd—P	0.262 1	0.43		13.911	1.078	3.431	
	Cd—P	0.263 3	0.16		14.103	1.078	1.248	
	Cd—P	0.263 8	0.42		14.183	1.078	3.245	

为了研究压强效应对 CdP_2 材料的硬度影响，本工作中计算了 0~20 GPa 压强范围内的维氏硬度值，结果在表 5.2 中列出。可以看到 α-CdP_2 和 β-CdP_2 的硬度都随压强的增大而增大。通过分析 α-CdP_2 和 β-CdP_2 的键参数和电子性质，发现其硬度与晶体的化学键和结构对称性关系最为密切。压强对它们的结构对称性几乎没有影响，主要影响结构中的化学键。进一步分析表明，高压下两种 CdP_2 相的硬度均有所增加的原因有三：①共价键（P—P 键）的硬度随压力的增加而增加；②离子键（Cd—P 键）的硬度随压强的增加而增加；③CdP_2 的金属度随着压强的增加而减弱。总之，由于共价键的增强和金属键的弱化，共同导致了 α-CdP_2 和 β-CdP_2 的硬度随着压强的增大而增大。

表 5.2 不同压强下计算的 α-CdP_2 和 β-CdP_2 的硬度值

结构	0 GPa	5 GPa	10 GPa	15 GPa	20 GPa
α-CdP_2	3.84	4.76	5.71	6.28	6.71
β-CdP_2	4.59	5.42	5.98	6.40	6.74

5.4 总结

本章通过计算 α-CdP_2 和 β-CdP_2 在高压下的声子性质和焓值差，从理论上证实了 CdP_2 在 20~25 GPa 压强下发生从 β 相到 α 相的压致相变。此外，热力学性质的研究表明，随着压强的增加，热容减小，德拜温度升高。最后，讨论了压强对 α-CdP_2 和 β-CdP_2 硬度的影响，结果表明，共价键（P—P 键）和离子键（Cd—P 键）的硬度均随压强的增大而增大，而金属度随压强的增大而减弱。这两方面的原因导致了 α-CdP_2 和 β-CdP_2 的硬度随着压强的增加而增加。随着压力从 0 增加到 20 GPa，α-CdP_2 的维氏硬度从 3.84 GPa 增加到 6.71 GPa，而对于 β-CdP_2，则从 4.59 GPa 增加到 6.74 GPa。从这一结论不难看出，压强的影响对 CdP_2 晶体的硬度起着重要的作用，且是通过影响其化学键来改变材料的硬度的。

参考文献

[1] DMITRUK N L, ZUEV V A, STEPANOVA M A. Spectral distribution of the photoconductivity of cadmium diphosphide[J]. Russ. Phys. J., 1991, 34(7):642-644.

[2] ALEINIKOVA K B, KOZLOV A I, KOZLOVA S G, et al. Electronic and crystal structure of isomorphic ZnP_2 and CdP_2[J]. Phys. Solid. State., 2002, 44(7):1257-1262.

[3] FEKESHGAZI I, SIDENKO T S, CZITROVSZKY A, et al. Raman spectra of gyrotropic cadmium diphosphide crystals[J]. J. Appl. Spectrosc., 2004, 13:15.

[4] LAZAREV V B, SHEVCHENKO V Y, GRINBERG L K, et al. Group II-V semiconductor compounds[M]. Moscow: Izdatel'stvo Nauka, 1978: 256.

[5] OLOFSSON O, GULLMAN J. A note on the crystal structure of α-CdP$_2$[J]. Acta. Cryst. B, 1970, 26(11): 1883-1884.

[6] HANS C F, MARZILLI L G, MAXWELL I E. Crystal structure and absolute configuration of β-CdP$_2$[J]. Inorg. Chem., 1970, 9(11): 2408-2415.

[7] KUDIN A P. Effect of oxygen impurity on the electrical and optical properties of CdP$_2$ crystals[J]. Inorg. Mater., 2002, 38: 640-644.

[8] BARAN J, PASECHNIK Y A, SHPORTKO K V, et al. Raman and FIR reflection spectroscopy of ZnP$_2$ and CdP$_2$ single crystals[J]. J. Mol. Struct., 2006, 792-793: 239-242.

[9] JANUSKEVICIUS Z, KOREC N, SAKALAS A, et al. Electrical properties of CdP$_2$ single crystals[J]. Phys. Status. Solidi. A, 1981, 65: K149-K150.

[10] VENGERA E F, PASECHNIKB Y A, SHPORTKOB K V. Reflection spectra of phosphides in the residual beams region[J]. J. Mol. Struct., 2005, 744-747: 947-950.

[11] BORSHCH V V, GNATYUK V A, KOVALENKO S A, et al. Dispersion of optical characteristics of anisotropic CdP$_2$ single crystals[J]. SPIE Proceedings, 2003, 5024: 112-116.

[12] KOPYTOV A V, POLYGALOV Y I, TKACHENKO V N. Dynamics of the lattice and thermal capacity of ZnP$_2$ and CdP$_2$ tetragonal crystals[J]. Russ. Phys. J., 2005, 48(7): 679-682.

[13] TRUKHAN V M, SOSHNIKOV L E, MARENKIN S F, et al. Crystal growth and electrical properties of β-CdP$_2$ single crystals[J]. Inorg. Mater., 2005, 41(9): 901-905.

[14] KORETS' M S. Process-induced inhomogeneities in cadmium diphosphide single crystals[J]. Ukr. Fiz. Zh. (Ukr. Ed.), 1999, 44: 738.

[15] MARENKIN S F, SOSHNIKOV L E, TRUKHAN V M. Properties and structural phase transitions in CdP$_2$ and ZnP$_2$ single crystals[J]. Russ. J. Inorg. Chem., 2005, 50: S41-S53.

[16] FENG S Q, ZANG H P, WANG Y Q, et al. Ab initio investigation of photoinduced nonthermal phase transition in β-cristobalite[J]. Chin. Phys. B, 2016, 25(1): 016701(1)-(6).

[17] FENG S Q, CHENG X L. Theoretical study on electronic properties and pressure-induced phase transition in β-CdP$_2$[J]. Comput. Theor. Chem., 2011, 966(1-3): 149-153.

[18] FAN T, ZENG Q F, YU S Y. Novel compounds in the hafnium nitride system: first prin-

ciple study of their crystal structures and mechanical properties[J]. Acta. Phys. Sin., 2016,65(11):118102.

[19] WANG X X, ZHAO L T, CHENG H X, et al. Theoretical studies of the site preference, electronic and lattice vibration properties of $La_3Co_{29-x}Fe_xSi_4B_{10}$[J]. Acta. Phys. Sin., 2016,65(5):057103.

[20] ORDEJÓN P, ARTACHO E, SOLER J M. Self-consistent order-N density-functional calculations for very large systems[J]. Phys. Rev. B, 1996,53(16):R10441(1)-(4).

[21] STROBEL R, MACIEJEWSKI M, PRATSINIS S E, et al. Unprecedented formation of metastable monoclinic $BaCO_3$ nanoparticles[J]. Therm. Acta., 2006,445(1):23-26.

[22] WU Z G, COHEN R E. More accurate generalized gradient approximation for solids[J]. Phys. Rev. B, 2006,73(23):235116(1)-(6).

[23] PERDEW J P, BURKE K, ERNZERHOF M. Generalized gradient approximation made simple[J]. Phys. Rev. Lett., 1996,77(18):3865-3868.

[24] MONKHORST H J, PACK J D. Special points for Brillouin-zone integrations[J]. Phys. Rev. B, 1976,13(12):5188-5192.

[25] KUNC K, MARTIN R M. *Ab initio* force constants of GaAs: a new approach to calculation of phonons and dielectric properties[J]. Phys. Rev. Lett., 1982,48(6):406-409.

[26] GIANNOZZI P, GIRONCOLI S, PAVONE P, et al. Ab initio calculation of phonon dispersions in semiconductors[J]. Phys. Rev. B, 1991,43(9):7231-7242.

[27] GONZE X, LEE C. Dynamical matrices, Born effective charges, dielectric permittivity tensors, and interatomic force constants from density-functional perturbation theory[J]. Phys. Rev. B, 1997,55(16):10355-10368.

[28] GAO F M. Theoretical model of intrinsic hardness[J]. Phys. Rev. B, 2003,73(13):132104(1)-(4).

[29] DEBYE P. Zur Theorie der spezifischen Wärmen[J]. Ann. Phys., 1912,39(14):789-839.

[30] PETIT A T, DULONG P L. Research on some important points of the theory of heat[J]. Ann. Chim. Phys., 1819,10:395-413.

第6章 高压下 MAX 结构 $Ti_4AlN_{2.89}$ 特性研究

6.1 概述

20世纪六七十年代发现的三元纳米层状化合物 $M_{n+1}AX_n$（$n=1\sim3$）（后面简称 MAX，其中 M 是早期过渡金属，A 是ⅢA 或ⅣA 族元素，X 为 C 或 N 元素）新型陶瓷材料克服了传统陶瓷材料脆性大、抗冲击性能低、难以机械加工等缺点。它具有导电、导热性能高，硬度低，弹性模量和剪切模量大[1]，易于加工等金属特性；也具有屈服强度大，热稳定性和抗氧化性好等陶瓷材料的优良特性。另外，它还有比石墨和 MoS_2 更好的润滑性能，在锂离子电池电极、高温发动机、精密机械工具和电子绝缘材料等领域具有重要的应用前景，因此，近几十年来成为材料科学领域的一大研究热点。

MAX 材料作为近年来发展起来的新型陶瓷材料，兼具金属和陶瓷的优点，但制备上的难点限制了它的研究。继 1963 年第一个 MAX 化合物 Ti_3SiC_2 合成以后[2]，随着技术的不断进步，大量 MAX 材料相继合成。2000 年，Tzenov 等人[3]用热等静压工艺合成了 Ti_3AlC_2，2008 年，胡春风等人采用热压法由 V、Al 和 C 粉末制得了一种新型 MAX 相——V_4AlC_3 相[4]，这些为 MAX 相的合成，为实验和理论上研究该类材料奠定了基础。实验上研究材料的特性成本往往较高，理论上研究该类材料的特性[5-6]对提高材料的性能和应用范围具有重要的指导意义。沈阳金属所周延春课题组对这类材料做了大量的理论研究，2008 年，该课题组就利用第一性原理方法研究了 Al 空位缺陷对 Ti_2AlC 材料相稳定性的影响[7]；同年，该课题组采用从头算方法研究了一种新型三维层状碳化物 Nb_4AlC_3 的相稳定、电子结构和力学特性[8]；利用第一性原理方法研究了 M_2AlC（M=Ti，V，Cr）结构的（0001）面的稳定性[9]；利用密度泛函理论研究了 M_4AlC_3（M = V，Nb，Ta）的多态性等[10]。哈尔滨工业大学的柏跃磊等人[11]利用密度泛函理论研究了 MoAlB 层状过渡金属硼化物（MAB 相）的电子结构、晶格动力学和弹性性质。

由于新型陶瓷 MAX 材料有着广泛的应用前景，其优点就是性能更好，适用范围更广，也包括在极端条件下的应用。高压条件作为一种最常见的极端环境，是材料应用经常要面对的条件。高压下物质往往会产生许多新的物理现象，研究高压下材料内产生的新现象和新规律，对于发展新理论、拓展材料的应用范围具有极其重要的意义，因此，成为当前国际上热门的研究课题，引起了国内外学者的广泛兴趣。鉴于高压下材料的很多特性都会发生变化，研究 MAX 材料在高压下的特性，对其应用也具有重要的指导意义。2013 年，浙江工业大学的杨泽金等人[12]就利用第一性原理方法研究了高压下 Zr_2InC 的压缩性，并对其原因做了理论探索；2016 年，该课题组研究了 Cr_2TiAlC_2 在高压下的磁性变化[13]；2017 年，他们又从理论上研究了高压下 $(Ti_{0.5}V_{0.5})_{n+1}GeC_n$（$n = 1\sim4$）材料的结构演化情况[14]。

M-A-N 化合物的结构和性质与 M-A-C 化合物类似，但从上面的介绍不难发现，对 MAX 新型陶瓷材料的研究主要集中在 M-A-C 化合物上，而对 M-A-N 化合物的研究却很少。Holm 等人[15]利用第一性原理方法研究了 Ti-Al-N 三元层状体系的结构、硬度和高压物理性能。M-A-N 化合物具有类 M-A-C 结构，这决定了它们在损伤容限和高温刚度方面也可能具有优异的性能。Li 等[16]研究了层状三元陶瓷 Hf_3AlN 的损伤容限，结果表明，Hf_3AlN 具有典型的层状晶体结构和弱的层间键合，是 Hf_3AlN 具有良好损伤容限的原因。Deng 等人[17]利用第一性原理从理论上研究了 Ti_2AlX（$X=C$，N）在高压下的力学和热力学性质。

2000 年，通过中子和 X 射线粉末衍射数据的 Rietveld 精细化方法，Rawn 等人[18]确定了一种含 N 空位 Ti_4AlN_3 的晶体结构——$Ti_4AlN_{2.89}$ 结构，但目前还缺乏关于其相关性质研究的报道。本章旨在从理论上研究这种三元层状陶瓷材料在静水压下的性能。

6.2 理论研究方法和细节

本章采用标准 Kohn-Sham 自洽密度泛函理论[19-20]研究了三元层状陶瓷 $Ti_4AlN_{2.89}$ 的结构、电子、弹性性能和硬度。采用共轭梯度（CG）算法对原子位置进行结构优化，结构优化中自洽收敛条件设置为：总能量差小于 5×10^{-7} eV/原子，每个原子受力小于 0.02 eV/nm。计算中原子之间的交换相关能，采用 Perdew、Burke 和 Ernzerhof（PBE）[21-22]设计的广义梯度近似；采用赝势平面波方法描述了价电子与原子核的相互作用，Tc、Al 和 N 的价电子构型分别选为 $3s^23p^63d^24s^2$、$3s^23p^1$ 和 $2s^22p^3$。平面波截断能为 500 eV，使用 Monkhorst-pack 网格对布里渊区进行 $9\times9\times2$ K 点的分割[23]。另外，本章计算 $Ti_4AlN_{2.89}$ 的维氏硬度采用的是 2006 年燕山大学高发明团队提出的理论方法[24]，具体理论模型在 5.3.3 节中已经做过介绍，这里不再赘述。

6.3 结果与讨论

6.3.1 结构和弹性特性

从文献 [18] 中可获得 $Ti_4AlN_{2.89}$ 晶体结构的实验数据,其精细原子位置和占有率如表 6.1 所示。该结构以六方晶胞,空间群 $P6_3/mmc$ 结晶,晶格参数为 $a=0.2991$ nm, $c=2.3396$ nm, $V=181.2\times10^{-3}$ nm^3。层状结构是每四层 Ti 原子被一层 Al 原子隔开,N 原子占据了 Ti 原子之间的八面体格位,构成了一个共角八面体网络结构(图 6.1)。基于这些实验值,本研究从理论上建立了 $Ti_4AlN_{2.89}$ 晶体理论模型,并在此理论模型基础上,计算得到理论晶格参数 $a=0.2993$ nm, $c=2.3465$ nm, $V=182.1\times10^{-3}$ nm^3,与实验值吻合较好。

表 6.1 从文献 [18] 中获得的 $Ti_4AlN_{2.89}$ 原子坐标

原子	位点	x	y	z	占据数
Ti (1)	4f	1/3	2/3	0.054	1.0
Ti (2)	4e	0	0	0.155	1.0
Al	2c	1/3	2/3	1/4	1.0
N (1)	2a	0	0	0	0.89
N (2)	4f	2/3	1/3	0.105	1.0

如图 6.2 所示,通过对归一化单胞体积 V/V_0 随压力的变化情况进行 Birch-Murnaghan 状态方程[25]拟合,得到 $Ti_4AlN_{2.89}$ 的体积模量 B 约为 241.6 GPa。与纯 Ti 和其他二元 Ti 合金 Ti-X(X=Nb、Zr 和 Al)[26-28]相比,$Ti_4AlN_{2.89}$ 的体积模量要高得多。

图 6.1 常压下 $Ti_4AlN_{2.89}$ 的晶体结构示意图

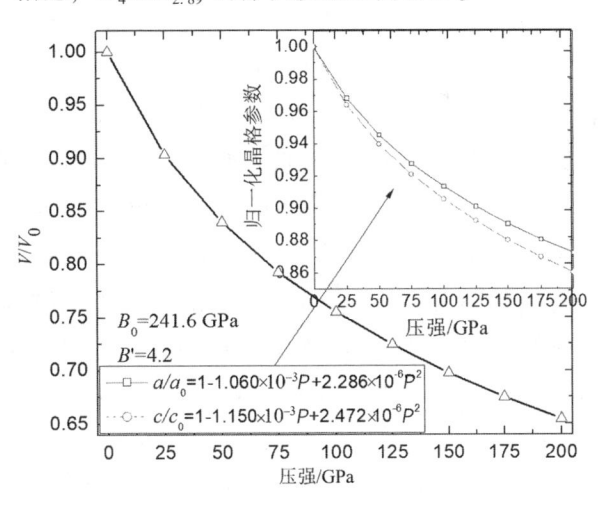

图 6.2 $Ti_4AlN_{2.89}$ 的归一化晶格参数 a/a_0、c/c_0 和单胞体积 V/V_0 随压力的变化情况(P 指静水压力)

注:这里 B' 是指体积模量对体积的一阶导数。

为了研究在 0 至 200 GPa 的压强范围内 $Ti_4AlN_{2.89}$ 的稳定性，本研究计算了该化合物在不同压强下的弹性常数，以研究其力学稳定性。$Ti_4AlN_{2.89}$ 是六方晶系结构，根据第 2.3.4 节的力学角度研究预测结构的稳定性的内容可知，只要弹性常数满足下列公式[29]，该结构就是力学稳定的：

$$C_{12}>0, \quad C_{11}-C_{12}>0, \quad C_{33}>0, \quad C_{44}>0,$$
$$(C_{11}+C_{12})C_{33}-2C_{13}^2>0 \tag{6.1}$$

图 6.3 中给出了 $Ti_4AlN_{2.89}$ 的弹性常数随压强的变化情况，结合上述公式，很容易可以判断出，在本研究的压强范围内 $Ti_4AlN_{2.89}$ 都满足力学稳定性条件。

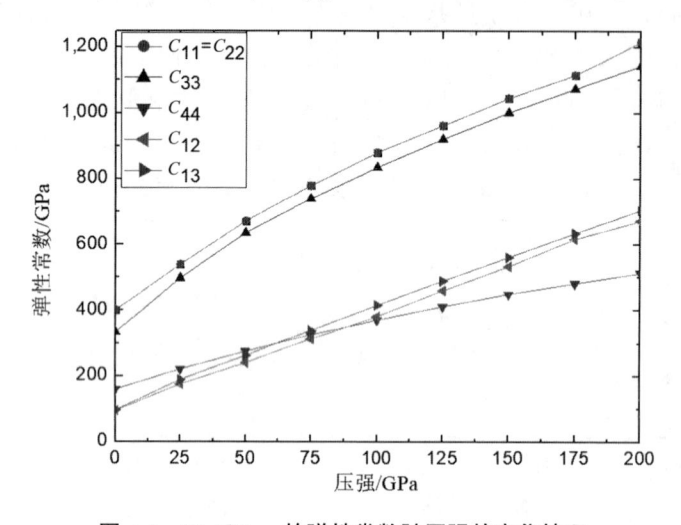

图 6.3 $Ti_4AlN_{2.89}$ 的弹性常数随压强的变化情况

为了进一步研究它的力学性能，本研究计算了其体积模量和剪切模量，计算方法详见第 4.3.1 节介绍的 Voigt、Reuss 和 Hill 近似。

根据 Voigt、Reuss 和 Hill 近似理论本研究计算了 $Ti_4AlN_{2.89}$ 的弹性常数 C_{ij}（GPa）和弹性模量 B、G、E（GPa），如表 6.2 所示，并列出了文献中查到的 $Ti_{n+1}AlX_n$（$n=0\sim4$）的弹性常数 C_{ij}（GPa）和弹性模量 B、G、E（GPa）与 $Ti_4AlN_{2.89}$ 做比较。由弹性常数计算的 $Ti_4AlN_{2.89}$ 的体积模量 B 为 190.5 GPa，略大于通过拟合 Birch-Murnaghan 方程获得的值，但更接近参考文献 [29] 中获得的 Ti_4AlN_3 的体积模量 B。从表中可以看出，弹性模量由大到小的顺序为 TiN，Ti_4AlN_3，$Ti_4AlN_{2.89}$，TiAl。这个结果也很容易理解，因为 Ti_4AlN_3 和 $Ti_4AlN_{2.89}$ 中有四种典型的键，它们分别是 Ti—N 键、Ti—Ti、Al—Al 和 Ti—Al 键。Ti—N 键比 Ti—Ti、Al—Al 和 Ti—Al 键强得多。对于 $Ti_4AlN_{2.89}$，Ti—N 键的键密度小于 Ti_4AlN_3，因此，$Ti_4AlN_{2.89}$ 的体积模量 B 应小于 Ti_4AlN_3 的体积模量 B。此外，从表 6.3 可以看出，$Ti_{n+1}AlX_n$（$n=0\sim4$）和 $Ti_4AlN_{2.89}$ 的剪切模量都比较低，这决定了它们在常压下很容易被加工成各种不同的形状。

表 6.2 文献中查到的 $Ti_{n+1}AlX_n$（$n=0\sim4$）的弹性常数 C_{ij}（GPa）和弹性模量 B，G，E（GPa）以及本工作中 $Ti_4AlN_{2.89}$ 对应值的计算结果

结构	C_{11}	C_{33}	C_{44}	C_{12}	C_{13}	B	G	E
Ti[26]	97.7		37.8	113.6		108.3		
TiAl[28]	128	220	73	86	75	105	50	128
TiN[28]	519	492	202	145	166	276	188	460
Ti_4AlN_3[28]	407	368	158	109	98	199	152	362
$Ti_4AlN_{2.89}$	401.8	335.2	160.3	95.7	97.5	190.5	150.7	357.8

为了研究加压对 $Ti_4AlN_{2.89}$ 弹性性能的影响，本研究计算了不同压强下 $Ti_4AlN_{2.89}$ 的体积模量 B、剪切模量 G、弹性模量 E、B/G 和泊松比 ν，并将它们列在表 6.3 中。

表 6.3 不同压强下 $Ti_4AlN_{2.89}$ 的体积模量 B、剪切模量 G、弹性模量 E、B/G 和泊松比 ν

压强/GPa	B/GPa	G/GPa	E/GPa	B/G	ν
0	190.5	150.7	357.8	1.26	0.19
50	389.9	231.4	579.5	1.68	0.25
100	558.1	282.9	726.0	1.97	0.28
150	711.2	312.3	817.3	2.28	0.31
200	860.0	339.8	900.8	2.53	0.33

从表 6.3 中可以看出，当压强从 0 GPa 增加到 200 GPa 时，$Ti_4AlN_{2.89}$ 的剪切模量在 150.7 GPa 到 339.8 GPa 之间变化。这意味着在 200 GPa 时，它的可加工性大大降低。

Pugh[30]引入 B/G 的概念作为评估材料脆性的一个重要参数。他指出如果材料的 B/G 小于 1.75，则可视为脆性化合物；否则视为韧性化合物[31]。本工作研究的 $Ti_4AlN_{2.89}$ 的 B/G 在 0 到 50 GPa 的压强范围内小于 1.75，但该值随着压强的增加而增加。当压力增加到 75 GPa 时，其 B/G 达到 1.84。按照 Pugh 的衡量标准，这一结果表明，$Ti_4AlN_{2.89}$ 在常压下是脆性的，但在较高压力下其延展性有所提高。

泊松比是衡量共价键结合程度的重要参数。对于共价材料，泊松比很小（$\nu=0.1$），而对于离子材料，该值约为 0.25[32]。本工作中的 $Ti_4AlN_{2.89}$ 的 ν 值在 0.19（0 GPa）到 0.33（200 GPa）之间变化，这表明：$Ti_4AlN_{2.89}$ 的原子间化学键的离子键贡献较大或共价键贡献较小。

6.3.2 键刚度

哈尔滨工业大学的柏跃磊团队提出了一个简单的模型来描述化学键的键刚度[33-34]。根据该模型，通过将二次曲线拟合到相对键长 d/d_0（d_0 是 0 GPa 时的键长）随压强 P 的变化函数，可以获得化学键的键刚度 k。相对键长随压强的变化关系可表示为多项式函数

形式（$d/d_0 = C_0 + C_1 P + C_2 P^2$）（其中 P 是静水压力，C_i（$i = 0, 1, 2$）是拟合系数）。键刚度 k 可通过以下公式计算：

$$k = \left| \frac{d(d/d_0)}{dP} \right|^{-1} = |C_1 + 2C_2 P|^{-1} \tag{6.2}$$

采用上述方法，我们在图 6.4（a）中给出了相对键长随压强变化的关系。通过对相对键长随压强的变化关系拟合为多项式函数，得到了不同键的拟合系数。然后通过公式（6.2）计算键刚度。在图 6.4（b）中，给出了不同化学键的键刚度随压强的变化。

根据计算的键刚度结果，可以看出 $Ti_4AlN_{2.89}$ 中的化学键可分为三组，如表 6.4 所示：具有最高刚度（1 051～1 138.8 GPa）的 Ti—N 键，键刚度相对较低的 Al—Al 键（约 943.4 GPa），以及键刚度最弱的 Ti—Al 键（约 613.5 GPa）。

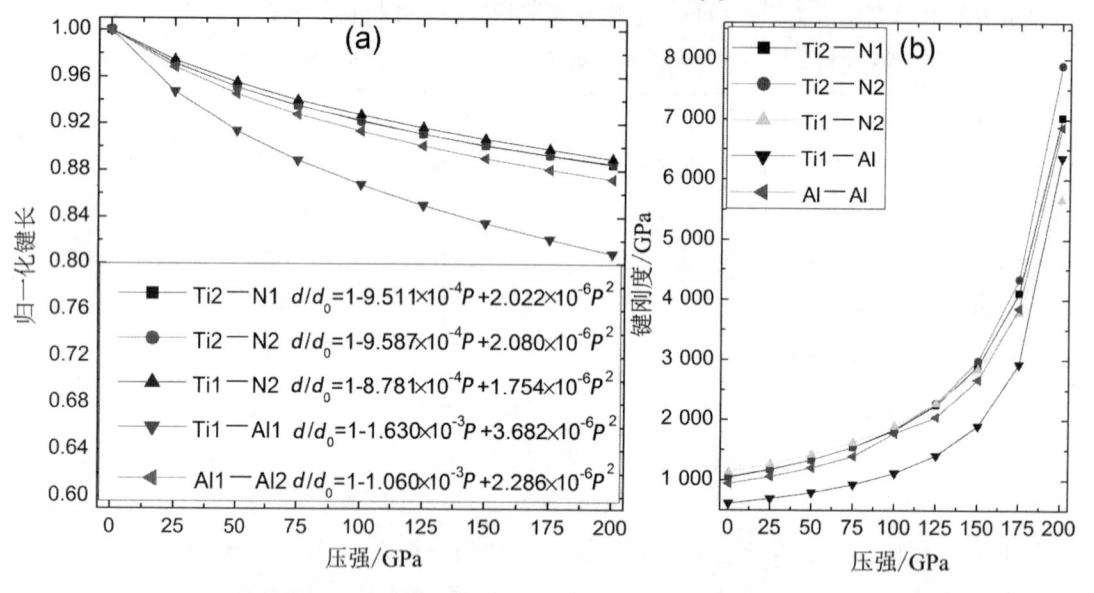

图 6.4 （a）相对键长随压强的变化关系及（b）不同化学键的键刚度随压强的变化

表 6.4 常压下 $Ti_4AlN_{2.89}$ 中各种化学键的键刚度

键类型	Ti2—N1	Ti2—N2	Ti1—N2	Ti1—Al	Al—Al
键刚度/GPa	1 051.4	1 043.1	1 138.8	613.5	943.4

Bai 等人的研究[35]表明：层状化合物中最弱键与最强键的键刚度之比可作为评价异常力学性能的指标。如果该比值介于 1/3 和 1/2 之间，则 MAX 化合物可能具有低硬度、高抗热震性、高断裂韧性和高损伤容限等特性[36]。但当该比值大于 1/2 时，MAX 化合物更可能是具有低损伤容限和断裂韧性的典型陶瓷[35,37-38]。当比值小于 1/2 时，可能意味着 MAX 化合物具有较高的损伤容限[39]。从表 6.4 可以看出，$Ti_4AlN_{2.89}$ 最弱键与最强键的键刚度之比大于 1/2。这意味着常压下 $Ti_4AlN_{2.89}$ 具有较低的损伤容限和断裂韧性。但从表 6.4 不难看出，该比值随着压力的增加而降低。因此，在较高的压力下，$Ti_4AlN_{2.89}$ 的损伤

容限和断裂韧性可能会得到提高。

此外，结合弹性常数和键刚度的研究可知，$Ti_4AlN_{2.89}$ 的体积模量主要与 Ti—N 层中的共价键有关，而剪切模量主要与 Ti—Al 层中的弱 Ti—Al 键有关。$Ti_4AlN_{2.89}$ 中最弱 Ti—Al 键与最强 Ti—N 键的键刚度之比直接影响 B/G 的值。正如我们在 6.3.1 节中所讨论的，B/G 是评估材料脆性的一个重要参数。较大的 Ti—Al 键刚度和较小的 Ti—N 键刚度导致 B/G 值较小，因此 $Ti_4AlN_{2.89}$ 在常压下的力学性能较差。

6.3.3 硬度

对于陶瓷材料，硬度是衡量其力学性能的一个重要参数。实验上，晶体的维氏硬度值是通过施加在被测材料上的金刚石上的压力和待测晶体上产生的压痕面积来计算的，即为 F/A 的值。理论上，燕山大学高发明等人[24]提出了一个微观模型，具体计算公式详见 5.3.3 节，根据这一模型可利用第一性原理计算结果计算共价和离子晶体的维氏硬度。

本研究利用这一微观理论模型计算了 Ti_2AlC 和 $Ti_4AlN_{2.89}$ 在常压下的维氏硬度，并在表 6.5 中给出。计算结果与 Ti_2AlC 的实验维氏硬度进行了比较，从表 6.5 中可以看出，理论值与实验数据符合得很好。为了研究高压下 $Ti_4AlN_{2.89}$ 硬度的变化，本研究计算了在 0 到 200 GPa 压强范围内 $Ti_4AlN_{2.89}$ 的硬度，并在表 6.6 中给出。

表 6.5 常压下本工作得到的 Ti_2AlC 和 $Ti_4AlN_{2.89}$ 的理论维氏硬度

结构	键类型	d^μ/nm	P^μ	$f_m/10^{-3}$	Ω (10^3nm^3)	v_b^μ/ (10^3nm^3)	H^μ/GPa	H_V/GPa
Ti_2AlC	Ti—C	0.211 5	1.02		112.4	28.090	2.75	2.75
								2.8[40]
								4.5[41]
$Ti_4AlN_{2.89}$	Ti—N	0.207 0	0.77	0.75	182.1	14.375	6.33	5.16
	Ti—N	0.211 4	0.82	0.75		15.301	6.08	
	Ti—N	0.213 9	0.51	0.75		15.847	3.57	

从表 6.6 可以看出：$Ti_4AlN_{2.89}$ 的维氏硬度随着压强的增加而增加。此外，在较低的压力范围内，硬度迅速增加，但随着压强的进一步增加，硬度的增加显著减慢。$Ti_4AlN_{2.89}$ 的较低硬度是由于层状结构容易产生层间滑移以及 TiN 层和 Al 层之间相对较弱的相互作用。随着压强的增加，TiN 层与 Al 层之间的相互作用增强，层间滑移变得困难，硬度增加。高压下 $Ti_4AlN_{2.89}$ 硬度的增大使得其在高压的加工变得更加困难。这一点与上述剪切模量的研究是一致的。

表 6.6　不同压强下 $Ti_4AlN_{2.89}$ 的硬度

结构	0 GPa	25 GPa	50 GPa	75 GPa	100 GPa	125 GPa	150 GPa	175 GPa	200 GPa
$Ti_4AlN_{2.89}$	5.16	6.73	7.26	7.56	7.80	7.94	7.99	8.02	8.05

6.3.4　德拜温度

德拜温度是一个重要的热学物理量，它可以用来衡量材料的热力学性质，如材料的熔化温度。根据德拜模型[42]，德拜温度可通过晶体材料的声速计算得出，具体方法详见 5.3.2 节。利用这一理论模型，我们计算了不同压强下 $Ti_4AlN_{2.89}$ 的德拜温度，如表 6.7 所示。

表 6.7　不同压强下 $Ti_4AlN_{2.89}$ 的德拜温度

压强/GPa	v_l/ (m·s^{-1})	v_t/ (m·s^{-1})	v_a/ (m·s^{-1})	Θ_D/K
0	9 074.03	5 630.25	6 207.13	819.04
50	11 133.05	6 408.16	7 116.17	993.73
100	12 217.94	6 719.53	7 489.79	1 083.55
150	12 893.82	6 785.63	7 587.59	1 127.09
200	13 474.77	6 854.72	7 681.72	1 165.73

从表 6.7 不难看出，$Ti_4AlN_{2.89}$ 相的德拜温度随着压力的增加而升高。材料的熔化温度与德拜温度成比例（$\propto \Theta_D^2$）[43]，因此，从热力学角度来看，在高压下 $Ti_4AlN_{2.89}$ 的热稳定性得到了改善。

6.4　总结

本章利用第一性原理方法研究了不同压力下 $Ti_4AlN_{2.89}$ 相的结构参数、弹性常数、B/G 值、硬度和德拜温度等特性。根据计算结果，可以得出以下几点结论：①这种层状三元陶瓷化合物 $Ti_4AlN_{2.89}$ 可以在较大的一个压力范围内稳定存在；②$Ti_4AlN_{2.89}$ 的体积模量、剪切模量和延展性在高压下有所提高，并且原子内的化学键中离子键贡献大或者说共价键贡献小；③通过计算 $Ti_4AlN_{2.89}$ 的键刚度，发现 $Ti_4AlN_{2.89}$ 在常压下具有较低的损伤容限和断裂韧性，但高压下其损伤容限和断裂韧度有所提高；④$Ti_4AlN_{2.89}$ 的维氏硬度随着压强的增加而迅速增加，这是因为 TiN 层与 Al 层之间的耦合增强，层间滑移变得困难所致；⑤$Ti_4AlN_{2.89}$ 相的德拜温度随着压力的增加而升高，因此 $Ti_4AlN_{2.89}$ 相的热稳定性在较高压力下增加。综上所述，考虑到所有这些因素，高压下 $Ti_4AlN_{2.89}$ 相的性能得到了改善。

参考文献

[1] BARSOUM M W. The $M_{N+1}AX_N$ phases: a new class of solids, thermodynamically stable nanolaminates[J]. Prog. Solid. State. Chem. ,2000,28(1-4):201-281.

[2] NOWOTNY H. Strukturchemie einiger verbindungen der übergangsmetalle mit den elementen C,Si,Ge,Sn[J]. Prog. Solid. State. Chem. ,1971,5:27-70.

[3] TZENOV V N,BARSOUM M W. Synthesis and characterization of Ti_3AlC_2[J]. J. Am. Ceram. Soc. ,2000,83(4):825-832.

[4] HU C F,ZHANG J,WANG J M,et al. Crystal structure of V_4AlC_3, a new layered ternary carbide[J]. J. Am. Ceram. Soc. ,2008,91(2):636-639.

[5] LYE R G,LOGOTHETIS E M. Optical properties and band structure of TiC[J]. Phys. Rev. ,2004,147(2):622-635.

[6] ZHOU Y C,SUN Z M. Electronic structure and bonding properties of layered machinable Ti_2AlC and Ti_2AlN[J]. Phys. Rev. B,2007,61(19):12570-12573.

[7] WANG J Y,ZHOU Y C,LIAO T,et al. A first-principles investigation of the phase stability of Ti_2AlC with Al vacancies[J]. Scripta. Mater. ,2008,58(3):227-230.

[8] WANG J M,WANG J Y,ZHOU Y C,et al. Phase stability, electronic structure, and mechanical properties of ternary-layered carbide Nb_4AlC_3: an *ab initio* study[J]. Acta. Mater. ,2008,56(7):1511-1518.

[9] WANG J M,WANG J Y,ZHOU Y C. Stable M_2AlC(0001)-surface(M=Ti, V and Cr) by first-principles investigation[J]. J. Phys. Cond. Matter. ,2008,20(22):225006(1)-(11).

[10] WANG J Y,WANG J M,ZHOU Y C,et al. Ab initio study of polymorphism in layered ternary carbides M_4AlC_3(M=V, Nb and Ta)[J]. Scripa. Mater. ,2008,58(12):1043-1046.

[11] BAI Y L,QI X X,DUFF A,et al. Density functional theory insights into ternary layered boride MoAlB[J]. Acta. Mater. ,2017,132:69-81.

[12] YANG Z J,TANG L,GUO A M,et al. Origin of c-axis ultraincompressibility of Zr_2InC above 70 GPa via first-principles[J]. J. Appl. Phys. ,2013,114(8):083506(1)-(11).

[13] YANG Z J,LINGHU R F,GAO Q H,et al. Magnetic moment collapse induced axial alternative compressibility of Cr_2TiAlC_2 at 420 GPa from first principle[J]. Sci. Rep. ,2016,6:34092(1)-(10).

[14] YANG Z J,LINGHU R F,GAO Q H,et al. Structural evolution of $(Ti_{0.5}V_{0.5})_{n+1}GeC_n$(n=1-4)under pressure from first principles[J]. Comp. Mater. Sci. ,2017,127:251-260.

[15] HOLM B, AHUJA R, LI S, et al. Theory of the ternary layered system Ti−Al−N[J]. J. Appl. Phys., 2002, 91(12): 9874−9877.

[16] LI F Z, LIU B, WANG J Y, et al. Hf$_3$AlN: A novel layered ternary ceramic with excellent damage tolerance[J]. J. Am. Ceram. Soc., 2010, 93(1): 228−234.

[17] DENG S J, ZHAO Y H, HOU H, et al. Structural, mechanical, and thermodynamic properties of Ti$_2$AlX (X = C, N) at high pressure[J]. Acta. Phys. Sin., 2017, 66(14): 146101(1)−(6).

[18] RAWN C J, BARSOUM M W, EL-RAGHY T, et al. Structure of Ti$_4$AlN$_3$ − A layered M$_{n+1}$AX$_n$ nitride[J]. Mater. Resear. Bull., 2000, 35(11): 1785−1796.

[19] ORDEJÓN P, ARTACHO E, SOLER J M. Self-consistent order-density-functional calculations for very large systems[J]. Phys. Rev. B, 1996, 53(16): R10441−R10444.

[20] STROBEL R, MACIEJEWSKI M, PRATSINIS S E, et al. Unprecedented formation of metastable monoclinic BaCO$_3$ nanoparticles[J]. Therm. Acta., 2006, 445(1): 23−26.

[21] WU Z G, COHEN R E. More accurate generalized gradient approximation for solids[J]. Phys. Rev. B, 2006, 73(23): 235116(1)−(6).

[22] PERDEW J P, BURKE K, ERNZERHOF M. Generalized gradient approximation made simple[J]. Phys. Rev. Lett., 1996, 77(18): 3865−3868.

[23] CHADI D J. Special points for Brillouin-zone integrations[J]. Phys. Rev. B, 1977, 16(4): 1746−1747.

[24] GAO F M. Theoretical model of intrinsic hardness[J]. Phys. Rev. B, 2006, 73(13): 132104(1)−(4).

[25] BIRCH F. Finite elastic strain of cubic crystals[J]. Phys. Rev., 1947, 71(11): 809−824.

[26] DAI J H, SONG Y, LI W, et al. Influence of alloying elements Nb, Zr, Sn, and oxygen on structural stability and elastic properties of the Ti2448 alloy[J]. Phys. Rev. B, 2014, 89(1): 014103(1)−(9).

[27] ERRANDONEA D, MENG Y, SOMAYAZULU M, et al. Pressure-induced transition in titanium metal: a systematic study of the effects of uniaxial stress[J]. Physica B, 2005, 355(1-4): 116−125.

[28] COVER M F, WARSCHKOW O, BILEK M M, et al. Elastic properties of Ti$_{n+1}$AlC$_n$ and Ti$_{n+1}$AlN$_n$ MAX phases[J]. Adv. Eng. Mater., 2008, 10(1): 935−938.

[29] BORN M. On the stability of crystal lattices. I[J]. Proc. Cambridge Philos. Soc., 1940, 36(2): 160−172.

[30] PUGH S F. XCII. Relations between the elastic moduli and the plastic properties of polycrystalline pure metals[J]. Philos. Mag., 1954, 45(367): 823−843.

[31] WU Z J, ZHAO E J, XIANG H P, et al. Crystal structures and elastic properties of superhard and from first principles[J]. Phys. Rev. B, 2007, 76(5):054115(1)-(15).

[32] HAINES J, LEGER J M, BOEQUILLON G. Synthesis and design of superhard materials[J]. Annu. Rev. Matter. Res., 2001, 31(1):1-23.

[33] HE X D, BAI Y L, ZHU C C, et al. General trends in the structural, electronic and elastic properties of the M_3AlC_2 phases (M= transition metal): A first-principle study[J]. Comput. Mater. Sci., 2010, 49(3):691-698.

[34] HE X D, BAI Y L, ZHU C C, et al. Polymorphism of newly discovered Ti_4GaC_3: A first-principles study[J]. Acta Mater., 2011, 59(14):5523-5533.

[35] BAI Y, DUFF A, JAYASEELAN D D, et al. DFT predictions of crystal structure, electronic structure, compressibility, and elastic properties of Hf-Al-C carbides[J]. J. Am. Ceram. Soc., 2016, 99(10):3449-3457.

[36] BAI Y L, HE X D, WANG R G, et al. Effect of transition metal(M) and M-C slabs on equilibrium properties of Al-containing MAX carbides: An ab initio study[J]. Comput. Mater. Sci., 2014, 91:28-37.

[37] HE L F, LIN Z J, WANG J Y, et al. Synthesis and characterization of bulk $Zr_2Al_3C_4$ ceramic[J]. J. Am. Ceram. Soc., 2007, 90(11):3687-3689.

[38] HE L F, ZHOU Y C, BAO Y W, et al. Synthesis, physical, and mechanical properties of bulk $Zr_3Al_3C_5$ ceramic[J]. J. Am. Ceram. Soc., 2007, 90(4):1164-1170.

[39] KOTA S, ZAPATA-SOLVAS E, LY A, et al. Synthesis and characterization of an alumina forming nanolaminated boride: MoAlB[J]. Sci. Rep., 2016, 6:26475(1)-(11).

[40] WANG X H, ZHOU Y C. Solid-liquid reaction synthesis and simultaneous densification of polycrystalline Ti_2AlC[J]. Z. Metallkd., 2002, 93(1):66-71.

[41] BARSOUM M W, ALI M, EL-RAGHY T. Processing and characterization of Ti_2AlC, Ti_2AlN, and $Ti_2AlC_{0.5}N_{0.5}$[J]. Metall. Mater. Trans. A, 2000, 31:1857-1865.

[42] CLARKE D R. Materials selection guidelines for low thermal conductivity thermal barrier coatings[J]. Surf. Coat Technol., 2003, 163-164:67-74.

[43] FOATA-PRESTAVOINE M, ROBERT G, NADAL M H, et al. First-principles study of the relations between the elastic constants, phonon dispersion curves, and melting temperatures of bcc Ta at pressures up to 1 000 GPa[J]. Phys. Rev. B, 2007, 76(10):104104(1)-(11).

第7章 高压下 MAX 结构 $ScAl_3C_3$ 和 UAl_3C_3 特性研究

7.1 概述

在过去的几十年中，$M_{n+1}AX_n$（简称 MAX，X = C，N）化合物作为一种由 M—X 键构成的八面体结构层和弱 A 键层叠加而形成新型层状陶瓷材料，以其优异的热学和光学性能而备受关注。许多研究[1-2]表明，这种三元层状碳化物比相应的二碳化物具有更优异的抗氧化性和断裂韧性。基于这种情况，自 Nowotny 等人合成首个 MAX 相化合物——Ti_3SiC_2 以来[3]，在过去几十年中，已经成功地在实验中合成或在理论上预测了一百多种 MAX 相[4-7]。

作为最典型的 $M_{n+1}AX_n$ 化合物之一，近年来大量的三元层状碳化物 $(MC)_mAl_3C_2$（其中 M 为金属原子，$m = 1$，2，3，…）被合成[8-10]。研究表明，$(ZrC)_mAl_3C_2$ 和 $(HfC)_mAl_3C_2$ 也比 ZrC 和 HfC 具有更高的抗氧化性和断裂韧性[11-13]。由于 Zr-Al-C 和 Hf-Al-C 化合物的高硬度和高强度等特性，使其成为潜在的耐火材料。He 等人[14]研究了 37.5%-$Hf_3Al_3C_5$、30.5%-$Hf_3Al_4C_6$ 和 32.0%-$Hf_2Al_4C_5$（均为质量分数）的机械性能和热性能，发现这些复合材料比 HfC 具有好得多的强度和断裂韧性，其高刚度甚至可保持到 1 600 ℃以上。MAX 相材料在物理、化学、电气和机械领域的这些独特性能使其在高温电极、摩擦磨损及核能结构材料等领域也具有潜在的应用前景。Li 等人[15]使用第一性原理方法研究了 V_4AlC_3 的光学特性，结果表明 V_4AlC_3 是一种较有前途的电介质材料和涂层材料，可用于避免太阳辐照加热。

$(MC)_mAl_3C_2$（M = Hf，Zr）具有高熔点、高抗氧化性和断裂韧性等优点，在工业领域具有重要的潜在应用前景。而 $ScAl_3C_3$ 和 UAl_3C_3 的结构与它们类似[8]，但目前关于这两种化合物的相关性质，特别是 $ScAl_3C_3$ 很少有涉及[16]，关于它们在高压下性质的研究更是未见报道。本章拟通过第一性原理计算，研究高压下 $ScAl_3C_3$ 和 UAl_3C_3 的结构、电子、热性能和光学性能，以探讨它们在工业领域潜在的应用价值。

7.2 理论研究方法和细节

本章采用第一性原理计算方法研究三元陶瓷材料 $ScAl_3C_3$ 和 UAl_3C_3 在高压下的结构、电子、弹性、热物理和光学性能。计算中利用共轭梯度（CG）算法对这两种陶瓷结构在不同静水压力下进行了晶体结构优化。计算中的交换关联能采用的是由 Perdew、Burke 和 Ernzerhof（PBE）[17-18] 设计的广义梯度近似。截断能和 K 点网格分别设置为 550 eV 和 7×7×2。布里渊区取样使用 Monkhorst-pack 方法进行 K 点网格采样[19]。

计算中的能量收敛标准前后两次离子步的能量差小于 $5×10^{-7}$ eV/原子；受力收敛标准为每个原子的受力小于 0.05 eV/nm；最大离子位移和最大应力分别小于 $5×10^{-5}$ nm 和 0.02 GPa。

7.3 结果与讨论

7.3.1 高压下的结构稳定性和弹性特性

根据文献 [8] 中的实验数据，首先建立 $ScAl_3C_3$ 和 UAl_3C_3 的理论晶体结构模型。通过密度泛函理论（DFT）对常压下的结构进行了优化，并与实验值进行了比较。对于 $ScAl_3C_3$ 相，常压下计算的晶格参数 a 和 c 分别为 0.335 7 nm 和 1.678 4 nm；而对于 UAl_3C_3 相，计算的晶格参数 a 和 c 分别为 0.337 6 nm 和 1.744 1 nm。与文献 [8] 中的实验值相比，本研究计算的 $ScAl_3C_3$ 和 UAl_3C_3 晶格常数与实验结果符合得很好。

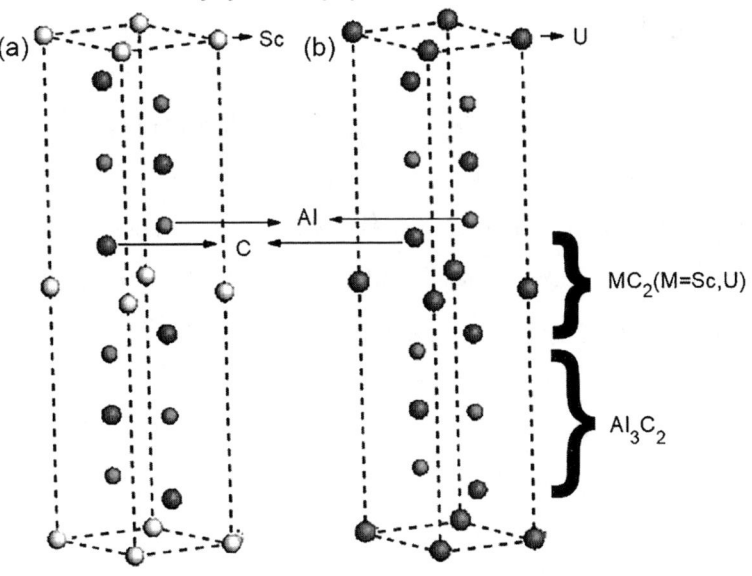

图 7.1 $ScAl_3C_3$（a）和 UAl_3C_3（b）的晶体结构

为了研究 $ScAl_3C_3$ 和 UAl_3C_3 在高压下的力学稳定性，本研究计算了它们在不同压力下的弹性常数，如表 7.1 所示。

表 7.1　不同压强下计算的 $ScAl_3C_3$ 和 UAl_3C_3 的弹性常数

结构	压强/GPa	C_{11}	C_{12}	C_{13}	C_{33}	C_{44}	C_{66}	B	G	E	参考文献
HfC	0	525	108			160		247	180	489	[20]
$Hf_3Al_3C_5$	0	425	120	99	362	175	152	205	160	381	[20]
$Zr_3Al_3C_5$	0	429	110	93	378	179	160	202	166	391	[21-22]
UC	0	169	146			47		154	61	162	[23]
UAl_3C_3	0	304	115	97	326	154	95	172			[16]
	0	302	110	100	282	147	96	167	114	279	本工作
	10	369	150	122	397	165	109	213	135		本工作
	20	416	190	142	447	179	113	247	145		本工作
	30	452	218	172	514	189	117	282	152		本工作
	40	482	244	195	572	198	119	311	159		本工作
$ScAl_3C_3$	0	368	94	68	293	147	137	164	139	325	本工作
	10	422	131	91	363	167	145	202	155		本工作
	20	473	163	116	417	186	155	238	169		本工作
	30	517	198	142	467	202	159	273	179		本工作
	40	561	229	169	508	218	166	306	190		本工作

$ScAl_3C_3$ 和 UAl_3C_3 都属于六方晶系，根据第 2.3.4 节从力学角度研究晶体结构的稳定性的内容，只要满足 $C_{12}>0$，$C_{11}-C_{12}>0$，$C_{33}>0$，$C_{44}>0$，$(C_{11}+C_{12})C_{33}-2C_{13}^2>0$，就可认为这两种结构满足力学稳定性。结合表 7.1 中列出的弹性常数，结果表明：在本研究的压力范围内，$ScAl_3C_3$ 和 UAl_3C_3 均满足力学稳定性标准，即它们在本研究的压力范围内都是力学稳定的。

为了进一步研究它们的力学性能，本研究计算了其体积模量和剪切模量。根据第 4.3.1 节介绍的 Voigt、Reuss 和 Hill 近似，可计算这两种结构的体积模量 B 和剪切模量 G。理论研究的 $ScAl_3C_3$ 和 UAl_3C_3 不同压强下的体积模量和剪切模量结果如表 7.1 所示。此外，表 7.1 还提供了从参考文献中获得的 $(MC)_nAl_3C_2$（M=Hf, Zr）在 0 GPa 下的弹性常数。研究结果表明：$ScAl_3C_3$ 和 UAl_3C_3 的体积模量和剪切模量远低于其对应的 $(MC)_nAl_3C_2$（M=Hf, Zr）的情况。这意味着在常压下，$ScAl_3C_3$ 和 UAl_3C_3 的抗压和抗剪切变形能力低于 $(MC)_nAl_3C_2$（M=Hf, Zr）。但随着压力的增加，$ScAl_3C_3$ 和 UAl_3C_3 的体积模量和剪切模量迅速增加。在 40 GPa 时，两种化合物的体积模量和剪切模量都超过了 0 GPa 时 $(HfC)_nAl_3C_2$ 和 $(ZrC)_nAl_3C_2$ 的对应值。总之，在高压下 $ScAl_3C_3$ 和 UAl_3C_3 的力学性能有所改善。

7.3.2 高压下的电子结构

为了研究加压对电子性质的影响,本章计算了不同压强下 $ScAl_3C_3$ 和 UAl_3C_3 的态密度。图 7.2(a)和图 7.2(b)分别给出了常压下 $ScAl_3C_3$ 和 UAl_3C_3 的电子分波态密度(PDOS)。UAl_3C_3 在费米能级上的电子态密度的值是个正值,这表明它具有一定的类金属性质,是良好的导体;而 $ScAl_3C_3$ 在费米能级上的电子态密度的值几乎为 0。实际上,$ScAl_3C_3$ 在 0 GPa 时有一个非常小的 0.063 eV 的带隙,由于存在一定的展宽,所以在 PDOS 图上看不出这个带隙,如此小的带隙表明 $ScAl_3C_3$ 的导电性能也还不错。通过对 PDOS 的进一步研究,可以看出 $ScAl_3C_3$ 的良好导电性主要由 Sc-d 态、Al-p 态和 C-p 态贡献;而 U 原子的 f 轨道是对 UAl_3C_3 具有类金属行为的主要贡献。

图 7.2(c)和图 7.2(d)分别给出了 $ScAl_3C_3$ 和 UAl_3C_3 在不同压强下的总电子态密度(TDOS)。对于这两种化合物,在高压下费米能级两侧的态密度峰值呈现出向外移动的趋势。$ScAl_3C_3$ 在 0 GPa 时有一个非常小的带隙,但在高压下,这个小的间隙消失了,它也表现出金属特性。因此,$ScAl_3C_3$ 在高压下的导电行为也得到了明显改善。

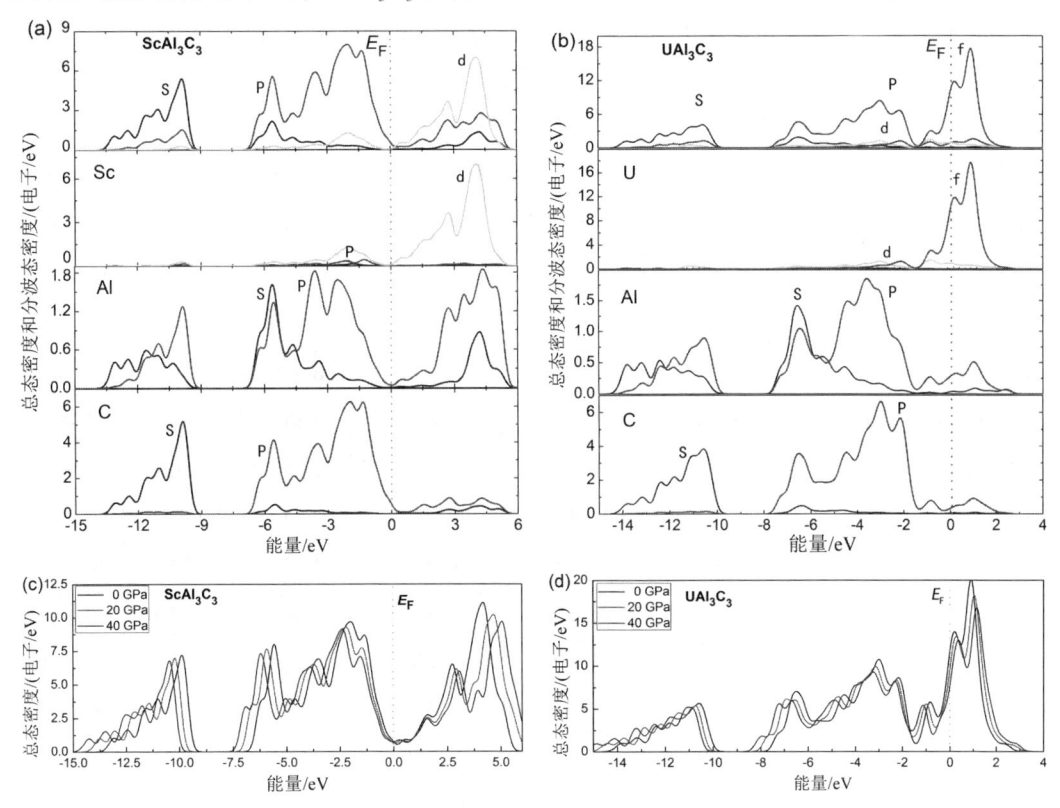

图 7.2 两种化合物在不同条件下的态密度情况

(a)常压下 $ScAl_3C_3$ 的电子分波态密度;(b)常压下 UAl_3C_3 的电子分波态密度;
(c)不同压强下 $ScAl_3C_3$ 的总电子态密度;(d)不同压强下 UAl_3C_3 的总电子态密度

7.3.3 高压下的热学特性

为了研究 $ScAl_3C_3$ 和 UAl_3C_3 在高压下的热学性能，本研究计算了这两种化合物在不同压强下的德拜温度。德拜温度作为一个重要的热量，可以通过德拜模型得到。根据该模型，计算给出了 $ScAl_3C_3$ 和 UAl_3C_3 在不同压强下的纵向声速 v_l、横向声速 v_t、平均声速 v_a 和德拜温度，并在表 7.2 中给出，表 7.2 中还列出了前人研究中获得的常压下的 $Zr_2Al_3C_4$ 和 $Zr_3Al_3C_5$ 纵向声速 v_l、横向声速 v_t、平均声速 v_a 和德拜温度做对比。德拜温度作为测量材料熔点的一个重要参数，其值越大，材料的熔点越高。从表 7.2 可以看出，$ScAl_3C_3$ 的德拜温度甚至高于 YAl_3C_3、$Zr_2Al_3C_4$ 和 $Zr_3Al_3C_5$ 的，这意味着它具有更高的熔点。研究表明 YAl_3C_3、$Zr_2Al_3C_4$ 和 $Zr_3Al_3C_5$ 具有较好的耐高温性能[10,25]，$ScAl_3C_3$ 的熔点更高，因此也具有这个优点。更重要的是，其德拜温度随着压强的增加而升高。这意味着 $ScAl_3C_3$ 的熔点在高压下会升高。

对于 UAl_3C_3，其耐高温性比 YAl_3C_3、$Zr_2Al_3C_4$ 和 $Zr_3Al_3C_5$ 差得多，但其德拜温度在加压情况下从 0 GPa 时的 592.5 K 增加到 40 GPa 时的 685.1 K，该性能也已大大改善。40 GPa 下 UAl_3C_3 的德拜温度可与 0 GPa 下 YAl_3C_3、$Zr_2Al_3C_4$ 和 $Zr_3Al_3C_5$ 的德拜温度相比拟，因此，在高压下 UAl_3C_3 也表现出较好的耐高温性。

总之，$ScAl_3C_3$ 和 UAl_3C_3 在高压下的热学性能也有了显著提升。

表 7.2 不同压强下计算得到的 $ScAl_3C_3$ 和 UAl_3C_3 的纵向声速 v_l、横向声速 v_t、平均声速 v_a 和德拜温度以及前人研究中给出的 $Zr_2Al_3C_4$ 和 $Zr_3Al_3C_5$ 在常压下的纵向声速 v_l、横向声速 v_t、平均声速 v_a 和德拜温度

结构	压强/GPa	$\rho/(g \cdot cm^{-3})$	$v_l/(m \cdot s^{-1})$	$v_t/(m \cdot s^{-1})$	$v_a/(m \cdot s^{-1})$	Θ_D/K	参考文献
YAl_3C_3	0	3.90	9 382	5 970	6 563	837	[10]
$Zr_2Al_3C_4$	0	4.80	9 249	5 792	6 379	830	[25]
$Zr_3Al_3C_5$	0	5.28	8 954	5 607	6 175	806	[25]
$ScAl_3C_3$	0	3.29	10 311	6 505	7 158	938.8	本工作
	10	3.47	10 849	6 682	7 372	984.8	本工作
	20	3.63	11 291	6 819	7 539	1022.6	本工作
	30	3.78	11 634	6 881	7 623	1047.6	本工作
	40	3.91	11 955	6 968	7 729	1074.6	本工作
UAl_3C_3	0	6.62	6 943	4 151	4 593	592.5	本工作
	10	6.98	7 505	4 398	4 877	640.2	本工作
	20	7.29	7 771	4 459	4 953	659.9	本工作
	30	7.57	8 000	4 480	4 986	672.8	本工作
	40	7.83	8 171	4 505	5 020	685.1	本工作

7.3.4 高压下的光学特性

为了研究光学特性，本研究计算了不同压强下 $ScAl_3C_3$ 和 UAl_3C_3 的介电函数 $\varepsilon(\omega)$ 和反射率 $R(\omega)$。由于光学性质反映了材料对电场的响应，介电函数 $\varepsilon(\omega)$ 可以用价带和导带之间的态密度表示。它的虚部可以通过以下公式从被占态和未被占态之间的矩阵元推导出来：

$$\varepsilon_2(\omega) = \frac{4\pi^2 e^2}{m^2 \omega^2} \sum_{ij} i|M|j|^2 f_i(1-f_i) \times \delta(E_f - E_i - \omega) d^3k \tag{7.6}$$

而与极化和反常色散相关的实部，可通过 Kramers-Kronig 关系表示如下[26-27]：

$$\varepsilon_1(\omega) = 1 + \frac{2}{\pi} P \int_0^\infty \frac{\omega' \varepsilon_2(\omega') d\omega'}{\omega'^2 - \omega} \tag{7.7}$$

图 7.3（a）和（b）分别给出了 $ScAl_3C_3$ 和 UAl_3C_3 的介电函数 $\varepsilon(\omega)$ 的实部 $\varepsilon_1(\omega)$ 和虚部 $\varepsilon_2(\omega)$。虚部 $\varepsilon_2(\omega)$ 的曲线显示出与 $\varepsilon_1(\omega)$ 相同的趋势。对于 $\varepsilon_1(\omega)$，$ScAl_3C_3$ 和 UAl_3C_3 的 $\varepsilon_1(0)$ 值分别为 11.3 和 265.0。在第 7.3.2 节中，电子性质的计算表明，$ScAl_3C_3$ 和 UAl_3C_3 都具有类似金属的性质。此外，Sc-d 态、Al-p 态和 C-p 态对 $ScAl_3C_3$ 的类金属行为起主要作用；而 U 原子的 f 轨道和 Al 原子的 p 轨道是 UAl_3C_3 导电行为的主要贡献。因此，对于 $ScAl_3C_3$，$\varepsilon_2(\omega)$ 峰主要由 Sc 和 Al 原子之间或 Al 和 C 原子之间的电子跃迁决定。结果表明，显著的 $\varepsilon_2(\omega)$ 峰是由电子从 Sc-3d 态转移到 Al-3p 态，或从 Al-3p 态转移到 C-2p 态引起的。而对于 UAl_3C_3，$\varepsilon_2(\omega)$ 峰主要由 U-d 态到 Al-3p 态之间的电子跃迁决定。

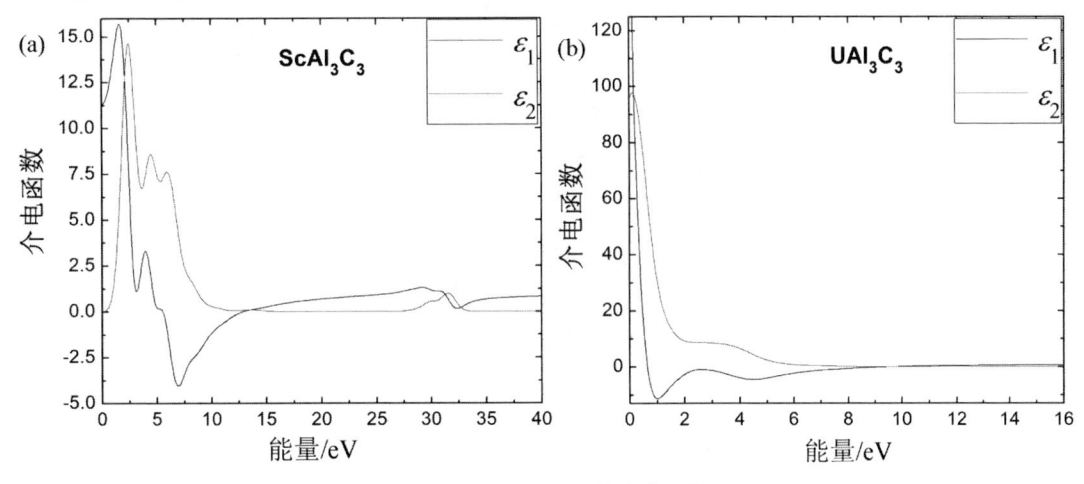

图 7.3 $ScAl_3C_3$ 和 UAl_3C_3 的介电函数 $\varepsilon(\omega)$

反射率 $R(\omega)$ 可通过介电函数计算，公式如下：

$$R(\omega) = \left| \frac{\sqrt{\varepsilon(\omega)} - 1}{\sqrt{\varepsilon(\omega)} + 1} \right|^2 \tag{7.8}$$

对于 $ScAl_3C_3$，常压下的反射率 $R(\omega)$ 峰值对应的光波的能量在 11.6 eV 左右，对应的光的波长约为 107 nm。随着压强的增加，反射率 $R(\omega)$ 的峰值发生蓝移，但峰值变化不大。反射率峰值对应的光的波长从 0 GPa 时的 107 nm 变化到 40 GPa 时的 97 nm。这些波长的光位于远紫外线范围内，因此 $ScAl_3C_3$ 可以用作远紫外辐射的光屏蔽装置。

对于 UAl_3C_3，在 130~147 nm 的紫外范围内，其反射率 $R(\omega)$ 大于 0.9，反射率的峰值对应的光波的能量在 9.2 eV 左右，对应于波长约 134 nm 的光。因此，UAl_3C_3 可以做成紫外辐射的光屏蔽器件。Liu 等人[28-29]和 Feng 等人[30]分别对钨硼化合物和 $LdCd_3P_3$ 进行了类似的研究。但当压力增加到 40 GPa 时，反射率 $R(\omega)$ 的最大值也发生蓝移，降低到 0.83。因此，加压效应会对 $ScAl_3C_3$ 和 UAl_3C_3 的光学性能产生重要影响，根据需要，通过加压可以调控其对不同波段光的反射率。

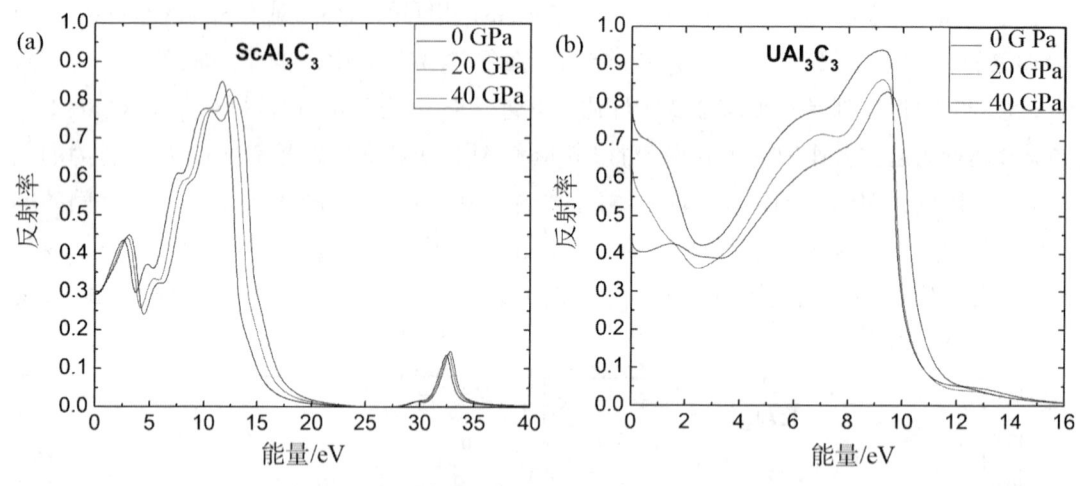

图 7.4 不同压强下 $ScAl_3C_3$ 和 UAl_3C_3 的反射率

7.4 总结

本章通过第一性原理计算研究了高压下 $ScAl_3C_3$ 和 UAl_3C_3 的力学、电学、热学和光学性能的变化，探讨了它们的潜在应用价值。主要研究成果如下：

（1）这两种化合物在 0~40GPa 范围内具备力学稳定；在高压下，它们的体积模量和剪切模量也都有了很大的提高。

（2）在 0 GPa 时 $ScAl_3C_3$ 和 UAl_3C_3 均呈现出类金属性；在高压下 $ScAl_3C_3$ 的导电性得到了明显改善。

(3) 高压下的热学性质计算表明：$ScAl_3C_3$ 和 UAl_3C_3 的耐高温性都有很大提高，并且在高压下表现出较好的耐高温性。

(4) 高压下的光学性质研究表明：$ScAl_3C_3$ 和 UAl_3C_3 的反射率 $R(\omega)$ 峰值均发生蓝移。

这项工作的结果，可以为三元层状陶瓷材料 $ScAl_3C_3$ 和 UAl_3C_3 的潜在工业应用提供理论指导：良好的导电性能使其成为工业领域潜在的导电材料；高压下的耐高温性使其成为适用于高温和高压环境的良好结构材料；不同波长光的高反射率使其成为不同光辐射的光屏蔽材料，加压可以调控它们对不同波段光的反射率。

参考文献

[1] HE L F,LIN Z J,WANG J Y,et al. Crystal structure and theoretical elastic property of two new ternary ceramics $Hf_3Al_4C_6$ and $Hf_2Al_4C_5$[J]. Scripta. Mater.,2008,58(8):679-682.

[2] HE L F,ZHONG H B,XU J J,et al. Ultrahigh-temperature oxidation of $Zr_2Al_3C_4$ via rapid induction heating[J]. Scripta. Mater.,2009,60(7):547-550.

[3] NOWOTNY V H. Strukturchemie einiger Verbindungen der übergangsmetalle mit den elementen C,Si,Ge,Sn[J]. Prog. Solid. State. Chem.,1971,5:27-70.

[4] BARSOUM M W. $M_{N+1}AX_N$ phases:a new class of solids:thermodynamically stable nanolaminates[J]. Prog. Solid. State. Chem.,2000,28(1-4):201-281.

[5] EKLUND P,BECKERS M,JANSSON U,et al. The $M_{n+1}AX_n$ phases:Materials science and thin-film processing[J]. Thin. Solid. Films.,2010,518(8):1851-1878.

[6] WANG J Y,ZHOU Y C. Recent progress in theoretical prediction,preparation,and characterization of layered ternary transition-metal carbides[J]. Ann. Rev. Mater. Res.,2009,39:415-443.

[7] BAI Y L,SRIKANTH N,CHUA C K,et al. Density functional theory study of $M_{n+1}AX_n$ phases:a review[J]. Critical Reviews in Solid State and Materials Sciences,2019,44(1):56-107.

[8] GESING T M,JEITSCHKO W. The crystal structures of $Zr_3Al_3C_5$,$ScAl_3C_3$,and UAl_3C_3 and their relation to the structures of $U_2Al_3C_4$ and Al_4C_3[J]. J. Solid. State. Chem.,1998,140(2):396-401.

[9] FUKUDA K,MORI S,HASHIMOTO S. Crystal structure of $Zr_2Al_3C_4$[J]. J. Am. Ceram. Soc.,2005,88(12):3528-3530.

[10] ZHAO G R,CHEN J X,LI Y M,et al. In situ synthesis,structure,and properties of bulk nanolaminate YAl_3C_3 ceramic[J]. J. Eur. Ceram. Soc.,2017,37(1):83-89.

[11] HE L F, ZHOU Y C, BAO Y W, et al. Synthesis and oxidation of $Zr_3Al_3C_5$ powders [J]. Int. J. Mater. Res., 2007, 98(1):3-9.

[12] HE L F, ZHOU Y C, BAO Y W, et al. Synthesis, physical, and mechanical properties of bulk $Zr_3Al_3C_5$ ceramic[J]. J. Am. Ceram. Soc., 2007, 90(4):1164-1170.

[13] HE L F, LIN Z J, WANG J Y, et al. Synthesis and characterization of bulk $Zr_2Al_3C_4$ ceramic[J]. J. Am. Ceram. Soc., 2007, 90(11):3687-3689.

[14] HE L F, BAO Y W, WANG J Y, et al. Microstructure and mechanical and thermal properties of ternary carbides in Hf-Al-C system[J]. Acta. Mater., 2009; 57(9):2765-2774.

[15] LI C L, WANG B, LI Y S, et al. First-principles study of electronic structure, mechanical and optical properties of V_4AlC_3 [J]. J. Phys. D: Appl. Phys., 2009, 42(6): 065407(1)-(6).

[16] BAI X J, DENG Q H, QIAO Y J, et al. A theoretical investigation and synthesis of layered ternary carbide system U-Al-C[J]. Ceram. Int., 2018, 44(2):1646-1652.

[17] WU Z G, COHEN R E. More accurate generalized gradient approximation for solids [J]. Phys. Rev. B, 2006, 73(23):235116(1)-(6).

[18] PERDEW J P, BURKE K, ERNZERHOF M. Generalized gradient approximation made simple[J]. Phys. Rev. Lett., 1996, 77(18):3865-3868.

[19] CHADI D J. Special points for Brillouin-zone integrations[J]. Phys. Rev. B, 1977, 16 (4):1746-1747.

[20] BAI Y L, DUFF A, JAYASEELAN D D, et al. DFT predictions of crystal structure, electronic structure, compressibility, and elastic properties of Hf-Al-C carbides[J]. J. Am. Ceram. Soc., 2016, 99(10):3449-3457.

[21] PAYNE M C, TETER M P, ALLAN D C, et al. Iterative minimization techniques for ab initio total-energy calculations: molecular dynamics and conjugate gradients[J]. Rev. Mod. Phys., 1992, 64(4):1045-1097.

[22] HE L F, WANG J Y, BAO Y W, et al. Elastic and thermal properties of $Zr_2Al_3C_4$: experimental investigations and ab initio calculations[J]. J. Appl. Phys., 2007, 102(4): 043531(1)-(6).

[23] MANIKANDAN M, RAJESWARAPALANICHAMY R, SANTHOSH M. A First principles study of structural, electronic mechanical and magnetic properties of rare earth nitride: TmN[J]. AIP. Conference. Proceedings., 2016, 1731:030024.

[24] WU Z, ZHAO E, XIANG H, et al. Crystal structures and elastic properties of superhard IrN_2 and IrN_3 from first principles[J]. Phys. Rev. B, 2007, 76(5):054115(1)-(15).

[25] HAINES J, LEGER J M, BOEQUILLON G. Synthesis and design of superhard materials

[J]. Annu. Rev. Matter. Res. ,2001,31(1):1-23.

[26] SUN J,WANG H T,HE J L,et al. Ab initio investigations of optical properties of the high-pressure phases of ZnO[J]. Phys. Rev. B,2005,71(12):125132(1)-(5).

[27] LIU Q J,ZHANG N C,LIU F S,et al. Structural,electronic,optical,elastic properties and Born effective charges of monoclinic HfO_2 from first-principles calculations[J]. Chin. Phys. B,2014,23(4):047101(1)-(8).

[28] LIU D ,BAO W Z,DUAN Y H. Predictions of phase stabilities,electronic structures and optical properties of potential superhard WB_3[J]. Ceramics. International. ,2019,45(3):3341-3349.

[29] LIU D,DUAN Y H,BAO W Z. Structural properties,electronic structures and optical properties of WB_2 with different structures:A theoretical investigation[J]. Ceramics. International. ,2018,44(10):11438-11447.

[30] FENG S Q,ZHAO J L,YANG Y,et al. Structural,electronic,optical properties and bond stiffness of $ScAl_3C_3$-type $LaCd_3P_3$ phases:*ab initio* calculations[J]. J. Phys. Chem. Solids. ,2019,134:115-120.

第 8 章 Nb 基双过渡金属硅化物 MAX 的第一性原理研究

8.1 概述

理论和实验研究表明，双过渡金属 MXenes 的性能和稳定性优于单过渡金属 MXenes，但双过渡金属 MXenes 应基于双过渡金属 MAX 获得。许多双过渡金属 MAX[1]，如 $(V_{0.5}Cr_{0.5})_{n+1}AlC_n$ ($n=2,3$) 和 $(Ti_{0.5}Nb_{0.5})_5AlC_4$ 相继被合成。2014 年，Liu 等人[2-3]通过各种技术成功合成了两种新的有序双过渡金属 MAX 相 Cr_2TiAlC_2 和 $Cr_{5/2}Ti_{3/2}AlC_3$ 的晶体结构。随后，Anasori 等人[4]通过混合和加热不同元素粉末混合物的方法合成了两种新的双有序过渡金属 MAX 相 Mo_2TiAlC_2 和 $Mo_2Ti_2AlC_3$。随后，实验上合成了更多有序的双过渡金属 MAX 相[5]。有序双过渡金属 MAX 相的合成使得精确设计 MXene 结构和定向调控 MXene 的性能成为可能。Anasori 的研究小组[6]基于母体有序的双过渡金属 MAX 相获得了二维 MXenes 结构 $Mo_2TiC_2T_x$、$Mo_2Ti_2C_3T_x$ 和 $Cr_2TiC_2T_x$。Tao 等人[7]合成了 $(Mo_{2/3}Sc_{1/3})_2AlC$ 结构，在平面上具有 Mo 和 Sc 化学顺序性，并通过选择性蚀刻 Al 和 Sc 元素获得了一组匹配的新型 MXenes 结构 $Mo_{1.33}C$。随后，该研究组还通过使用不同方案选择性蚀刻 i-MAX 相的 $(Mo_{2/3}Y_{1/3})_2AlC$ 获得了 $(Mo_{2/3}Y_{1/3})_2C$ 和 $Mo_{1.33}C$-MXene 结构[8]。鉴于设计二维双过渡金属 MXene 需要基于双过渡金属 MAX 的母体材料，因此首先设计合理且性能良好的双过渡金属 MAX 结构是非常重要的。

第一性原理计算可以高精度地再现实验数据，是预测 MAX 结构及其性质的有效方法。本章研究的目的是对目前尚未报道的两种双过渡金属 MAX 相 Nb_2ZrSiC_2 和 Nb_2TiSiC_2 的相稳定性和潜在特性进行理论研究，为后续的实验合成提供理论指导。

8.2 理论研究方法和细节

本章根据 Grechnev 等人[9]报道的 Nb_3SiC_2 结构，从理论上构建了化学有序双过渡金属 MAX-Nb_2ZrSiC_2 和 Nb_2TiSiC_2 的理论模型，然后在 VASP 软件中进行第一性原理计算，研究了四元层状陶瓷材料 Nb_2ZrSiC_2 和 Nb_2TiSiC_2 的结构稳定性、电子、弹性、光学和热物理性能,并与原始三元层状陶瓷材料 Nb_3SiC_2 进行了比较。采用共轭梯度(CG)算法,在 0~80 GPa 的静水压范围内优化了这些陶瓷化合物的晶体结构,以探索它们的键刚度。计算中选择 Perdew、Burke 和 Ernzerhof(PBE)[10-11]设计的广义梯度近似作为交换关联能。在结构优化中,系统弛豫直到两离子步之间总能量变化小于 1×10^{-7} eV 为止。选择平面波基组的截止能量为 520 eV。使用 Monkhorst pack 网格指定第一个布里渊区的 K 点采样,K 点网格设置为 $12\times12\times2$ [12]。在光学计算中,主要研究电子从价带到导带的跃迁性质,价带数固定,导带数可设定,设定的导带数越大,计算就越精确。为了精确计算光学性质,本工作中设置了 180 个带,以确保有足够的空带数。

8.3 结果和讨论

8.3.1 平衡结构和相稳定性

基于 Nb_3SiC_2 模型[9],本研究建立了化学的有序双过渡金属 MAX–Nb_2ZrSiC_2 和 Nb_2TiSiC_2 的理论模型,如图 8.1 所示。通过密度泛函理论(DFT)计算 Nb_3SiC_2 相,优化了它们在常压下的平衡结构,计算的晶格参数 a 和 c 分别为 0.312 7 nm 和 1.803 8 nm,这与参考文献[9]中报道的实验数据非常一致。因此,本工作的计算是可靠的。表 8.1 还列出了其他两种假设的化学有序双过渡金属 MAX 相的平衡结构数据。

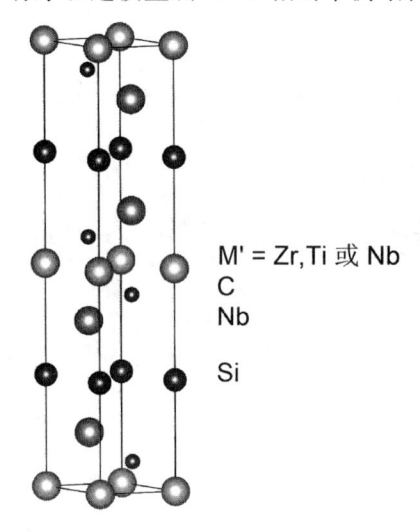

图 8.1 设计的层状有序 MAX 化合物 Nb_2ZrSiC_2 和 Nb_2TiSiC_2 的晶体结构

表 8.1 Nb_3SiC_2，Nb_2ZrSiC_2 和 Nb_2TiSiC_2 的理论平衡晶格常数和弹性常数

结构	a/nm	c/nm	V/(10^3nm^3)	C_{11}	C_{12}	C_{13}	C_{33}	C_{44}	参考文献
Nb_3SiC_2	0.3127	1.8038	152.7	370.9	182.3	181.7	367.0	94.3	
Nb_2ZrSiC_2	0.3211	1.7881	159.7	337.3	147.8	181.7	338.2	94.8	
Nb_2TiSiC_2	0.3094	1.7849	148.0	343.7	134.4	208.9	338.0	104.7	
Ti_2AlC				300	66	61	265	113	[13]
Ti_3AlC_2				368	81	76	313	130	[13]
$Zr_2Al_3C_4$				420	109	88	366	171	[14]
$Zr_3Al_3C_5$				429	110	98	378	179	[14]

随后对理论预测的化学有序 MAX 相 Nb_2ZrSiC_2 和 Nb_2TiSiC_2 进行了相稳定性研究，并与 Nb_3SiC_2 相进行了比较。为了研究预测的 Nb_2ZrSiC_2 和 Nb_2TiSiC_2 的力学稳定性，计算了它们的弹性常数，如表 8.1 所示。对于这三种六方晶体，根据前面章节的研究知道，其弹性常数只要满足以下标准，即可认为是力学稳定结构：

$$C_{12}>0,\ C_{11}-C_{12}>0,\ C_{33}>0,\ C_{44}>0,\ (C_{11}+C_{12})C_{33}-2C_{13}^2>0 \quad (8.1)$$

结合表 8.1 中的结果，可知 Nb_3SiC_2 和这两种新预测的 MAX 相都满足力学稳定性。

晶格动力学中声子色散曲线通常用于研究晶体的结构稳定性。在这项工作中，采用直接超单元法在 Phonopy 软件包中计算了所研究结构的声子色散关系，结果如图 8.2 所示。可以看出，所有这些结构的声子色散曲线中没有虚频，这意味着 Nb_3SiC_2 和两种新预测的 MAX 相 Nb_2ZrSiC_2 和 Nb_2TiSiC_2 从晶格动力学角度看也是稳定的。

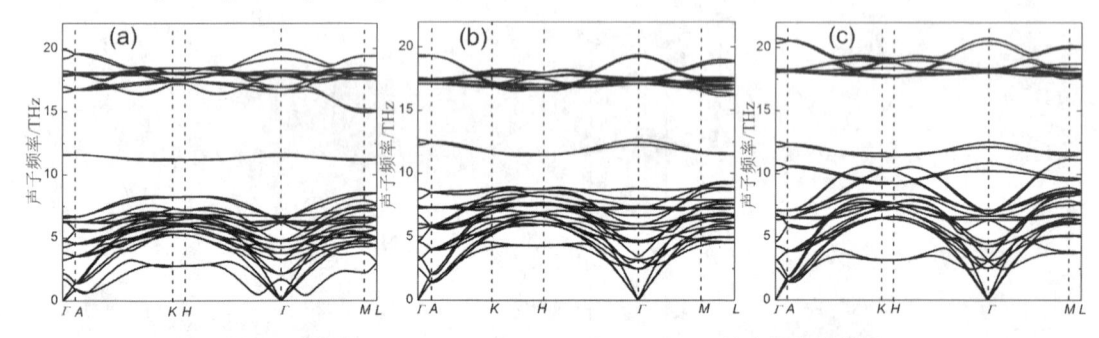

图 8.2 常压下 Nb_3SiC_2，Nb_2ZrSiC_2 和 Nb_2TiSiC_2 的声子色散曲线

8.3.2 键刚度

根据 6.3.2 节介绍的键刚度的理论计算模型，本研究计算了 Nb_3SiC_2、Nb_2ZrSiC_2 和 Nb_2TiSiC_2 的键刚度，结果如表 8.2 所示，三种结构中不同键的归一化键长随压强的变化情况也在图 8.3 中给出。

表 8.2　Nb_3SiC_2、Nb_2ZrSiC_2 和 Nb_2TiSiC_2 结构中不同键的二次拟合系数和键刚度（GPa）

结构	键类型	Nb—C	M'—C	Nb—Si
Nb_3SiC_2	C_1 (10^{-3})	-0.90	-1.06	-1.61
	C_2 (10^{-6})	2.97	2.92	6.65
	k	1 108	943	621
Nb_2ZrSiC_2	C_1 (10^{-3})	-0.99	-1.30	-1.52
	C_2 (10^{-6})	3.64	4.65	7.47
	k	988	769	658
Nb_2TiSiC_2	C_1 (10^{-3})	-0.76	-1.37	-1.40
	C_2 (10^{-6})	2.00	5.88	5.71
	k	1 315	729	714

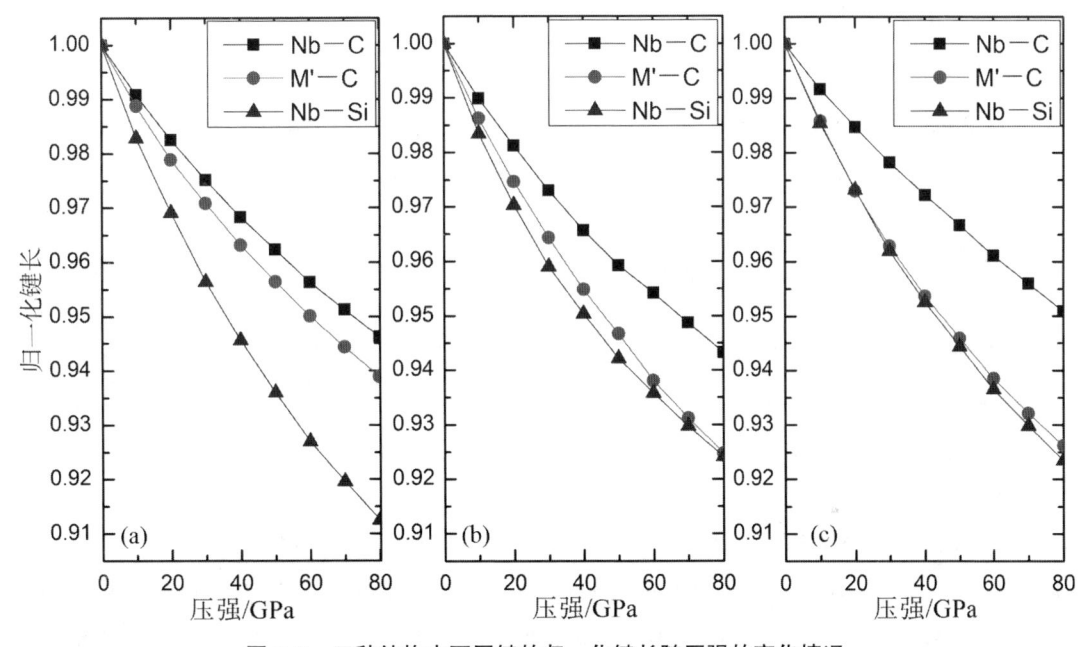

图 8.3　三种结构中不同键的归一化键长随压强的变化情况

(a) Nb_3SiC_2；(b) Nb_2ZrSiC_2；(c) Nb_2TiSiC_2

计算的键刚度结果表明，对这三种化合物，最弱的键是 Nb—Si 键，最强的键是 Nb—C 键。对于 M'—C（M'=Nb，Zr，Ti）键，它们比 Nb—C 弱，并且 M'的元素类型对 Nb—C 的键刚度也有很大影响。当 M'为 Zr 时，Nb—C 键的强度比 Nb_3SiC_2 中的弱得多；当 M'为 Ti 时，Nb—C 键的强度比 Nb_3SiC_2 强得多。此外，最弱键的键刚度与最强键的键刚度的比值可用于评估陶瓷化合物的损伤容限和断裂韧性。本研究中，Nb_3SiC_2、Nb_2ZrSiC_2 和 Nb_2TiSiC_2 的这一比值均大于 1/2。根据之前的研究[17-19]，这一结果意味着它们的损伤容限和断裂韧性都较差。

8.3.3 弹性特性

以往的研究表明：对于 MAX 相，C_{11} 往往都明显高于 C_{33}[13-14]。但如表 8.1 所示，Nb_3SiC_2、Nb_2ZrSiC_2 和 Nb_2TiSiC_2 的 C_{11} 非常接近其 C_{33}，这表明沿 a 轴的拉伸变形阻力与沿 c 轴的拉伸变形阻力相近。根据表 8.1 中列出的计算弹性常数，本研究进一步计算了它们的弹性模量。由于 Nb_3SiC_2、Nb_2ZrSiC_2 和 Nb_2TiSiC_2 具有相似的电子结构和化学键，它们的弹性模量也非常接近（如表 8.3 所示）。B/G 可用于评估材料的脆性，如果其值大于 1.75，则认为该材料为脆性材料；否则，认为该材料具有良好的延展性[20-21]。对于 Nb_3SiC_2、Nb_2ZrSiC_2 和 Nb_2TiSiC_2，它们的 B/G 值都大于 1.75，因此这三种陶瓷材料都是脆性的。此外，泊松比可以用来反映共价键的程度，对于共价晶体，泊松比很小（$\nu = 0.1$），而对于离子晶体，该值约为 0.25[22]。对于 Nb_3SiC_2、Nb_2ZrSiC_2 和 Nb_2TiSiC_2，它们的泊松比分别为 0.277、0.263 和 0.278，这意味着这三种化合物的化学键中的离子键贡献较大而共价键的贡献较小。

表 8.3　大气压力下 Nb_3SiC_2、Nb_2ZrSiC_2 和 Nb_2TiSiC_2 的计算体积模量 B（GPa）、剪切模量 G（GPa）、弹性模量 E（GPa）、泊松比 ν 和 B/G

	B	G	E	ν	B/G
Nb_3SiC_2	244.5	128.2	327.4	0.277	1.907
	269 [9]				
Nb_2ZrSiC_2	226.1	127.5	322.0	0.263	1.773
Nb_2TiSiC_2	236.6	123.5	315.6	0.278	1.916

8.3.4 电子特性

图 8.4 给出了 Nb_3SiC_2、Nb_2ZrSiC_2 和 Nb_2TiSiC_2 的总态密度（TDOS）和分波态密度（PDOS）。在这三种化合物中，费米能级附近的总态密度都有一个明显的正值，这表明它们都是类金属的导体。此外，从图中还可以看出：Nb-d 态对 E_F 周围的态密度贡献最大，因此这三种材料的导电性主要由 Nb 原子贡献。M'-d（M=Zr, Ti）、Si-p 和 C-p 态也有很小的贡献。

此外，在研究的能量范围内，最低的价带由 C-s 态和 Nb-d 和 M'-d 态贡献，主峰分别位于 -4.25 eV（Nb_3SiC_2）、-3.55 eV（Nb_2ZrSiC_2）和 -3.60 eV（Nb_2TiSiC_2）附近，主要对应于 Nb-d 和 C-p 态的杂化，M'-d（M=Zr, Ti）和 C-p 态的杂化也对 Nb_2ZrSiC_2 和 Nb_2TiSiC_2 的主峰有贡献。在这个能量范围内，Nb-d 和 C-p 态对态密度的贡献非常相似，这意味着这两种态的杂化很强，而 M'-d（M=Zr, Ti）和 C-p 态之间的杂化不如 Nb-d 和 C-p 态的杂化强。这三种化合物的主键旁边的肩峰主要由 Nb-d 和 Si-p 态的杂化贡献，部分由 M'-d（M=Zr, Ti）和 C-p 态贡献。

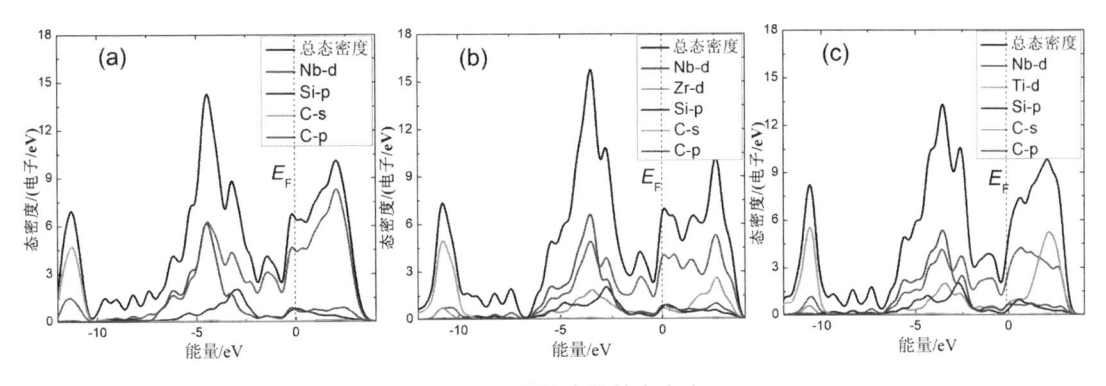

图 8.4 三种化合物的态密度

(a) Nb_3SiC_2；(b) Nb_2ZrSiC_2；(c) Nb_2TiSiC_2 的总态密度和分波态密度

8.3.5 光学特性

研究材料的光学性质对于探究其可能的应用领域具有重要意义。由于二维晶体体系中存在显著的激子效应，要精确计算 GaN 单层、类石墨烯 SiC_2、GaN/BP vdW 纳米复合材料和 $MoSe_2$/蓝磷烯异质结等的光学性质需采用 G_0W_0+BSE（包括电子-空穴相互作用）方法[23-26]。结果表明，对于 GaN 单分子层，在紫外区的光电器件中有潜在的应用[23]。对于 SiC_2，在纳米电子学和光电子应用方面具有巨大潜力[24]。对于 GaN/BP 纳米复合材料，在从可见光到近紫外光的能量区域显示出显著的光吸收，这可以通过平面内双轴和垂直单轴应变进一步改善[25]。对于 $MoSe_2$/蓝磷烯异质结，与 $MoSe_2$ 单层相比，在近紫外和可见光范围内表现出显著的光吸收增强[26]。

但对于 Nb_3SiC_2、Nb_2ZrSiC_2 和 Nb_2TiSiC_2 等块体材料，激子效应不如二维材料那么显著，PBE 方法足以精确计算它们的光学特性。本章利用该方法计算了它们的介电函数 $\varepsilon(\omega)$ 和反射率 $R(\omega)$，计算这些性质的相关理论在前面的章节已经详细介绍过，这里就不再赘述。

图 8.5 给出了 Nb_3SiC_2、Nb_2ZrSiC_2 和 Nb_2TiSiC_2 的介电函数的实部和虚部。可以看出，这些化合物的介电函数具有明显的各向异性。对于传统的层状结构，基面（xx，yy）对介电函数的贡献远大于 zz。在本研究中，Nb_3SiC_2 中基面的贡献大于面外的贡献。但在 Nb_2ZrSiC_2 中，情况正好相反。而在 Nb_2TiSiC_2 中，不同能量区域不同方向的贡献不同。当光子能量小于 0.4 eV 时，x、y 方向对介电函数的贡献大于 z 方向；当光子能量大于 0.4 eV 时，情况正好相反。此外，介电函数虚部的峰值与电导带和价带的电子跃迁有关。在上面的电子性质研究中，本研究的计算表明 Nb_3SiC_2、Nb_2ZrSiC_2 和 Nb_2TiSiC_2 均具有类似金属的导电性质。Nb/Zr/Ti 的 d 态、Si 的 p 态和 C 的 p 态是导致其类金属行为的主要原因。介电函数虚部的能峰与价带和导带中 Nb/Zr/Ti 的 d 态、Si 的 p 态和 C 的 p 态之间的电子跃迁有关。

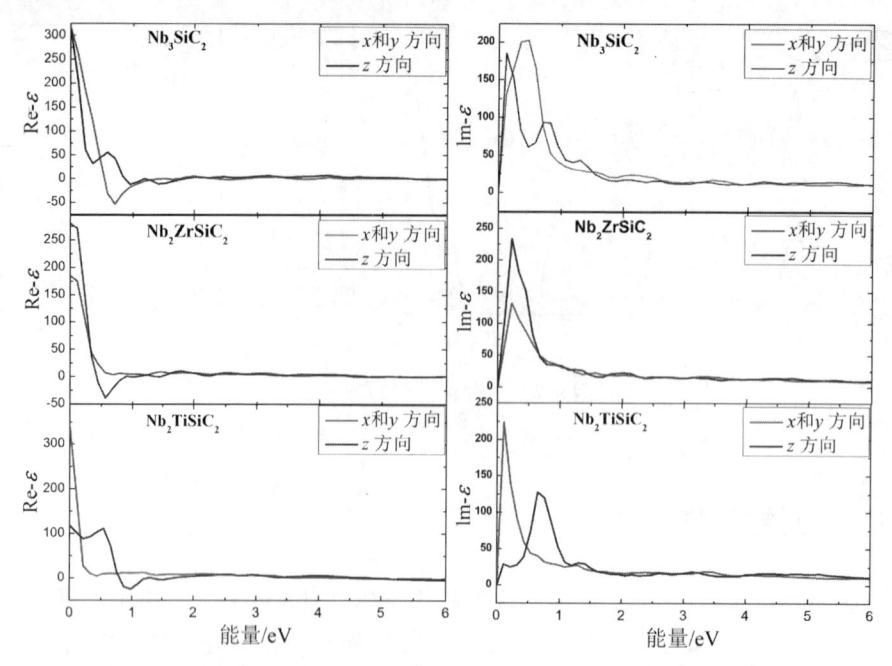

图 8.5　Nb_3SiC_2、Nb_2ZrSiC_2 和 Nb_2TiSiC_2 的介电函数的实部和虚部

介电函数的各向异性直接导致这三种化合物光学性质的各向异性。这三个 MAX 相的反射率如图 8.6 所示，可以看出它们在 x 和 z 方向的反射率不同。但在红外区和近红外区，不同方向的反射率均大于 0.5，这说明这些化合物是航天器中防太阳加热的潜在涂层材料。

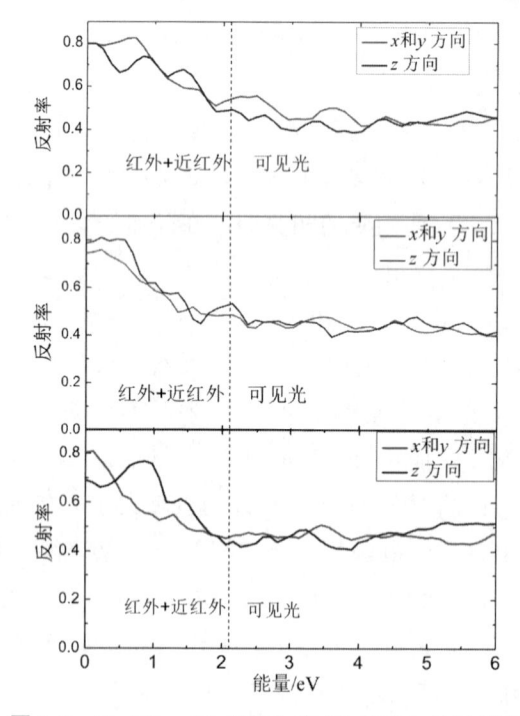

图 8.6　Nb_3SiC_2、Nb_2ZrSiC_2 和 Nb_2TiSiC_2 的反射率

黑色的垂直虚线将能量范围分为红外、近红外区域（红外+近红外）和可见光区域

8.3.6 热学特性

德拜温度是评价材料热性能的重要参数,其理论计算模型——德拜模型在前面的章节已经做过详细介绍(详见 3.3.4 节)。本章采用该模型计算了 Nb_3SiC_2、Nb_2ZrSiC_2 和 Nb_2TiSiC_2 的声速和德拜温度,均在表 8.4 中给出。此外,表 8.4 中还列出了文献 [22,27] 中报道的 $Zr_2Al_3C_4$、$Zr_3Al_3C_5$、$ScAl_3C_3$ 和 UAl_3C_3 的德拜温度,以供比较。虽然 Nb_3SiC_2、Nb_2ZrSiC_2 和 Nb_2TiSiC_2 的德拜温度远低于 $Zr_2Al_3C_4$、$Zr_3Al_3C_5$ 和 $ScAl_3C_3$,但与 UAl_3C_3 差不多。Nb_3SiC_2、Nb_2ZrSiC_2 和 Nb_2TiSiC_2 的德拜温度均约为 600 K,这表明它们具有较高的熔点,表现出较好的耐高温性能。与 $Zr_2Al_3C_4$、$Zr_3Al_3C_5$、$ScAl_3C_3$ 和 UAl_3C_3 类似,Nb_3SiC_2、Nb_2ZrSiC_2 和 Nb_2TiSiC_2 的纵向声速远大于横向声速。根据德拜模型,横向声速主要由剪切模量贡献。因此,Nb_3SiC_2、Nb_2ZrSiC_2 和 Nb_2TiSiC_2 的低剪切模量限制了它们的德拜温度。

表 8.4 Nb_3SiC_2、Nb_2ZrSiC_2 和 Nb_2TiSiC_2 的密度、纵向声速、横向声速、平均声速和德拜温度,以及文献获得的 $Zr_2Al_3C_4$ 和 $Zr_3Al_3C_5$ 的相应数据

结构	B/GPa	G/GPa	ρ/(g·cm^{-3})	v_l/(m·s^{-1})	v_t/(m·s^{-1})	v_a/(m·s^{-1})	Θ_D/K	参考文献
$Zr_2Al_3C_4$			4.80	9 249	5 792	6 379	830	[22]
$Zr_3Al_3C_5$			5.28	8 954	5 607	6 175	806	[22]
$ScAl_3C_3$	164	139	3.29	10 311	6 505	7 158	939	[29]
UAl_3C_3	167	114	6.62	6 943	4 151	4 593	593	[29]
Nb_3SiC_2	244.5	128.2	7.20	7 597	4 220	4 701	599	
Nb_2ZrSiC_2	226.1	127.5	6.84	7 609	4 317	4 800	603	
Nb_2TiSiC_2	236.6	123.5	6.42	7 907	4 386	4 886	630	

8.4 总结

本章通过从头算方法系统地研究了 Nb_3SiC_2 和两种预测的化学有序双过渡金属硅化物 Nb_2ZrSiC_2 和 Nb_2TiSiC_2 的晶体结构和相关性质,以探讨它们的潜在应用。主要结论总结如下:

(1) 弹性常数和声子色散关系的计算表明:这三种结构在常压下都是稳定的。

(2) 对于 Nb_3SiC_2、Nb_2ZrSiC_2 和 Nb_2TiSiC_2 结构,其中最弱的键是 Nb—Si 键,最强的键是 Nb—C 键。这三种材料的 Nb—Si 键和 Nb—C 键的键刚度均大于 1/2,说明它们的损

伤容限和断裂韧性较差。

（3）弹性性能的研究表明：它们的 B/G 值均大于 1.75，因此均具有脆性。它们的泊松比大于 0.25，说明它们都是离子晶体。

（4）电子特性研究表明：它们的总态密度在费米能级周围存在一个明显的正值，说明它们都是类金属的导体。进一步的研究表明，这三种材料的电导率主要由 Nb-d 态电子贡献。

（5）光学性能研究表明：这些化合物在红外和近红外区域具有良好的反射率，有望成为未来航天器的涂层材料。

（6）热性能研究表明：这些化合物的德拜温度约为 600 K，它们都具有较好的耐高温性能。

参考文献

[1] ZHENG L Y,WANG J M,LU X P,et al. $(Ti_{0.5}Nb_{0.5})_5AlC_4$:A new-layered compound belonging to MAX phases[J]. J. Am. Ceram. Soc. ,2010,93(1):3068-3071.

[2] LIU Z M,ZHENG L Y,SUN L C,et al. $(Cr_{2/3}Ti_{1/3})_3AlC_2$ and $(Cr_{5/8}Ti_{3/8})_4AlC_3$:New MAX-phase compounds in Ti-Cr-Al-C system[J]. J. Am. Ceram. Soc. ,2014,97(1):67-69.

[3] LIU Z M,WU E D,WANG J M,et al. Crystal structure and formation mechanism of $(Cr_{2/3}Ti_{1/3})_3AlC_2$ MAX phase[J]. Acta. Mater. ,2014,73:186-193.

[4] ANASORI B,DAHLQVIST M,HALIM J,et al. Experimental and theoretical characterization of ordered MAX phases Mo_2TiAlC_2 and $Mo_2Ti_2AlC_3$[J]. J. Appl. Phys. ,2015,118(9):094304(1)-(14).

[5] DAHLQVIST M,LU J,MESHKIAN R,et al. Prediction and synthesis of a family of atomic laminate phases with Kagomé-like and in-plane chemical ordering[J]. Sci. Adv. 2017,3(7):e1700642(1)-(10).

[6] ANASORI B,XIE Y,BEIDAGHI M,et al. Two-dimensional,ordered,double transition metals carbides(MXenes)[J]. ACS. Nano. ,2015,9(10):9507-9516.

[7] TAO Q,DAHLQVIST M,LU J,et al. Two-dimensional $Mo_{1.33}C$ MXene with divacancy ordering prepared from parent 3D laminate with in-plane chemical ordering[J]. Nat. Commun. ,2017,8:14949(1)-(7).

[8] PERSSON I,GHAZALY A,TAO Q,et al. Tailoring structure,composition,and energy storage properties of MXenes from selective etching of in-plane,chemically ordered MAX phases[J]. Small,2018,14(17):e1703676(1)-(7).

[9] GRECHNEV A,LI S,AHUJA R,et al. Layered compound Nb_3SiC_2 predicted from first-

principles theory[J]. 2004,85(15):3071-3073.

[10] WU Z G,COHEN R E. More accurate generalized gradient approximation for solids [J]. Phys. Rev. B,2006,73(23):235116(1)-(6).

[11] PERDEW J P,BURKE K,ERNZERHOF M. Generalized gradient approximation made simple[J]. Phys. Rev. Lett. 1996,77(18):3865-3868.

[12] CHADI D J. Special points for Brillouin-zone integrations[J]. Phys. Rev. B,1977,16(4):1746-1747.

[13] HE X D,BAI Y L,ZHU C C,et al. General trends in the structural,electronic and elastic properties of the M_3AlC_2 phases(M = transition metal):a first-principle study[J]. Comput. Mater. Sci. ,2010,49(3):691-698.

[14] PAYNE M C,TETER M P,ALLAN D C,et al. Iterative minimization techniques for ab initio total-energy calculations:molecular dynamics and conjugate gradients[J]. Rev. Mod. Phys. ,1992,64(4):1045-1097.

[15] HE X D,BAI Y L,ZHU C C,et al. General trends in the structural,electronic and elastic properties of the MAlC phases(M = transition metal):a first-principle study[J]. Comput. Mater. Sci. ,2010,49(3):691-698.

[16] HE X D,BAI Y L,ZHU C C,et al. Polymorphism of newly discovered Ti_4GaC_3:a first-principles study[J]. Acta. Mater. ,2011,59(14):5523-5533.

[17] BAI Y L,DUFF A,JAYASEELAN D D,et al. DFT Predictions of crystal structure,electronic structure,compressibility,and elastic properties of Hf-Al-C carbides[J]. J. Am. Ceram. Soc. ,2016,99(10):3449-3457.

[18] FENG S Q,ZHAO J L,SU Y L,et al. Structural,electronic,thermophysical properties and bond stiffness of ternary ceramic $ScAl_3C_3$ and UAl_3C_3:ab initio calculations[J]. Mater. Lett. 2019,255:126610(1)-(6).

[19] FENG S Q,YANG Y,LI B M,et al. Theoretical investigation on elastic and thermal properties of layered ternary ceramic-$Ti_4AlN_{2.89}$ under high pressure[J]. Mater. Res. Express. ,2018,5(6):065202(1)-(8).

[20] PUGH S F. XCII. Relations between the elastic moduli and the plastic properties of polycrystalline pure metals[J]. Philos. Mag. , 1954,45(367):823-843.

[21] WU Z J,ZHAO E J,XIANG H P,et al. Crystal structures and elastic properties of superhard IrN_2 and IrN_3 from first principles[J]. Phys. Rev. B,2007,76(5):054115(1)-(15).

[22] HAINES J,LEGER J M,BOEQUILLON G. Synthesis and design of superhard materials [J]. Annu. Rev. Matter. Res. ,2001,311):1-23.

[23] SHU H B, LIU X H, DING X J, et al. Effects of strain and surface modification on stability, electronic and optical properties of GaN monolayer[J]. Appl. Surf. Sci., 2019, 479:475-481.

[24] SHU H B. Adjustable electro-optical properties of novel graphene-like SiC_2 via strain engineering[J]. Appl. Surf. Sci., 2021, 559:149956(1)-(8).

[25] SHU H B, ZHAO M L, SUN M L. Theoretical study of GaN/BP van der Waals nanocomposites with strain-enhanced electronic and optical properties for optoelectronic applications[J]. ACS. Appl. Nano. Mater., 2019, 2(10):6482-6491.

[26] SHU H B, WANG Y, SUN M L. Enhancing electronic and optical properties of monolayer $MoSe_2$ via a $MoSe_2$/blue phosphorene heterobilayer[J]. Phys. Chem. Chem. Phys., 2019, 21(28):15760-15766.

[27] SUN J, WANG H T, HE J L, et al. Ab initio investigations of optical properties of the high-pressure phases of ZnO[J]. Phys. Rev. B, 2005, 71(12):125132(1)-(5).

[28] LIU Q J, ZHANG N C, LIU F S, et al. Structural, electronic, optical, elastic properties and Born effective charges of monoclinic HfO_2 from first-principles calculations[J]. Chin. Phys. B, 2014, 23(4): 047101(1)-(8).

[29] FENG S Q, ZHAO J L, YANG Y, et al. First principle study on electronic, thermophysical and optical properties of $ScAl_3C_3$ and UAl_3C_3 under high pressure[J]. J. Mater. Res. Technol., 2019, 8(6):5774-5780.

第9章 高温高压下 α-HMX 相的热分解过程研究

9.1 概述

含能材料是在外界刺激下，能够迅速发生剧烈化学反应，在极短的时间内释放出大量能量的材料，主要包括炸药、助推剂和烟火药剂等[1]，在国防、采矿等领域都有广泛的应用[2-3]。研究含能材料的热分解过程及机理对其在相关领域的应用具有重要的指导意义。但是实验上研究含能材料的相关特性风险较大，而且成本较高。而在理论上研究含能材料的热分解过程不仅能节约实验成本，还避免了实验过程的潜在危险，对了解含能材料特性具有重要意义。

HMX（奥克托今）是一种极其重要的含能材料，由于它的速爆、热稳定性和化学稳定性比 RDX（黑索金）优越，而撞击感度比 TNT（三硝基甲苯）高，因此其综合性能较好，在反坦克装药、火箭推进剂的添加剂以及引爆核武器的爆破药柱等领域都具有重要的应用[4-5]。研究其在高温、高压等极端条件下相变过程中的分解产物以及体系的能量变化过程，系统探究整个过程的中间产物以及化学反应，为该类含能材料的安全评估提供理论参考，对设计和开发新的含能材料具有重要的理论意义。

分子动力学模拟作为一种数值模拟方法，以其经济性和高效性著称，已成为近年来探究各种动态变化过程研究的重要手段之一。通过分子动力学模拟可以研究含能材料热分解反应过程中经历的化学键形成和断裂的过程，寻找中间产物，通过中间产物建立反应物与产物之间的联系，从而从原子分子水平研究含能材料的热分解反应机理。经典分子动力学结合适当的原子间相互作用势，可以对较大体系的系统进行模拟。四川大学程新路课题组[6]结合 ReaxFF 相互作用势，通过经典分子动力学，对冲击条件下与高温条件下的硝基甲烷的热解过程及冲击加载下的分子响应做了详细的研究，结合自主开发的极端条件分子模拟中分子片段识别 FindMole 程序发现：冲击加载对硝基甲烷中的 C—N 键影响较大，冲击过程中，C—N 键处于高能大振幅的振荡模式，加速了硝基甲烷的离解过程，而冲击对其中 N—O 及 C—H 键的影响较小。以色列希伯来大学 Rom 课题组[7]在 ReaxFF 势框架下利用分子动力学方法研究了不同密度下硝基甲烷的分解过程，发现低密度环境下，单分子

C—N键离解，生成CH_4及NO_2是硝基甲烷主要热分解路径；而高密度环境下，分子间质子转移及N—O离解反应是主要的反应路径。美国洛斯·阿拉莫斯国家实验室Han课题组[8]使用ReaxFF力场分子动力学方法研究了凝聚相下高温高密度下硝基甲烷的分解过程，发现在高温条件下硝基甲烷中的C—H键最先断裂，而在低温条件下振动频率和反应能较低的C—N键最先断裂，进而引起后续反应。美国普渡大学Strachan课题组[9]利用经典分子动力学在ReaxFF势场下研究了冲击加载过程中聚乙烯硝酸盐（PVN）的分解和反应过程，模拟结果表明PVN中NO_2峰消失所需的阈值冲击强度以及与该过程相关的时间尺度都与实验很接近。北京应用物理与计算数学研究所陈军课题组[10]利用ReaxFF反应力场，结合分子动力学，系统研究了一定温度压强范围内的HMX反应动力学的过程，研究中计算了可能的中间产物、反应速率和反应Hugoniot曲线等，得到了与实验结果接近的爆炸速度和爆炸压强。

但是经典分子动力学方法的有效性和精确性对原子间相互作用势有很大依赖，其中ReaxFF势就是一种能够描述碳氢体系化学反应的反应键级的共价物质经验势，必须通过验证、完善才可用于特定的动力学过程研究。然而近年来，出现了很多基于量子力学从头算结果的第一性原理相互作用势，用其进行分子动力学（molecular dynamics，MD）模拟就是第一性原理或量子力学从头算MD模拟，它克服了经典动力学需要拟合原子间相互作用势的问题。第一性原理分子动力学的缺点是计算量大，这限制了模拟体系的尺寸，但随着计算机计算能力的不断提高，这一缺点逐渐淡化。上海交通大学魏冬青[11]课题组利用从头算分子动力学系统研究了固态硝基甲烷的热分解过程，模拟结果中发现了H_2O、CO_2、N_2和CNCNC等分解产物，整个分解过程非常复杂，包含70多种中间产物和最终产物以及100多种基本反应。Manaa等人[12]采用第一性原理分子动力学方法模拟了极端条件下硝基甲烷的分解过程，发现C—H键最先有一个明显的伸展现象，导致H的离解，而不是普遍认为的C—N最先离解的情况。美国普林斯顿大学Selloni课题组[13]利用第一性原理分子动力学研究了以功能化石墨烯作为燃烧催化剂的单组元硝基甲烷的热分解过程，研究发现石墨烯表面的碳空位缺陷大大加速了硝基甲烷及其衍生物的热分解过程。美国西弗吉尼亚大学Wang课题组[14]基于局部轨道和赝势理论的密度泛函理论方法，从量子力学力计算得到的气相DMNA和HMX自由能曲线选择可能的反应路径，并利用第一性紧束缚分子动力研究了动力学模拟过程中电子重排随结构的改变，给出了N—NO_2键离解的结果。

HMX作为最广为人知的一种炸药，在军事领域的应用也最为广泛。它有四种常见的晶体形式：α相、β相、γ相和δ相[15-17]。稳定性由强到弱依次是β相、α相、γ相、δ相[18]。β相作为常温HMX最稳定的结构，研究得最为广泛。四川大学的崔红玲等人利用第一性原理平面波方法研究了高压下β-HMX的晶体结构、体积模量、电子特性、声子态密度、热力学性质和吸收光谱的变化[19]；利用经典分子动力学方法研究了α-HMX、β-HMX和δ-HMX之间的相变过程和力学特性[20]。葛妮娜等人研究了β-HMX在冲击压加载下的金属化过程，并指出结构中 N—N—C 键角的快速变化是导致 HMX 晶体从绝缘态向导体转变的主要原因[21]。美国科罗拉多大学 Bernstein 课题组利用密度泛函理论的量化计算方法研究了 β-HMX 分解可能产生的阴离子种类以及可能的分解路线[22]。关于 β-HMX 的研究还有很多[23-25]，但是目前针对其他相的研究却很少。α-HMX 是常温下 HMX 的次稳相，在高温、高压等极端条件下，对其进行相稳定特性的第一性原理分子动力学理论研究，研究高温高压下 α-HMX 含能材料的相变过程的分解产物以及体系的能量变化过程，系统探究整个过程的中间产物以及化学反应，从原子分子水平研究相演变的机理，将对该类含能材料的安全评估提供参考，对设计和开发新的含能材料具有重要的理论意义。

9.2 理论研究方法和细节

本研究利用从头算分子动力学程序包研究了固态 α-HMX 晶体的热分解过程，计算采用的是广义梯度交换关联泛函结合双 zeta 极化基组[26-27]，采用 GTH 型赝势描述电子结构[28]。利用晶体库中查找的 α-HMX 晶体的实验数据[29]建立其理论模型，选择 2×2×2 的 α-HMX 超胞作为研究对象，模拟温度选择 1 000 K 到 2 000 K 之间（发现在大约 1 800 K 左右 α-HMX 炸药开始发生热分解，本研究主要研究讨论 1 800 K 下炸药的分解过程和反应产物），模拟时长选为 40 ps，步长为 0.5 fs。体系采用 NVT［表示具有确定的粒子数（N）、体积（V）、温度（T）］系综进行理论模拟。为了分析反应过程，选择"Dynamic-Bonds"方法来显示 α-HMX 晶体在设定的目标温度条件下的运动轨迹。成键的截止距离设为 0.16 nm，这个设置不仅可以显示初始结构中的所有化学键，还可以避免显示不存在的化学键。

9.3 结果与讨论

9.3.1 初期反应

为了研究 α-HMX 晶体的起爆反应，本研究重点关注了最初的 2 ps 内的反应过程，研究发现在这一阶段所有的 α-HMX 分子都发生了不同程度的变化。反应开始后，产生的最早的变化是：①α-HMX 分子的整体扭曲；②C—N 环的解环反应；③—NO_2 基团从 α-HMX 分子上脱落形成 NO_2。特别是最后一种变化，在前人研究中发现 N—NO_2 的断裂也是 β-HMX 的热分解反应的最初反应[30]，这也间接反映了该研究的可靠性。随着反应的进行，发生 C—N 环解环反应的 α-HMX 分子迅速增多，同时，断键脱氢反应形成大量孤立氢原子。反应继续进行，同一个 α-HMX 分子上同时出现 C—N 环解环，断键脱氢，以及多个 N—NO$_2$ 断裂的情况并增加。图 9.1 给出了反应前期的一些 α-HMX 分子的变化反应。

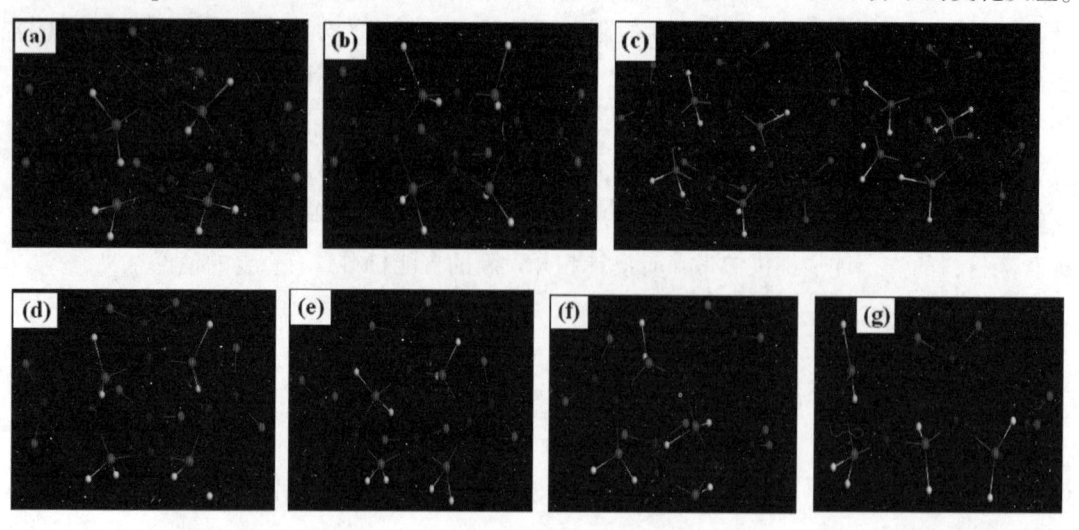

图 9.1　反应前期 α-HMX 分子的变化反应

(a) 0.5 ps 时 α-HMX 分子的解环反应；(b) 0.5 ps 时 α-HMX 分子上的 N—NO$_2$ 键解离反应；(c) 1.0 ps 时出现脱氢反应，形成孤立氢原子；(d) 1.5 ps 时出现的一个 α-HMX 分子同时出现的 C—N 环的脱—NO$_2$ 基团和脱氢反应；(e) 1.5 ps 时出现的一个 α-HMX 分子同时出现的脱两个—NO$_2$ 基团的反应；(f) 一个 α-HMX 分子同时出现的 C—N 环解环、C—N 环的脱—NO$_2$ 基团和脱氢反应；(g) 一种新型链状中间产物

9.3.2　中间产物和最终产物

本章接下来研究了反应中期的中间产物和模拟结束时的反应产物的情况。当反应进行到 25 ps 时，所有的 α-HMX 分子都发生了热分解。此时主要的中间产物包括一些常见的小分子（如 NO$_2$，NO，CO，CO$_2$，H$_2$O，N$_2$ 和 N$_2$O），也有很多自由的小基团（如 C—N 和 O—H 基团）出现。H$_2$O，NO$_2$ 和 CO$_2$ 的数量随着反应的进行逐渐增多，并且保持到模拟结束。除这些小分子、小基团外，还产生了很多其他中间产物，如图 9.2 所示列出了一些有代表性的中间产物。从图 9.2 中可以看出这些中间产物大致可以分成 4 类：①直链结构；②支链结构；③新环结构；④其他复杂结构。由于第四类中间产物较复杂且未能保持到反应结束，这里就未做重点研究。

反应的模拟时长为 40 ps，反应结束时，整个体系基本达到了一个稳定状态。大多数的小分子（H$_2$O，NO$_2$ 和 CO$_2$ 等）和小基团（如 C—N，O—H 基团）都维持到反应结束。另外，最终的产物除了这些小分子和小基团外，主要产物也可以同中间产物对应分成四类。各类的主要代表产物在图 9.3 中列出（除第 4 类外）。

图 9.2 25 ps 时主要的中间产物

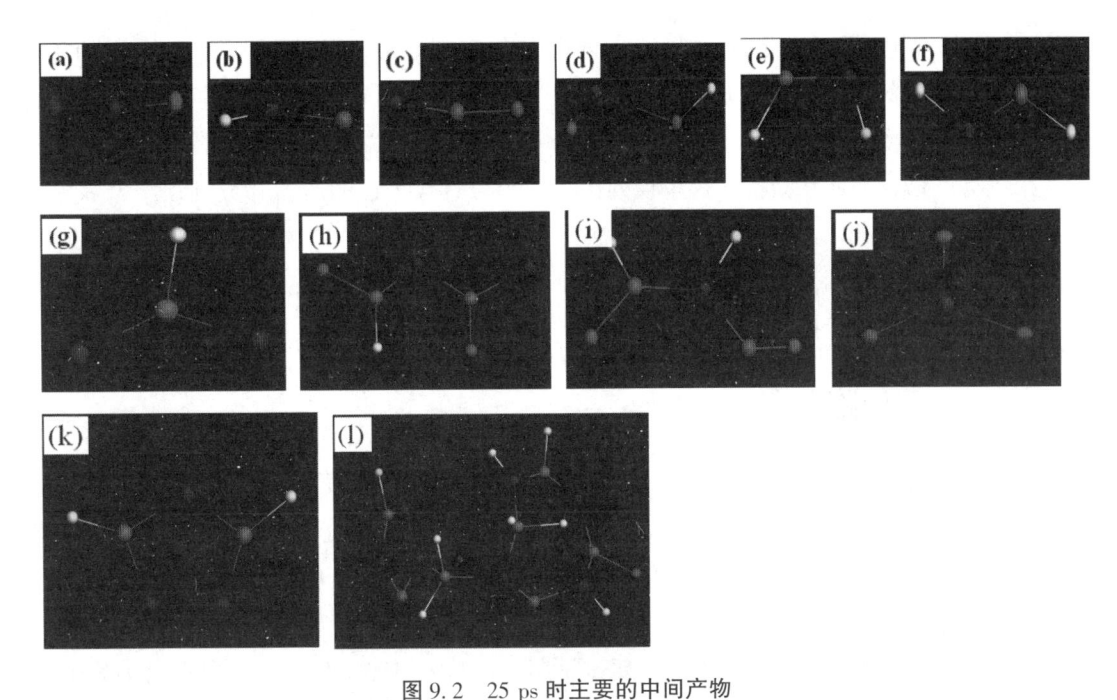

(a) ~ (f) 是主要的直链结构中间产物；(g) ~ (j) 是主要的支链结构中间产物；
(k) ~ (l) 是主要的环状结构中间产物

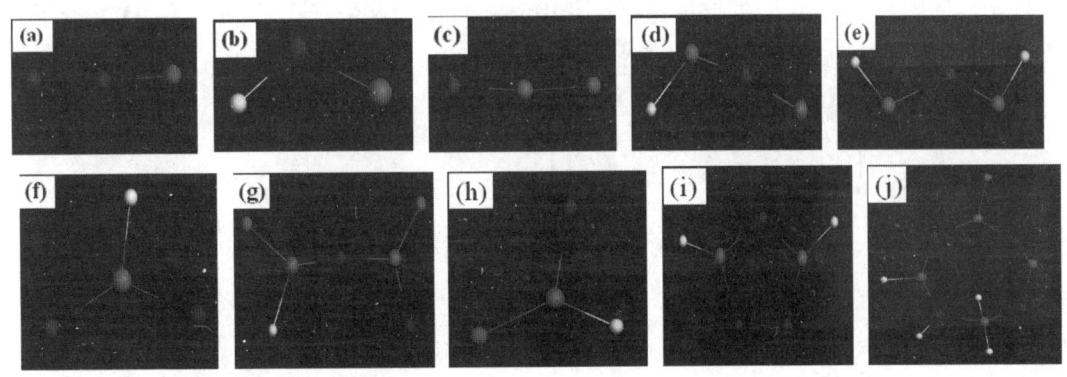

图 9.3 反应结束时除 NO、CO 和 N_2 等小分子外的其他主要产物

(a) ~ (e) 为主要的直链结构产物；(f) ~ (h) 为主要的支链结构产物；(i) ~ (j) 为主要的环状结构

第一类产物——直链结构：通过对比 25 ps 时中间产物和 40 ps 时的最终产物，第一类中间产物很多都保留到了反应结束。如图 9.3 中前三种直链结构分子 N—N—O，H—N—C 和 N—C—O 在 25 ps 时就出现了。第四种直链结构产物可以看作图 9.2 中第五种中间产物的一个氢原子被碳原子取代形成的。第四、第五种直链结构产物的形成在下面的反应路径中会详细阐述。

第二类产物——支链结构：通过对比第二类中间产物和最终产物，发现该类产物的变化还是比较明显，但还是有部分是中间产物保留到最后形成的。如图 9.3 (f) 中列出的产物在 25 ps 时就能找到，而图 9.3（g）中列出的产物也能在中间产物［图 9.2（h）的枝状产物］中找到对应，只是键长、键角发生了变化；图 9.3（h）中列出的产物是反应过程中出现的新产物。

第三类产物——环状结构：这里仅列出了两个最具代表性的产物［分别在图 9.3（i）和图 9.3（j）中列出］。通过原子追踪方法，本研究发现第一种产物的出现可以追溯到反应开始后的 5 ps。随后，这一结构经历了整个反应过程而保留下来，这说明这种结构很稳定。第二种环状结构产物的形成也将在下面的反应路径中详细阐述。

9.3.3 反应路径

α-HMX 晶体的热分解反应过程非常复杂，要把整个反应路径都搞清楚是一项很复杂的工程，这里只能选择其中比较典型的一些反应进行讨论。为了探究一些产物的反应路径，本研究在 VMD 软件中首先对反应产物进行了原子标定，然后通过原子追踪的方法，探究产物产生的过程。

对于第一类产物和第二类产物，主要是早期直接从 α-HMX 分子分离出来的小分子和 α-HMX 分子解环后分解成的多段小分子相互作用和反应产生的，这些产物的形成过程的规律性不是很明显。这里仅给出两个代表性产物——一个直链结构和一个支链结构［图 9.3（d）和图 9.3（g）］的形成过程，其中支链结构的这个产物是一个 α-HMX 分子分离出来的部分结构得到另一个 α-HMX 分子的 O 原子形成的，如图 9.4 所示。

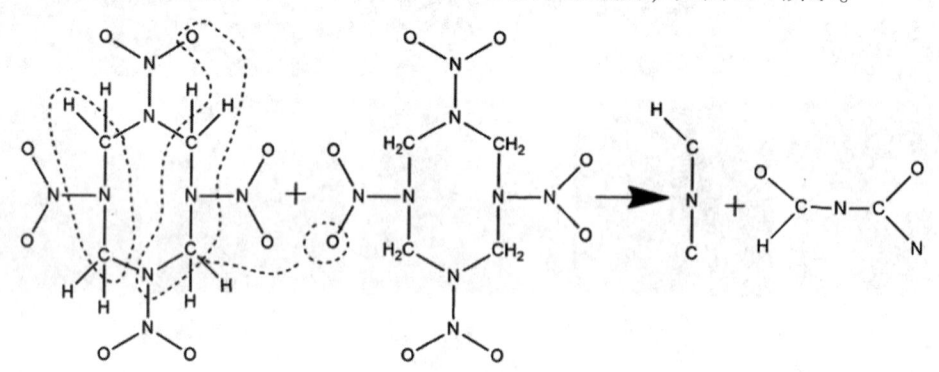

图 9.4　第一类产物和第二类产物的形成过程

对于第三类产物——环状产物的形成就很有规律性。根据原子跟踪方法，我们发现图 9.3（i）中列出的第一种代表性环状产物的所有原子来自同一个 α-HMX 分子，而且成新环后这些原子的顺序和其在原 α-HMX 分子中的顺序完全一样。具体情况如图 9.5 所示，在这个过程中还产生了图 9.3（e）中给出的直链结构产物。

图 9.3（j）中列出的第二种代表性环状产物则由两个 α-HMX 分子相互作用得到，这是一种八元环结构，由两个 α-HMX 分子的 C—N 环上各出一部分形成（如图 9.6 虚线部分所示）。同时还产生了另一种五元环结构，和图 9.3（i）中的环状结构很类似，只是少

了一个氢原子。

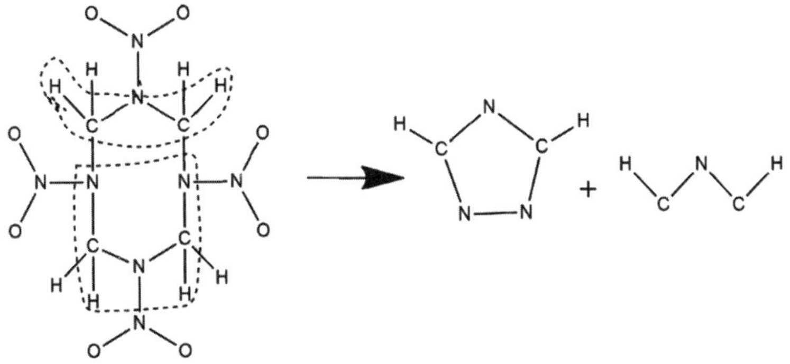

图 9.5　第三类产物的形成过程 1

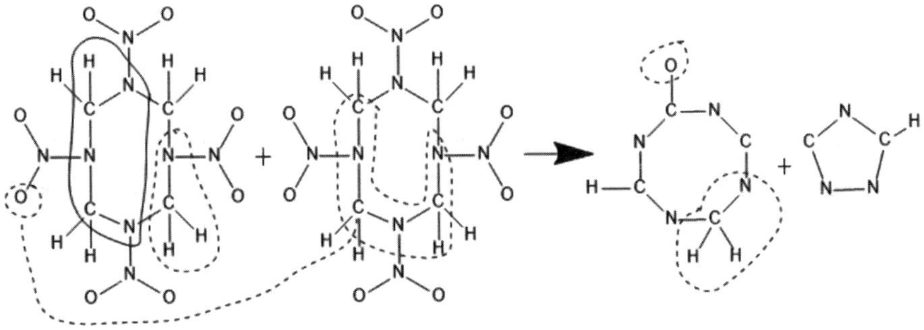

图 9.6　第三类产物的形成过程 2

9.4　总结

本研究利用第一性原理分子动力学探索了 α-HMX 炸药的热分解反应，重点考察了初期的化学反应、分解过程中的中间产物以及最终产物等问题。研究结果表明 α-HMX 炸药分子在热分解过程中出现得最早的变化是整体分子扭曲、C—N 环解环以及—NO_2 基团从 C—N 环上脱落（即 N—NO_2 键断裂）。根据结构特征，可以将 α-HMX 炸药分子分解过程中的中间产物和最终产物分成四类：①直链结构；②支链结构；③新环结构；④其他复杂结构。结合 α-HMX 炸药分子的初始结构和中间产物以及最终产物，利用 VMD 软件中的原子追踪技术分析 α-HMX 炸药分子的分解路径，探索该炸药晶体的热分解机理，这对理解 α-HMX 炸药晶体的爆炸过程具有重要的理论意义。

参考文献

[1] GAO H, SHREEVE J M. Azole-based energetic salts[J]. Chem. Rev., 2011, 111(11):7377-7436.

［2］ PAN X P, ZHANG B H, COX S B, et al. Determination of N-nitroso derivatives of hexahydro-1,3,5-trinitro-1,3,5-triazine(RDX) in soils by pressurized liquid extraction and liquid chromatography-electrospray Ionization mass spectrometry[J]. J. Chromatogr. A, 2006, 1107(1-2):2-8.

［3］ PAGORIA P F, LEE G S, MITCHELL A R, et al. A review of energetic materials synthesis[J]. Thermochim. Acta., 2002, 384(1-2):187-204.

［4］ SIKDER A K, SIKDER N. A review of advanced high performance, insensitive and thermally stable energetic materials emerging for military and space applications[J]. J. Hazard. Mater., 2004, 112(1-2):1-15.

［5］ BADGUJAR D M, TALAWAR M B, ASTHANA S N, et al. Advances in science and technology of modern energetic materials: an overview[J]. J. Hazard. Mater., 2008, 151(2-3):289-305.

［6］ GUO F, XHENG X L, ZHANG H. Reactive molecular dynamics simulation of solid nitromethane impact on(010) surfaces induced and nonimpact thermal decomposition[J]. J. Phys. Chem. A, 2012, 116(14):3514-3520.

［7］ ROM N, ZHBIN S V, DUIN A C, et al. Density-dependent liquid nitromethane decomposition: molecular dynamics simulations based on ReaxFF[J]. J. Phys. Chem. A, 2011, 115(36):10181-10202.

［8］ HAN S P, DUIN A C, GODDARD W A, et al. Thermal decomposition of condensed-phase nitromethane from molecular dynamics from ReaxFF reactive dynamics[J]. J. Phys. Chem. B, 2011, 115(20):6534-6540.

［9］ ISLAM M M, STRACHAN A. Decomposition and reaction of polyvinyl nitrate under shock and thermal loading: A ReaxFF reactive molecular dynamics study[J]. J. Phys. Chem. C, 2017, 121(40):22452-22464.

［10］ LONG Y, CHEN J. Systematic study of the reaction kinetics for HMX[J]. J. Phys. Chem. A, 2015, 119(18):4073-4082.

［11］ CHANG J, LIAN P, WEI D Q, et al. Thermal decomposition of the solid phase of nitromethane: ab initio molecular dynamics simulations[J]. Phys. Rev. Lett., 2010, 105(18):188302(1)-(4).

［12］ MANAA M R, REED E J, FRIED L E, et al. Early chemistry in hot and dense nitromethane: molecular dynamics simulations[J]. J. Chem. Phys., 2004, 120(21):10146-10153.

［13］ LIU L M, CAR R, SELLONI A, et al. Enhanced thermal decomposition of nitromethane on functionalized graphene sheets: ab initio molecular dynamics simulations[J]. J. Am.

Chem. Soc. ,2012,134(46):19011-19016.

[14] WANG H,STALNAKER J,CHEVREAU H,et al. Potential of mean force calculations using ab initio tight-binding molecular dynamics:application to N-NO_2 bond dissociation in DMNA and HMX[J]. Chem. Phys. Lett. , 2008,457(1-3):26-30.

[15] COOPER P W,KUROWSKI S R. Introduction to the technology of explosives[M]. Wiley:New York,1996.

[16] CADY H H,SMITH L C. Studies on the polymorphs of HMX[M]. LAMS-2652(TID-4500,1962).

[17] MAIN P,COBBLEDICK R E,SMALL R W. Structure of the fourth form of 1,3,5,7-tetranitro-1,3,5,7-tetraazacyclooctane(γ-HMX), $2C_4H_8N_8O_8 \cdot 0.5H_2O$[J]. Acta Crystallogr. Sect. C:Cryst. Struct. Commun. , 1985,41(9):1351-1354.

[18] GOETZ F,BRILL T B,FERRARO J R. Pressure dependence of the Raman and infrared spectra of alpha,beta,gamma and delta octahydro-1,3,5,7- tetranitro-1,3,5,7-tetrazocine[J]. J. Phys. Chem. ,1978,82(17):1912-1917.

[19] CUI H L,JI G F,CHEN X R,et al. First-principles study of high-pressure behavior of solid β-HMX[J]. J. Phys. Chem. A,2010,114(2):1082-1092.

[20] CUI H L,JI G F,CHEN X R,et al. Phase transitions and mechanical properties of octahydro-1,3,5,7-tetranitro-1,3,5,7-tetrazocine in different crystal phases by molecular dynamics simulation[J]. J. Chem. Eng. Data. ,2010,55(9):3121-3129.

[21] GE N N,WEI Y K,ZHAO F,et al. Pressure-induced metallization of condensed phase β-HMX under shock loadings via molecular dynamics simulations in conjunction with multi-scale shock technique[J]. J. Mol. Model. , 2014,20(7):2350(1)-(9).

[22] ZENG Z,BERNSTEIN E R. RDX- and HMX-related anionic species explored by photoelectron spectroscopy and density functional theory[J]. J. Phys. Chem. C,2018,122(39):22317-22329.

[23] WEN Y S,XUE XG,ZHOU X Q,et al. Twin induced sensitivity enhancement of HMX versus shock:a molecular reactive force field simulation[J]. J. Phys. Chem. C,2013,117(46):24368-24374.

[24] YOO C S,CYNN H. Equation of state,phase transition,decomposition of β-HMX(octahydro-1,3,5,7-tetranitro-1,3,5,7-tetrazocine) at high pressures[J]. J. Chem. Phys. , 1999,111(22):10229(1)-(7).

[25] HE Z H,CHEN J,WU Q,et al. Dynamic evolutions of electron properties:a theoretical study for condensed-phase β-HMX under shock loading[J]. Chem. Phys. Lett. , 2017,687:200-204.

[26] STAROVEROV V N, SCUSERIA G E. High-density limit of the Perdew-Burke-Ernzerhof generalized gradient approximation and related density functionals[J]. Phys. Rev. A, 2006, 74(4):044501(1)-(4).

[27] GOEDECKER S, TETER M, HUTTER J. Separable dual-space Gaussian pseudopotentials[J]. Phys. Rev. B, 1996, 54(3):1703-1710.

[28] HARTWIGSEN C, GOEDECKER S, HUTTER J. Relativistic separable dual-space Gaussian pseudopotentials from H to Rn[J]. Phys. Rev. B, 1998, 58(7):3641-3662.

[29] CADY H H, LARSON A C, CROMER D T. The crystal structure of α-HMX and a refinement of the structure of β-HMX[J]. Acta. Cryst., 1963, 16(7):617-623.

[30] ZHOU T T, ZYBIN S V, LIU Y, et al. Anisotropic shock sensitivity for beta-octahydro-1,3,5,7-tetranitro-1,3,5,7-tetrazocine energetic material under compressive-shear loading from ReaxFF-lg reactive dynamics simulations[J]. J. Appl. Phys., 2012, 111(12):124904(1)-(11).

第10章 高温高压下玻璃态和熔融态玄武岩结构的从头算分子动力学对比研究

10.1 概述

熔融态玄武岩作为大洋壳层、大型火成岩区以及大陆上的层状镁铁质侵入体的主要成分，是地球、月球和火星上最常见的岩浆[1]。在地球上它们主要产生于上地幔、下地幔，甚至可能下至核幔边界处。研究高压和高温下熔融岩浆的结构和性质等信息对于了解地球内部岩浆的起源和活动以及地球和其他行星的演化具有重要意义，因此，很多学者和科学家都致力于探索熔体岩浆的结构和性质，包括熔融态玄武岩[2-11]。例如，Agee 和 Ohtani 等人就利用沉浮法（sink-float method）测量了天然熔融态玄武岩的密度，但研究结果存在很大的不确定性[12-13]。Sakamaki 等人[14]采用落球黏度计和 X 射线衍射分析测量了玄武岩岩浆的压力-密度、黏度关系并研究了结构的变化。但是，在高压高温下从实验上测量岩浆的结构和特性具有巨大的技术挑战[15]。与熔融态岩浆相比，实验上测量更容易实现极端压力和常温下的玻璃态岩浆结构和性质的研究。而由淬火得到的常温下的玻璃态岩浆具有与其相应熔融态岩浆相似的结构和性能特征，因此，通常通过研究高压下玻璃态岩浆的结构，进而推断地球内部熔融态岩浆的结构和性质[16-23]。很多团队都致力于研究由熔融态硅酸盐熔体淬火得到的玻璃态在高压下的结构和特性[24-27]，以推测熔融态硅酸盐在地球内部环境中的结构和特性。例如，Ohashi 等人[28]利用原位 XRD 技术研究了玻璃态玄武岩的压力诱导结构变化。Kono 等人[29]使用多角度能量色散 X 射线衍射技术研究了高压的玻璃态 $MgSiO_3$ 结构，在大于 88 GPa 的压强下观察到玻璃态 $MgSiO_3$ 的重要结构变化，并推断在地球内部下地幔条件下熔融态 $MgSiO_3$ 中也可能发生类似的超高压结构变化。研究最多的硅酸盐体系是典型的玻璃态 SiO_2[30-31]。此外，Lee 等人[32]通过 X 射线拉曼散射推断出玻璃态 $MgSiO_3$ 的结构，从而推断出地幔中熔融态 $MgSiO_3$ 的结构信息。尽管这种方法被广泛用来研究熔融态岩浆的特性，但复杂硅酸铝岩浆的玻璃态和熔融态结构之间的对应关系尚未详细研究。因此，有必要比较熔融态和玻璃态硅酸盐在压力诱导下引起的结构变化。此外，熔融态岩浆的特性，如密度、黏度和扩散系数，不能从其玻璃态类似物的结构中推断出来，因此，人们开展了许多研究来探索熔融态硅酸盐的结构和性能。Bajgain 等人[33]通过密度泛函理论模拟研究了高温高压下铁和水对理想玄武岩、含水理想玄武岩和近MORB熔融相结构的影响。结果表明，压力、温度和成分对熔体结构和密度有很大影响，硅酸盐熔体在深部地幔中可能是重力稳定的，并且可能富水。Karki等人[34]利用第一性原理分子动力学研究了0~80 GPa压强范围内两种熔融态玄武岩（模型玄武岩和MORB熔体）的结构、热力学和传输系数，结果表明这些熔融态玄武岩的结构、密度和黏度等许多性质强烈依赖于压力和温度。然而，目前还缺乏玻璃态玄武岩和高温高压熔融态玄武岩的结构和性能的比较研究。

本章以由CaO、MgO、Al_2O_3和SiO_2组成的模型玄武岩熔融态及其相应玻璃态相为研究对象，通过从头算分子动力学计算对比研究两种相的压力诱导结构变化。本研究的压强范围参考的是地球上地幔和过渡地带相关的压强范围，有部分实验结果可用于比较。特别是，这项研究的结果有望为长期以来的假设提供新的线索，即熔融态岩浆淬火后得到的玻璃态结构在高压下的结构和特性是否可用于推测地幔条件下熔融态岩浆的结构和特性。

10.2 理论研究方法和细节

所有从头算分子动力学模拟均在维也纳从头算模拟软件包（VASP）[35]中采用Perdew-Burke-Ernzerhof（PBE）泛函的广义梯度近似（GGA）[36]进行实现。计算采用投影增强波（PAW）势[37]模拟各原子的核心电子。使用截止能量为400 eV的平面波基组描述价电子波函数。布里渊区取样仅选择$\varGamma$点以提升计算速度。总能量的自洽场（self consistent field，SCF）收敛准则设定为10^{-5} eV/原子。理想玄武岩玻璃态和熔融态初始结构均由化学计量比为$22CaO$、$14MgO$、$8Al_2O_3$和$44SiO_2$的244原子模型构成。

对于玄武岩熔融态结构，采用朗之万热源[38]进行正则（NVT）系综的MD模拟研究其高温高压下的变化，压缩过程中体积与初始体积比V/V_0从1.0变化到0.77，已实现压强从0 GPa增加到23.8 GPa，其中V_0为0 GPa压强、2 500 K温度下的优化结构体积。每个压强下的熔融态结构都是从压缩过程中前一压强下的熔融态平衡结构中进一步加压获得的。

对于玻璃态结构，Ghosh等人[39]在研究$MgSiO_3$时采用了两种方法获得其高压下的玻璃态相。从理想的立方晶胞结构出发，通过加热获得熔融态结构，然后逐渐降温冷却至300 K。①通过冷压缩方法得到高压玻璃态结构，即各向同性地减小零压结构的立方单元的尺寸来增加压力，随后在300 K下进行NVT的MD计算，保持立方晶格形状不变。②通过热压缩方法获得高压玻璃态结构，即减小立方晶胞的尺寸，然后在3 000 K下使结构达到熔化状态，并再次使用NVT系综的MD淬火至300 K。结果表明，热压法得到的玻璃态$MgSiO_3$结构的密度高于冷压法的结果，且热压法得到的玻璃态结构更接近于熔融态结构的情况。然而，将理论结果与四阶 Birch-Murnaghan 状态方程拟合，冷压缩方法得到的结构比热压缩方法得到的结构更符合实验结果。

本章中获得高压玄武岩玻璃态结构的方法略有不同。为了获得零压玄武岩玻璃态结构，本研究将立方晶格的熔融态玄武岩结构降温至 300 K，在零压力下进行 NPT（表示等温、等压）计算，然后将"优化的"零压结构依次压缩到更高的压力，再次使用 NPT 系综的 MD 模拟。结果发现得到的玻璃态结构的晶格不再是完全的立方晶体结构。结构变形很小，但很明显。原因是有限数量的原子被用来模拟相当复杂和多组分的玄武岩玻璃。由于模型尺寸有限，就像在无限固体中一样，无法保证结构的应力是各向同性的。为了解决这个问题，通过对 NPT 模拟过程中的晶胞尺寸进行平均，得到了另一个晶胞模型。使用 NVT 系综 MD 对该模型进行平衡，然后继续更长的模拟时间来研究其结构特性。通过监测应力张量矩阵元素随时间的波动来检查模型的压力各向同性。在不对晶胞形状施加约束的情况下，该过程将产生更真实的玻璃态玄武岩结构。所有模拟均采用 1 fs 的积分时间步长。本研究的重点是低压区，因此，在 300 K 下，玻璃态结构的压强研究范围为 0 至 25 GPa，熔融态的压强研究范围为 0 至 23.8 GPa。

为了保证工作的完整性，本章还研究了压强范围为 20~80 GPa、2 200 K 下的熔融态和对应压强下 300 K 时的玻璃态玄武岩的结构和特性[40-41]，但在较高压强下的模拟计算采用的是 2 fs 的时间步长。

10.3 结果和讨论

10.3.1 高压下的玻璃态玄武岩结构

为了评估理论玄武岩模型结构的合理性，本研究采用 2.6 GPa（1.7 GPa 和 3.3 GPa 的一个中间压强）下的微正则 MD 轨迹计算了中子静态结构因子 $S(Q)$。图 10.1 中给出了我们的理论 $S(Q)$ 和实验结果的对比。考虑到理论模型的成分和化学计量比与实验测量样品的不同，静态结构因子 $S(Q)$ 的理论和实验结果差异可归因于两种影响。由于忽略了其他重金属（如铁和钛）的存在，导致中远程结构可能存在差异。这些金属离子可能与 O 原子结合，使得在中程的理想结构发生微小扭曲。较大金属原子的加入会降低被测样品的数密度（单位体积的原子数量），增加"有效 d 间距"，从而使得 FDSP 的位置（$Q \approx 2\pi/d_{\text{effective}}$）小于由理想模型计算得到的结果。考虑到理想玄武岩模型的不精确性，计算结果与观测到的衍射剖面之间的总体一致性并非不合理。通过计算正确地再现了实验结果中的 $S(Q)$ 剖面以及在 $Q = 20, 30, 42, 60, 80, 120$ nm^{-1} 附近的主要和较弱的衍射峰特征。因此，本模型是以铝硅酸盐为主的多组分玄武岩结构的合理模型。

为了研究高压下玻璃态玄武岩的结构，本研究计算了在不同压强下的相关原子径向分布函数（radial distribution function，RDF）$g(r)$，以探索其加压下的结构变化。如图10.2所示，给出了0至25 GPa压强范围内玻璃态玄武岩的径向分布函数情况。径向分布函数的第一个峰值对应于相关原子之间的平均原子间距离。由图可知，在0 GPa时玻璃态玄武岩结构中的Si—O、Ca—O、Mg—O、Al—O、O—O和Si—Si的最近邻距离分别为0.162、0.231、0.196、0.175、0.266、0.301 nm。这些理论值与实验结果基本一致。实验中观察到斜长岩和玄武岩的平均T—O键距离（较短Si—O键和较长Al—O键的平均值）接近0.170 nm[14,28]。与铝硅酸盐矿物中发现的AlO_4四面体的平均Al—O键距离0.175 nm相比[42]，这一理论结果也很合理。

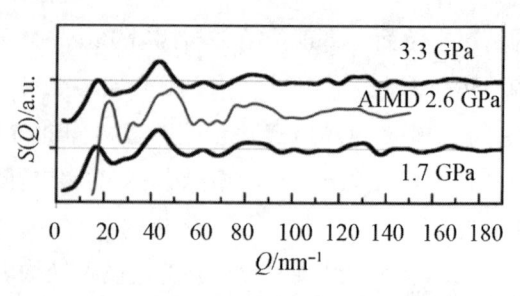

图10.1 在2.6 GPa下由从头算分子动力学（AIMD）计算的玻璃态玄武岩的中子散射静态散射因子$S(Q)$与1.7 GPa和3.3 GPa下实验测得的结果比较

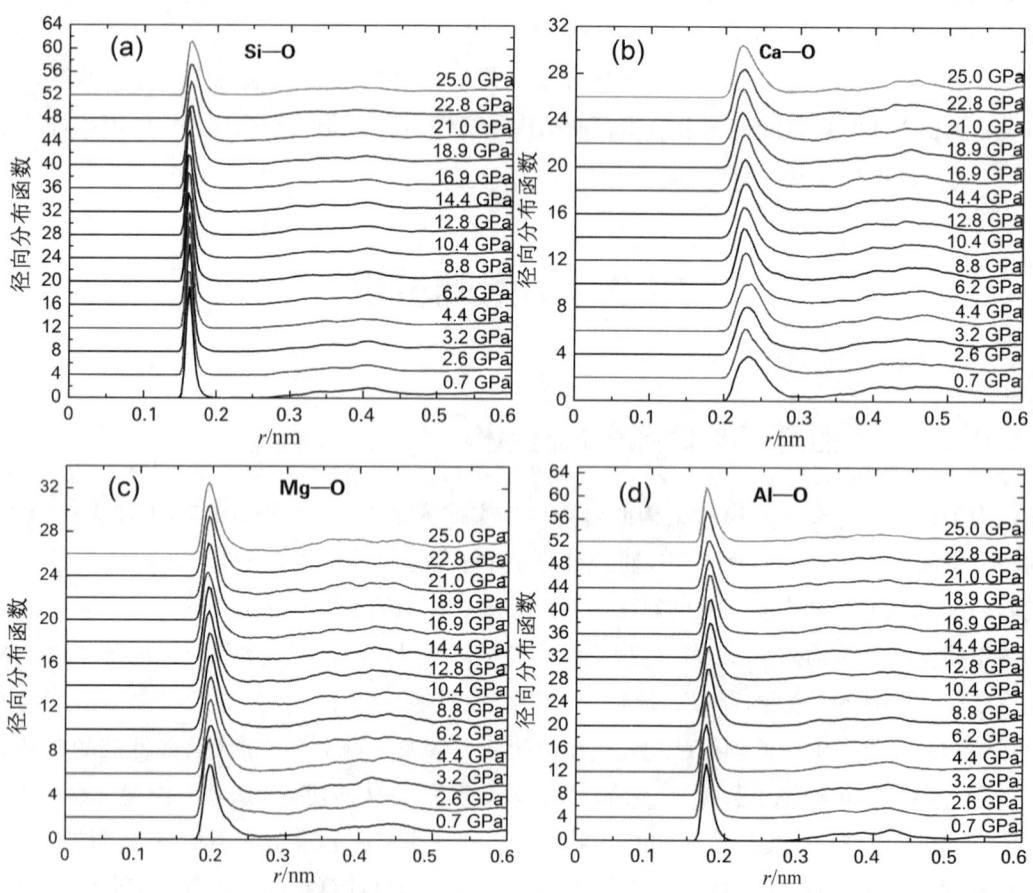

图10.2 300 K下0~25GPa压强范围内，玻璃态玄武岩模型的径向分布函数情况

(a) $g(r)_{Si-O}$；(b) $g(r)_{Ca-O}$；(c) $g(r)_{Mg-O}$；(d) $g(r)_{Al-O}$

图 10.3（a）给出了 Si—Si 和 Si—O 距离随压强的变化情况。菱形点和黑色圆点分别表示天然玻璃态玄武岩中 Si—O 和 Si—Si 的平均键长[28]。正方形点和倒三角形点分别表示本研究的玻璃态玄武岩模型中 Si—O 和 Si—Si 的理论平均值。类似地，图 10.3（b）和 10.3（c）给出了天然和理论玻璃态玄武岩中 O—O、Ca—O 和 Mg—O 平均距离随压强变化的实验和理论结果。

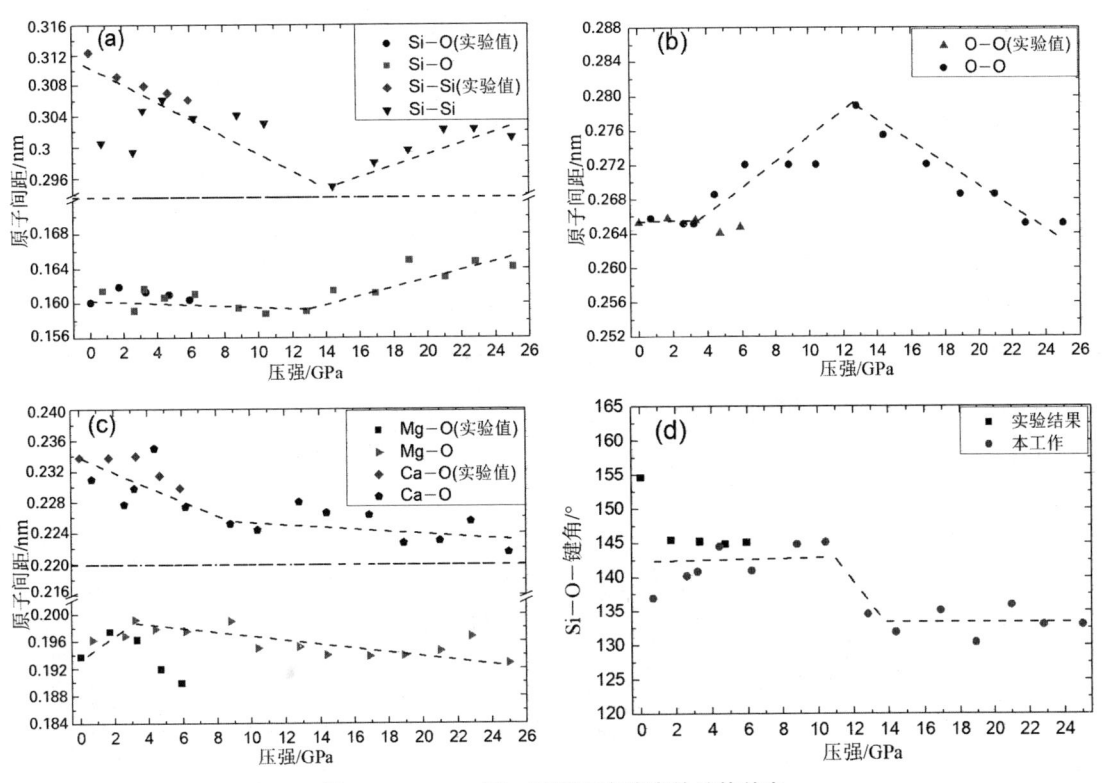

图 10.3　300 K 下，玻璃态玄武岩的结构信息

(a) Si—O 和 Si—Si 平均键长；(b) O—O 平均键长；(c) Mg—O 和 Ca—O 平均键长；
(d) Si—O—Si 键角随压强的变化情况（实验结果来源于文献［28］）

Si—O—Si 键角最能说明氧原子周围的结构变化［见图 10.3（d）］。为了与可用实验数据进行直接比较，根据以下公式利用 Si—O 和 Si—Si 平均键长从理论上计算 Si—O—Si 键角[28]：

$$\alpha_{\text{Si-O-Si}} = 2\sin^{-1}\left(\frac{l_{\text{Si-Si}}}{2l_{\text{Si-O}}}\right) \quad (10.1)$$

文献中仅可获得 6 GPa 以下的实验数据。0 GPa 压力下本工作中预测的 Si—O—Si 角略小于实验值[28]，这是由理论模型的化学成分与实验的差异引起的理论模型低估 Si—Si 距离［(图 10.3（a）］造成的。在 2 GPa 到 6 GPa 之间，理论 Si—O—Si 角与实验值符合得很好，在该压强范围内两者都在 143°左右［图 10.3（d）］。这种微小的变化归因于 Si—Si 平均键长的增大，而在此压强范围内 Si—O 长度几乎没有变化。Si—O—Si 键角随压强的变化反映了玻璃态玄武岩在加压的堆积方式的变化。这一现象将在后文 Si—O 配位数的分析中进一步讨论。有趣的是，本研究的计算表明在大约 13 GPa 时，Si—O—Si 键角会突然减小，从 145°降到 134°。进一步分析表明这是由于 Si-O 和 Si-Si 平均键长增加导致的，由于开始形成边缘共享的 Si—O 八面体，从而导致玻璃态结构致密化。这 Si—O 键的变化趋势导致了 Si—O 配位数的增加并伴随 Si—O—Si 键角"弯曲"，形成共享边。

在 0~25 GPa 的压强范围内，Ca—O 和 Mg—O 平均键长均变短。与实验相比理论结果的 Mg—O 平均键长随压强减小的速度要小得多［如图 10.3（c）所示］。实验结果表明从 2 GPa 到 6 GPa，Mg—O 平均键长从 0.198 nm 缩短到 0.188 nm [28]。

图 10.4（a）给出了不同压力下玻璃态玄武岩中的 O—Si—O 键角分布情况。如图 10.3（b）所示，在压强小于 5 GPa 时，Si—O 长度基本不受加压的影响，但 O—O 距离（SiO_4 四面体边缘的长度）略微拉长。因此，O—Si—O 键角在 110°时几乎保持不变。在此压强范围内，SiO_4 四面体没有显著变形。前人的研究表明对玻璃态 SiO_2 的结构致密化是由于结构中的连接四面体的"扭曲"所致[43]。对于玻璃态玄武岩随着压强的进一步增加，结构中的 Si—O 平均键长变长，O—O 平均键长变短，平均 O—Si—O 键角变小，并在 16.9 GPa 时减小至约 86°。这些观察结果表明，玻璃态玄武岩中的局部 SiO_4 四面体很大程度上可能已在转变为八面体结构。

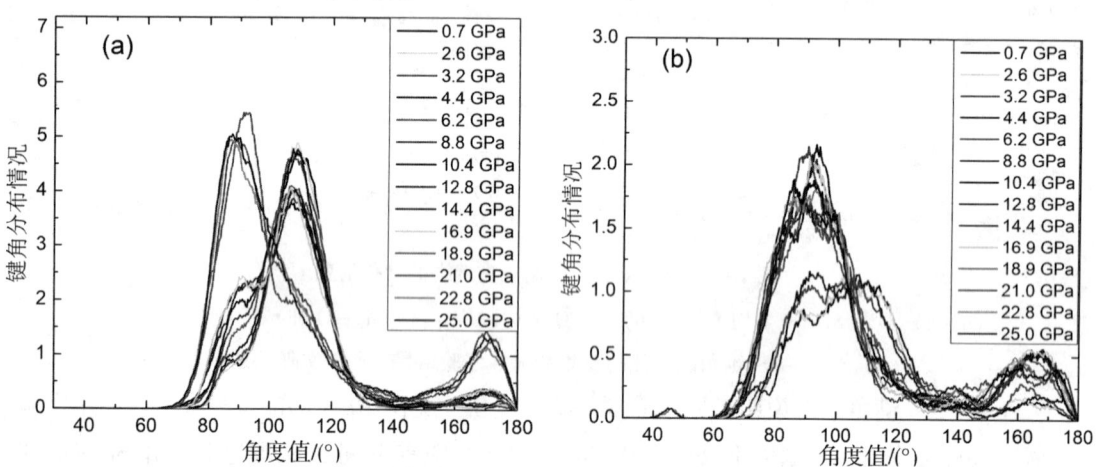

图 10.4　300 K 下玻璃态玄武岩中的 O—Si—O 键角（a）、O—Al—O 键角（b）随压强的变化情况

为了进一步探索玻璃态玄武岩的结构变化，我们计算了不同压强下的 Si—O 配位数（$CN_{Si—O}$）（如图 10.5 所示）。图 10.5（a）和（b）给出了 Si—O 配位数分数和平均 Si—O 配位数（$CN_{Si—O}$）随压强的变化。很明显，随着压强的增加，SiO_4 四面体在结构中的百分比逐渐减小，首先出现五倍配位多面体，随后 SiO_6 八面体也出现。由于离子性增加，SiO_6 八面体中的平均 Si—O 键长比 SiO_4 四面体中的长[31]，理论结果表明，玻璃态玄武岩中的 SiO_5 多面体的平均 Si—O 长度比 SiO_4 四面体中的长。因此，在该压强范围内玻璃态玄武岩中 Si—O 距离的变化是由两个相互竞争的过程共同决定的：Si—O 结构的压缩和 Si—O

配位数的增加。在压强低于 12.8 GPa 时，只有少数 SiO_5 多面体和 SiO_6 八面体结构，此时，压缩导致 Si—O 键变短的效应占上风，因此，平均 Si—O 键长逐渐缩短。当压强增大到 12.8 GPa 以上，SiO_5 多面体和 SiO_6 八面体结构明显增多，Si—O 配位数的增加导致 Si—O 键变短的效应逐渐占据上风，因此，平均 Si—O 键长显著延长 [图 10.3（a）]，同时伴随着 O—Si—O 键角的突然减小 [图 10.4（a）]。图 10.4（b）给出了压强对玻璃态玄武岩中 O—Al—O 键角分布的影响。

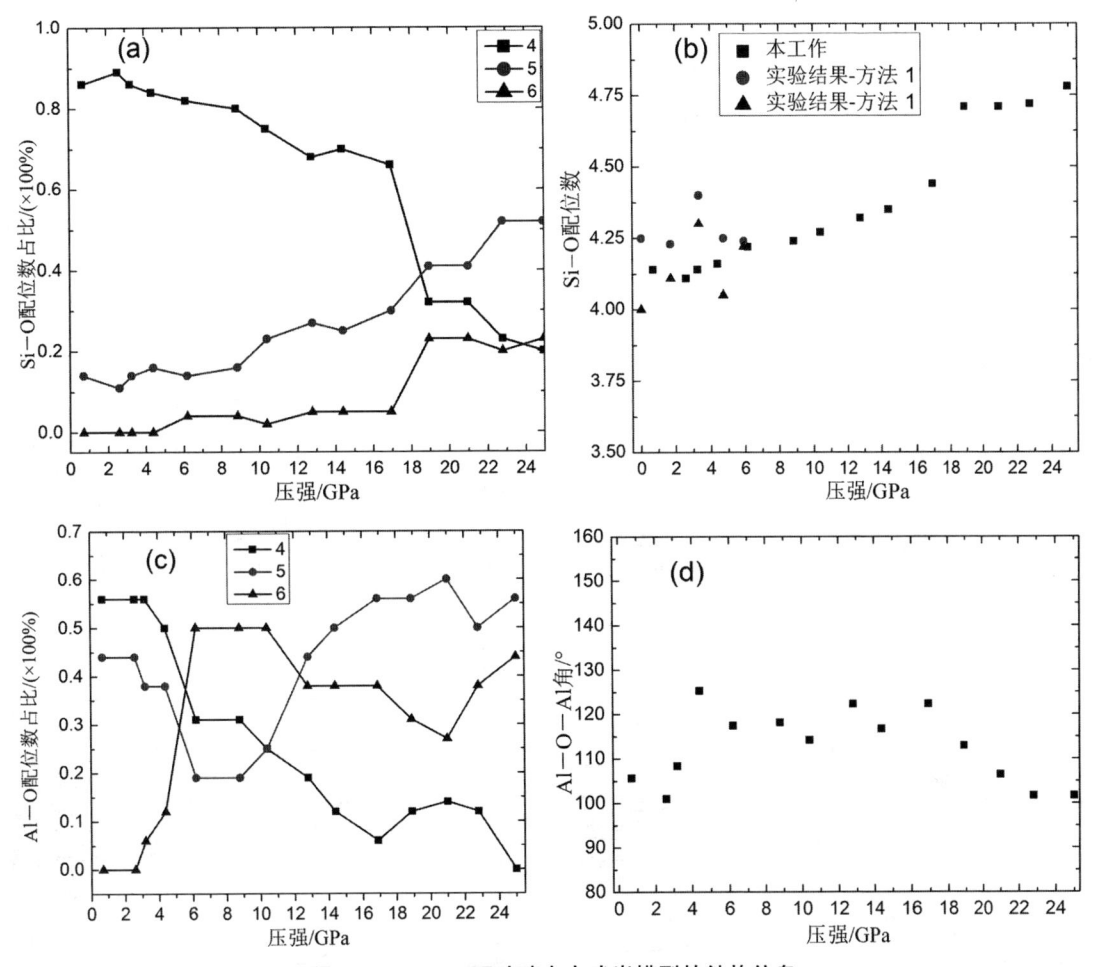

图 10.5　300 K 下玻璃态玄武岩模型的结构信息

(a) 配位数为 4、5 和 6 的 Si—O 占比；(b) Si—O 平均配位数 CN_{Si-O}（实验结果取自文献 [28]）；
(c) 配位数为 4、5 和 6 的 Al—O 占比；(d) 平均 Al—O—Al 键角度随压强的变化情况

图 10.5（c）中还给出了 Al—O 配位数占比随压强变化的情况。与 Si—O 的情况类似，在常压下，主要是 AlO_4 和 AlO_5 结构，随着压强的增大而逐渐出现 AlO_6 结构。当压强增大到 6 GPa 以上时，AlO_5 和 AlO_6 结构占据主导地位。图 10.5（d）给出了压强对玻璃态玄武岩中平均 Al—O—Al 键角的影响。

10.3.2 高压下的熔融态玄武岩结构

为了比较熔融态和玻璃态玄武岩的结构不同，图 10.6 给出了 2 500 K 不同压强下熔融态玄武岩的径向分布函数。可以看出，在 0 GPa 下，熔融态玄武岩中 Si—O、Ca—O、Mg—O、Al—O、O—O 和 Si—Si 的平均键长分别为 0.160、0.225、0.197、0.175、0.269、0.305 nm，这些都与常压下玻璃态玄武岩中的键长很接近。相比之下，Karki 等人[34]计算的 3 000 K、0 GPa 时熔融态玄武岩中 Si—O、Ca—O、Mg—O 和 Al—O 的平均键长分别为 0.168、0.250、0.220、0.188 nm。本工作的理论平均距离仅略短于 Karki 等人的实验结果，尽管本工作的理论模型和 KarKi 的实验模型中使用的成分和温度明显不同。

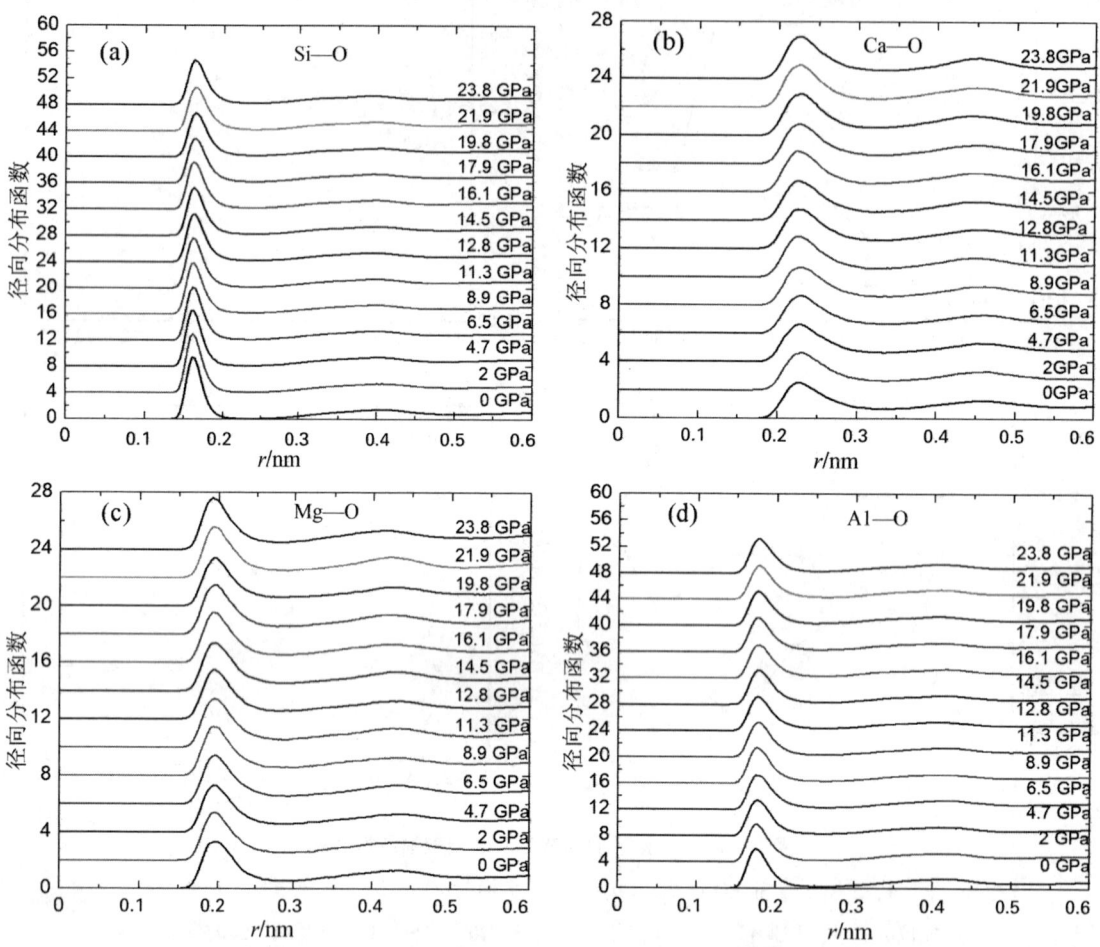

图 10.6 2 500 K 下 0~23.8 GPa 压强范围内，熔融态玄武岩模型的径向分布函数情况
(a) $g(r)_{Si-O}$；(b) $g(r)_{Ca-O}$；(c) $g(r)_{Mg-O}$；(d) $g(r)_{Al-O}$

图 10.7 给出了 2 500 K 下熔融态玄武岩的不同键长随压强的变化。与图 10.3 中玻璃态玄武岩的结果相比，最明显的差异是 O—O 键长随压强的变化 [图 10.3 (b) 和图 10.7 (b)]。对于熔融态玄武岩，O—O 平均键长随压强增大而减小。O—O 键长的差异进一步导致这两个结构中 Si—O—Si 键角的差异 [图 10.3 (d) 和图 10.7 (d)]。随着压强的增

加，玻璃态和熔融态玄武岩中的其他键长的变化相似。此外，随着压强的增加，Si—O 和 Al—O 键的平均长度逐渐增加 [图 10.8（f）]，这与 Karki 等人先前的报道一致[34]。

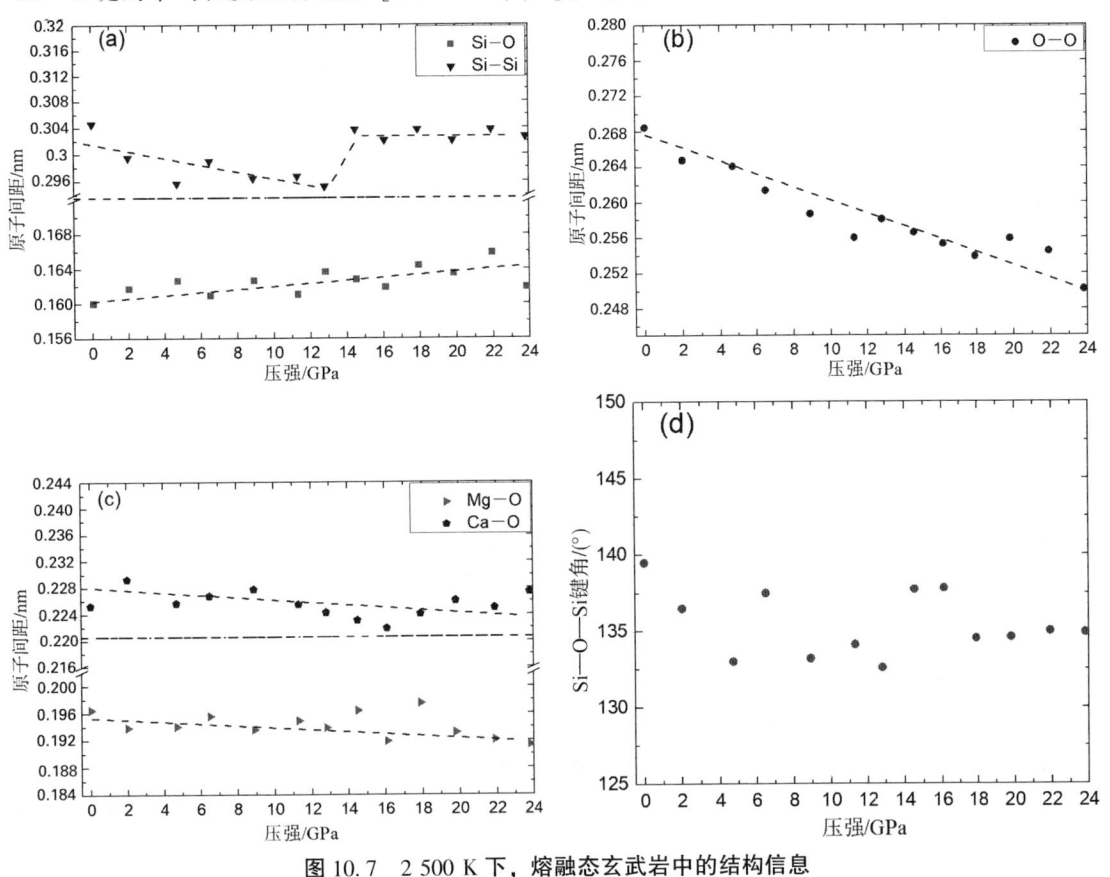

图 10.7　2 500 K 下，熔融态玄武岩中的结构信息
（a）Si—O 和 Si—Si 平均键长；（b）O—O 平均键长；（c）Mg—O 和 Ca—O 平均键长；
（d）Si—O—Si 键角随压强的变化情况

图 10.8（a）~（d）比较了玻璃态和熔融态玄武岩之间各种键长和平均 Si—O—Si 角随压强的变化情况。有趣的是，在压强研究范围内，玻璃态和熔融态玄武岩结构中的平均 Si—O 键长（两个相邻四面体的质心）随压强的变化非常相似。同样，两种结构的平均 Ca—O 和 Mg—O 键长随压强的变化也非常相似。相比之下，二者的平均 Si—Si 和 O—O 键长随压强的变化差别较大，尤其是后者。对于熔融态玄武岩，平均 O—O 键长随着压强的增加而减小；但对于玻璃态玄武岩，平均 O—O 键长随压强变化是在低压范围先随压强增大而略有增加，然后随着进一步增大压强而减小。由于玻璃态和熔融态玄武岩平均 Si—Si 和 O—O 键长随压强变化的差异，压强对 Si—O—Si 和 O—Si—O 角度的影响也不同 [图 10.4（a）、图 10.8（d）、图 10.9（a）和图 10.3（d）]。一个显著的例外是 6 GPa，在该压强下，玻璃态和熔融态玄武岩的平均 Si—O—Si 角和 Si—Si 键长很相似 [图 10.8（a）和（d）]，但 O—O 键长不同 [图 10.8（b）]。然而，此时，熔融态玄武岩的平均 Si—O—Si 角和 Si—S 键长明显异常（即明显偏离其各自的趋势）。有意思的是由于 O—O、Si—O 和 Si—Si 键长 [图 10.8（a）~（c）] 的这种变化趋势，使得玻璃态和熔融态玄武

岩的平均 Si—O—Si 角在接近 25 GPa 的高压下变得更接近［图 10.8（d）］。

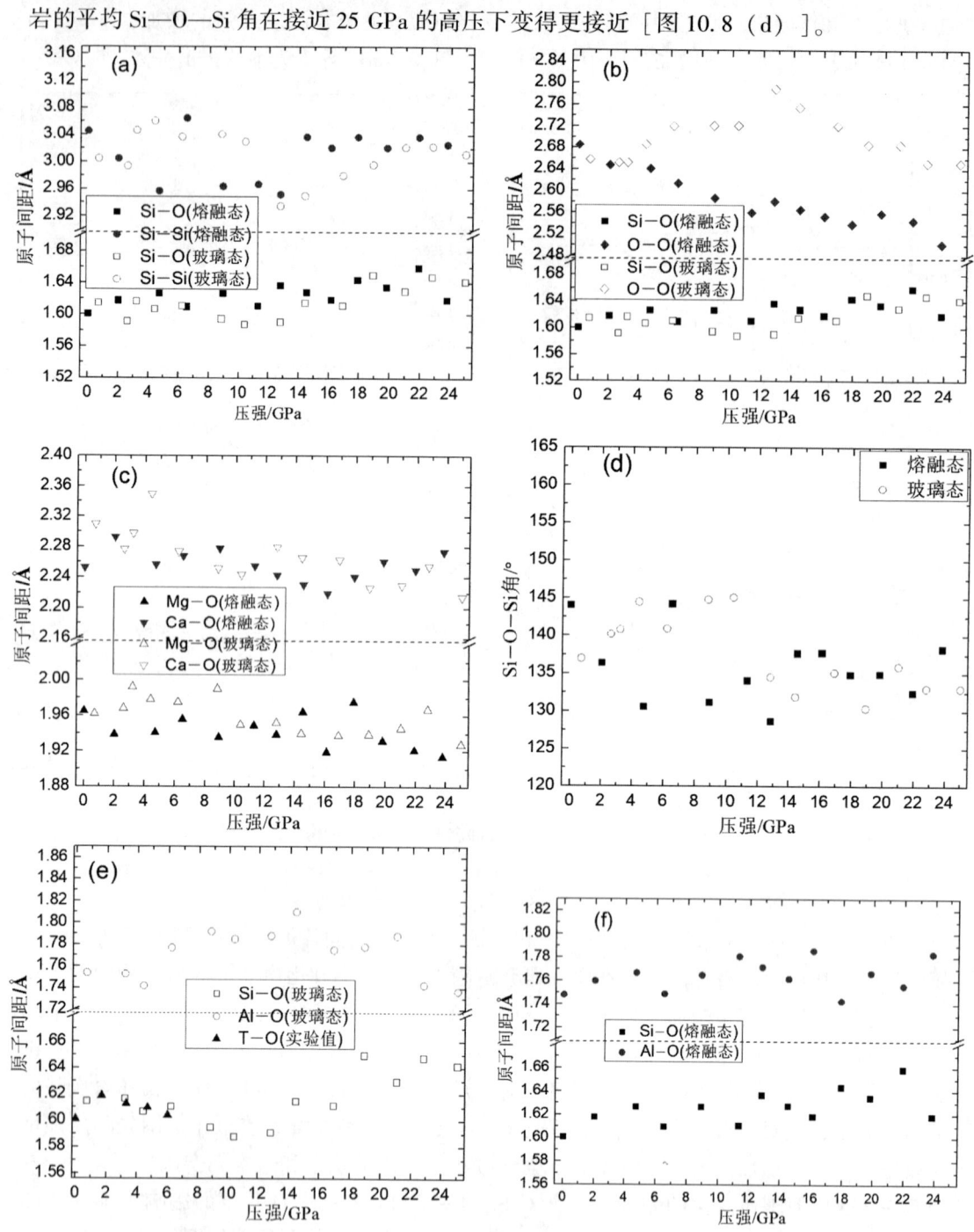

图 10.8 熔融态（实心符号）和玻璃态（空心符号）玄武岩的结构信息

(a) S—O 和 Si—Si 平均键长随压强变化对比；(b) Si—O 和 O—O 平均键长随压强变化对比；(c) Mg—O 和 Ca—O 平均键长随压强变化对比；(d) 玻璃态和熔融态玄武岩中的平均 Si—O—Si 角；(e) 本工作中玻璃态玄武岩的 Si—O、O—O 键长和文献［28］中的 T—O（T=Si，Al）实验键长对比；(f) 熔融态玄武岩中的 Si—O 和 Al—O 键长随压强的变化；1 Å = 0.1 nm

图 10.8 (e) 和 10.8 (f) 比较了玻璃态和熔融态玄武岩的平均 Si—O 和 Al—O 键长以及 T—O (T=Si, Al) 的实验值[28]。玻璃态和熔融态玄武岩在 0 GPa 下的平均 Si—O 和 Al—O 键长分别约为 0.16 nm 和 0.176 nm。正如预期的那样，与 Si—O 键相比，由于 Al—O 键的离子性更强，因此 Al—O 键长也更长。在低压 (<6 GPa) 下，玻璃态和熔融态玄武岩中的平均 Si—O 和 Al—O 键长的变化趋势相似，并与文献 [28] 中报道的玻璃态玄武岩的实验结果一致。对于玻璃态玄武岩，平均 Si—O 和 Al—O 键长在 0 GPa 到 2 GPa 压强范围逐渐增大，然后随压强增大而减小 [如图 10.8 (e) 所示]。在 0~2 GPa 范围，这两种键的增大是由角共享 T—O (T=Si, Al) 四面体链的弛豫引起的，随着压强的进一步增加，两种键长的变化趋势变得不同。在 6~12 GPa 压强范围内，平均 Si—O 键长缩短，然后稳定增加至 0.164 nm，直到压强增至 18 GPa，并且在较高压强下保持相对恒定。相比之下，Al—O 平均键长在 6 GPa 时从 0.174 nm 突然增加 0.178 nm，并且随着进一步增压到 22 GPa 都几乎保持不变，这种反差行为是由在给定压强下局部 Si—O 和 Al—O 配位情况的差异引起，换言之，Si—O 和 Al—O 配位数随压强变化的差异导致了加 Si—O 和 Al—O 平均长度随压强变化的不同趋势。在该压强范围内，熔融态玄武岩中的平均 Si—O 和 Al—O 键长均表现出随压强的增大而逐渐增长。

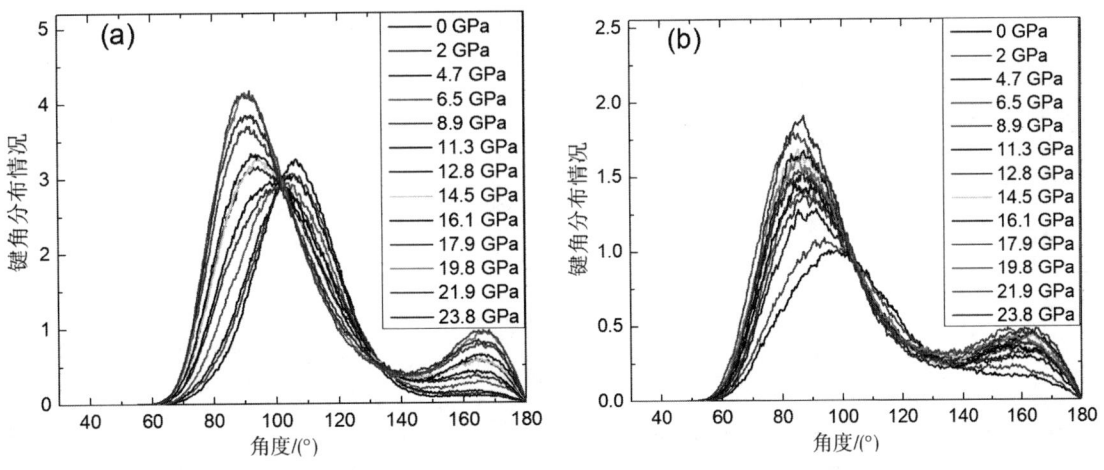

图 10.9 2 500 K 下熔融态玄武岩结构中 O—Si—O 角 (a)、O—Al—O 角 (b) 分布随压强的变化情况

图 10.9 给出了 2 500 K 时不同压强下熔融态玄武岩中 O—Si—O 和 O—Al—O 角的分布情况。图 10.10 (a) 给出了熔融态玄武岩中 Si—O 配位数百分占比随压强的变化情况。Bajgain 等人和 Karki 等人之前的研究表明：随着压力的增加，平均 Si—O 配位数从最初 0 GPa 下的 4 迅速增加，在高于 30 GPa 的压强下逐渐增加到 6，最终超过 6[33-34]。本研究与前人的研究结果很类似，图 10.9 (a) 中的结果显示：当压强低于 6.5 GPa 时，熔融态玄武岩中的 O—Si—O 角的平均值在 110°左右，这与相应玻璃态玄武岩中的 O—Si—O 角相似 [如图 10.4 (a) 所示]。这两个相之间 O—Si—O 角的最大差异在 6.5~17.9 GPa 的压强范围。在 6.2~16.9 GPa 范围，玻璃态玄武岩的 O—Si—O 角的平均值在 110°附近略微

减小，但在 16.9~18.9 GPa 范围，就突然下降至约 90°［如图 10.4（a）所示］。而熔融态玄武岩结构中的 O—Si—O 角的平均值随着压强的增加逐渐减小至约 90°。图 10.8（a）和图 10.8（b）表明：在该压强范围内，玻璃态和熔融态玄武岩中的 Si—O 和 O—O 平均键长也存在较大差异。然而，在高于 17.9 GPa 的压强下，玻璃态和熔融态玄武岩的 O—Si—O 角平均值相似，都在 90°左右。如图 10.5（a）和图 10.10（a）所示，二者的 O—O、Si—O 和 Si—Si 平均键长在该范围也表现出类似的变化趋势。玻璃态和熔融态玄武岩的 O—Si—O 角平均值的总体变化趋势是相似的。

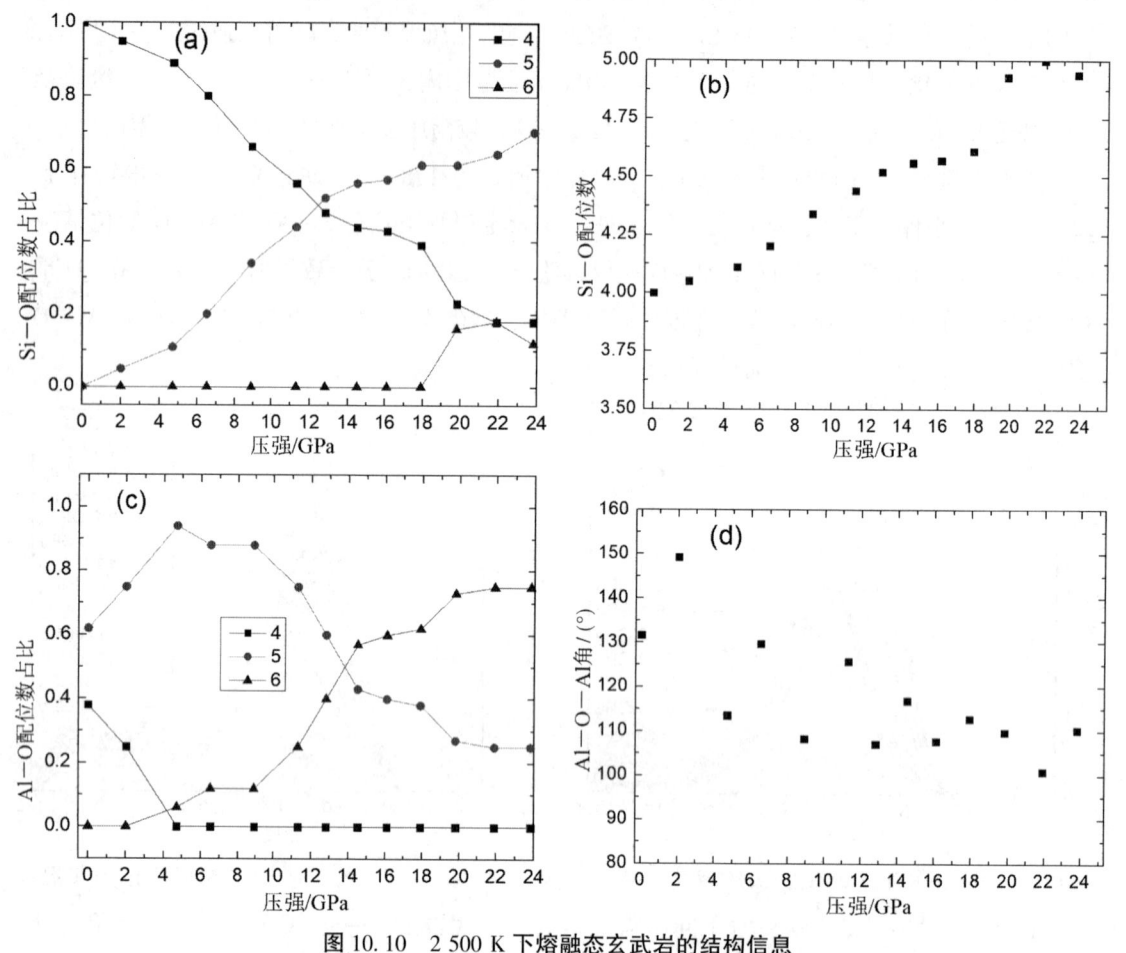

图 10.10　2 500 K 下熔融态玄武岩的结构信息

(a) 配位数为 4、5 和 6 的 Si—O 占比；(b) Si—O 平均配位数 CN_{Si-O}；

(c) 配位数为 4、5 和 6 的 Al—O 占比；(d) Al—O—Al 角的平均值随压强的变化情况

与玻璃态玄武岩［图 10.5（a）］相比，熔融态相结构中的 SiO_4 结构在较高压力下也会转变为 SiO_5 和 SiO_6 结构。但是，这两种态的结构转换存在细微的差异。玻璃态玄武岩中的 SiO_6 结构是在 15~16 GPa 时突然出现。而在熔融态中则是在 14~20 GPa 这个压强范围内缓慢出现的。在相同的压强下，熔融态结构中的 SiO_5 结构的相对含量总是比玻璃态中的相对含量高得多。这些现象可以部分归因于熔融态结构密度低于玻璃态以及由于两

种相的温差较大（300 K vs 2 500 K）而产生的热效应。

玻璃态和熔融态玄武岩的 O—Al—O［如图 10.4（b）和 10.9（b）所示］和 Al—O—Al［如图 10.5（d）和图 10.10（d）所示］角度分布的差异反映了两种相中的 Al—O 键长随压强的变化趋势不同［图 10.8（e）和 10.8（f）］。

从上面分析中，已经证实，在 0 GPa 到 16 GPa 的压强范围内，玻璃态和熔融态玄武岩的局部 Si—O 和 Al—O 结构存在细微但显著的差异。最显著的差异是 Si—O 配位数和 Si—Si 平均键长随压强的变化趋势。此外，Si—O、O—O 和 Al—O 平均键长以及 T—O—T 和 O—T—O（T=Si，Al）角随压强的变化也存在明显差异。但是，玻璃态和熔融态玄武岩之间的这些结构差异在高于 17 GPa 的压力下变得很小（如图 10.8 所示）。这表明利用玻璃态结构的高压结构和特性推断其相应熔融态在高温高压下结构和特性信息必须谨慎，尤其是在低压范围内。

10.3.3　高压下的熔融态玄武岩的其他性质

由于熔融态的一些液态特性（如密度、黏度和扩散系数）无法从其对应的玻璃态结构中推断，因此在 0~24 GPa 的压力范围内单独研究了熔融态玄武岩的这些特性，本研究的压强间隔比 Majumdar 等人的研究[41]选择的压强间隔小得多。为了获得合理准确的黏度和扩散系数值，进行了较长的 MD 计算。具体地说，本研究对相关的热力学参数，如能量、温度和应力张量的分量都进行了监测，以确保体系的收敛，大多数模拟都进行了 60 ps。图 10.11 中给出了在 2 500 K 下熔融态玄武岩的计算状态方程（压力-密度曲线）以及其与其他理论和实验结果[12-14,21,33,44]的比较。

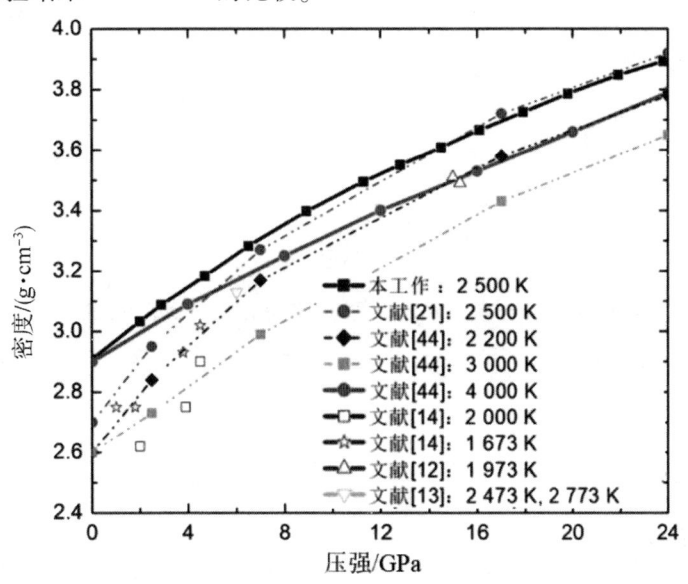

图 10.11　本工作和其他理论（实心符号）和实验结果（空心符号）中熔融态玄武岩结构的密度随压强的变化关系

熔融态玄武岩的扩散系数，作为均方位移与时间曲线的斜率，可根据如下爱因斯坦方程计算：

$$D = \lim_{t \to \infty} \frac{1}{6t} [|r_1(t) - r_0(t)|^2] \tag{10.2}$$

在图 10.12 中给出本工作得到的 0 GPa 至 23.8 GPa 压强范围内的熔融态玄武岩的扩散系数随压强的变化。在此压强范围内，扩散系数从 1.49×10^{-9} m²/s 降低到 3.50×10^{-10} m²/s。图 10.12 也显示了 Karki 等人[34]之前的研究结果，与本研究的数据符合得很好。具体而言，本研究的研究结果表明熔融态玄武岩的扩散系数在低压范围（<4 GPa 时）会随着压强的增大而减小，但随后随压强的进一步增大而增大；在 11.3 GPa 时，达到极大值，再往后随着压强的进一步增大而减小。其他的研究[45]表明，不同配位数的 Si 或 Al 的比重对自扩散系数有重要影响。在低于 4 GPa 的低压范围内，熔融态玄武岩扩散系数的奇怪变化可能是由于该范围内配位数为 5 的 Al 的独特变化趋势所致 [如图 10.10（c）所示]。当压强大于 11.3 GPa 时，扩散系数随压强增大而降低，这是因为配位数为 5 和 6 的 Si 原子变得更加丰富 [如图 10.10（a）所示]，并且它们在其主要配位壳层内结合得更加紧密[17]。

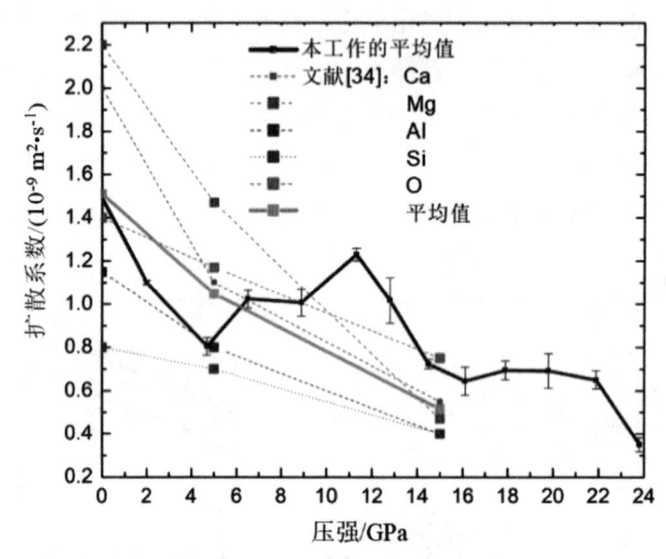

图 10.12 熔融态玄武岩的平均扩散系数随压强的变化情况

根据如下的 Green-Kubo 关系可由应力张量自相关函数（SACF）计算熔融态模型玄武岩的黏度（η）：

$$\eta = \frac{V}{3k_B T} \int_0^\infty \left[\sum_{i<j} \sigma_{ij}(t+t_0) \sigma_{ij}(t_0) \mathrm{d}t \right] \tag{10.3}$$

其中，$\sigma_{ij}(t)$（$i, j = x, y, z$）是每个时间步的应力张量分量。

图 10.13（a）给出了 2 500 K 下熔融态玄武岩的黏度随压强的变化情况。为了进行对比，图 10.13（b）所也给出了前人研究[14,46-47]中报道的不同温度下黏度随压强的变化情

况。温度对岩浆的黏度有重要影响。Dufils 等人[47]在 0 GPa、2 273 K 条件下测得熔融态玄武岩的黏度约为 80 mPa·s。最近的一项研究中[41]报道了在 0 GPa、2 200 K 下熔融态玄武岩的黏度约为 50 mPa·s。本工作中在 0 GPa、2 500 K 下计算的熔融态玄武岩的黏度约为 22 mPa·s，这与先前报道的大致相似。如图 10.13（a）所示，其黏度从 0 GPa 时的 22 mPa·s 降至 2 GPa 时的 12 mPa·s。继续增加压强，黏度随之增加，在 8.9 GPa 时达到 53 mPa·s。在其他铝硅酸盐的实验和理论研究中也观察到了类似的现象[6,14,45,48-49]。例如，Karki 等人[49]通过 AIMD 模拟研究了熔融态 $CaAl_2Si_2O_8$（钙长石）的黏度随压力和温度的变化发现，计算出的黏度起初随压强增大而降低，在 5 GPa 左右达到极小值。但随着压强的进一步增大，黏度又逐渐增大。图 10.13（b）还给出了 Sakamaki 等人[14]对天然熔融态玄武岩的实验研究（成分与我们的熔融态玄武岩模型非常相似），结果表明在 1 900 K 和 2 000 K 时，黏度分别在 3 GPa 和 4 GPa 时存在一个极小值。Karki 等人[34]之前对熔融态玄武岩的研究结果表明，在 4 000 K 和 6 000 K 的高温下黏度随压强单调增加；而在低温下黏度保持不变，或者低压下随压强增大而降低，高压下随压强增加而迅速增大。图 10.13（b）中包含了 Karki 等人在 2 350 K 温度下、0 GPa 至 15 GPa 压强范围内的熔融态玄武岩黏度的结果，以与本研究进行比较。在 Karki 等人的研究中，黏度极小值出现在约 5 GPa 的压强-黏度曲线上，而在本研究的计算中，类似的极小值出现在约 2 GPa [如图 10.13（b）]。两项研究都表明，在低压范围内，黏度存在负压依赖性，而计算出的极小黏度的压强差异较小，这是由于不同的模拟条件和初始模型造成的。低压范围的黏度负压依赖现象一直是地学的一个争论的主题[50]。一种解释将这种现象归因于 SiO_4 四面体的压力诱导解聚，由非桥位氧（NBO）的变化所致。但在这里，在低压区由熔融态玄武岩中 SiO_4 四面体的变化引起的 NBO 变化不明显，因此，这种解释在这里行不通。另一种解释是压强会影响 Si—O 和 Al—O 键的强度，导致其局部结构的扭曲[51-54]。2 500 K 下熔融态玄武岩中的 Si—O 和 Al—O 键长在 0 GPa 至 2 GPa 范围与压强呈负相关 [如图 10.8（f）]；此外，计算结果还表明 O—Al—O 角的平均值在该范围也发生了显著变化（如图 10.9 所示），该值在 0 GPa 到 4 GPa 的压强范围内，从 100° 降至 85°，进一步增压不会导致该角度发生明显变化。较长的 Al—O 键和较小的 O—Al—O 角表明结构中出现了更多的离子性 Al—O 结构。图 10.10（c）的结果表明：配位数为 4 的 AlO_4 多面体的占比迅速减少，并且在高于 5 GPa 时，配位数为 5 的 AlO_5 成为主导，这意味着 Al 多面体在低压范围内经历了巨大变化。因此，Al 原子周围局部结构的变形是低压下熔融态玄武岩黏度呈负压依赖的主要因素。在图 10.13（b）中还给出了 Majumdar 等人[41]报道的 2 200 K 时更高压力范围内黏度的压力依赖性，以供比较；其研究表明，压强高于 50 GPa 时，黏度系数降低，且研究中还讨论了这种变化的详细解释和地球物理意义。

图 10.13 熔融态玄武岩的黏度情况

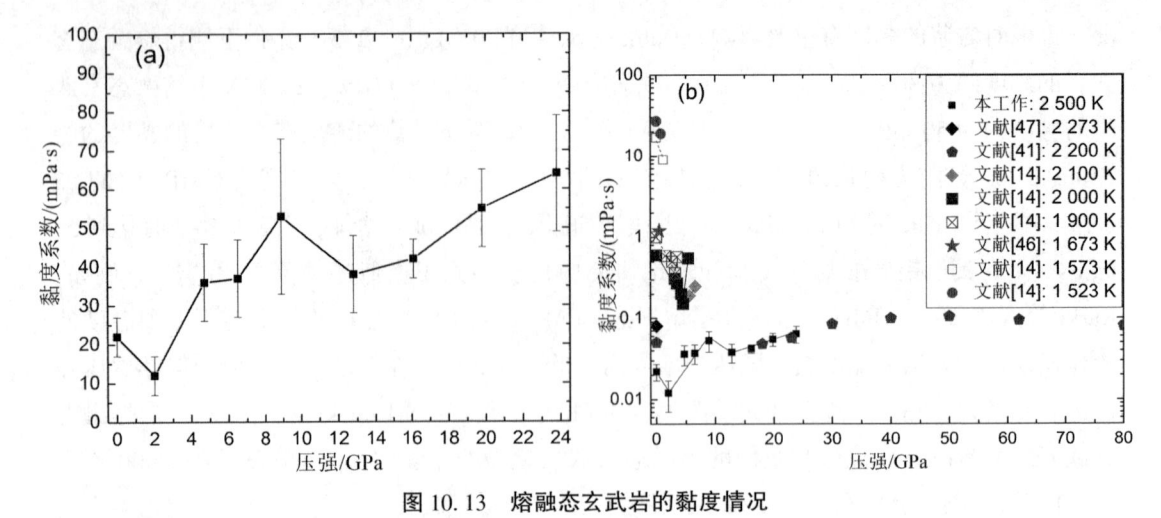

(a) 2 500 K 下熔融态玄武岩的黏度随压强的变化关系；(b) 熔融态玄武岩在不同温度下黏度随压强的变化关系，其中理论结果和实验结果用实心符号和空心符号区分

10.3.4 更高压强下玻璃态和熔融态玄武岩的性能比较

图 10.14 比较了玻璃态和熔融态玄武岩两种相的几种具有代表性的固有特性，如密度、体积模量和体积声速等。这些结果由 NPT-AIMD（ab-inito molecular dynamics）计算得出，压强范围扩展到 80 GPa，玻璃态的温度选为 300 K，熔融态为 2 200 K。从图 10.14 上可以看出，这两种态的这些特性随压强的变化非常相似，但是结果也表明熔融态玄武岩比玻璃态更容易被压缩。在 15 GPa 时，玻璃态玄武岩的密度约为熔融态密度的 5%。尽管两种态之间的密度差异随着压强的增加而减小，但在 80 GPa 下，玻璃态玄武岩仍然比熔融态更致密［如图 10.14（b）所示］，即在高达 80 GPa 时，两种玄武岩相的压强-密度曲线仍没有交叉。

图 10.15 给出了低压范围（15 GPa 至 50 GPa）下，熔融态玄武岩中的 Si—O 和 Al—O 平均键长的比较，可见熔融态比玻璃态中的 Si—O 和 Al—O 平均键长略长，这是由于熔融态的体积比玻璃态的大。熔融态和玻璃态玄武岩中的 Si—O 和 Al—O 键长在较高压强下几乎一致，表明它们的体积和密度最终可能变得几乎相等。

尽管随着压强增大，玻璃态和熔融态玄武岩显示出类似的密度-压强关系［如图 10.14b 所示］，但玻璃态结构 Al—O 配位数随压强的变化趋势与熔融态明显不同（如图 10.16 所示）。在常压下，玻璃态玄武岩中的铝已经含有大量配位数为 5 的 AlO_5 多面体。由于 AlO_5 多面体结构具有键较弱，因此压缩时 Al—O 键会断裂并形成 AlO_6 八面体结构。熔融态和玻璃态玄武岩的 Si—O 配位数随压强的变化趋势相似，但相比于熔融态，玻璃态玄武岩从 4 配位数向 5 配位数的转变所需的压强更低。

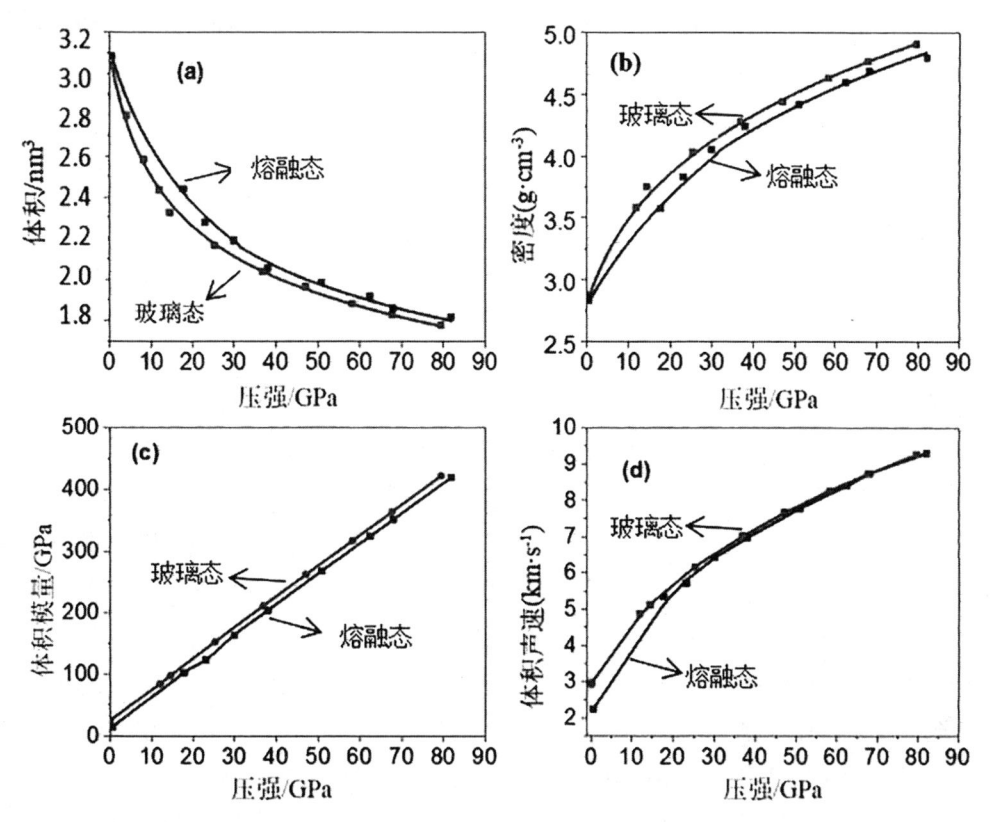

图10.14　300 K 下的玻璃态玄武岩和 2 200 K 下的熔融态玄武岩的体积-压强（a）、密度-压强（b）、体积模量-压强（c）和声速-压强（d）关系曲线

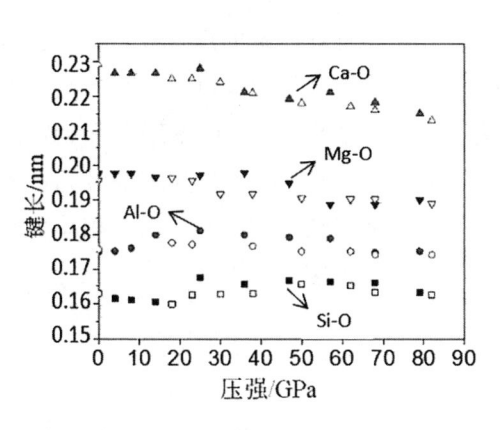

图10.15　300 K 下的玻璃态玄武岩和 2 200 K 下的熔融态玄武岩结构中的各键长随压强的变化情况。空心和实心符号分别表示玻璃态和熔融态玄武岩的情况

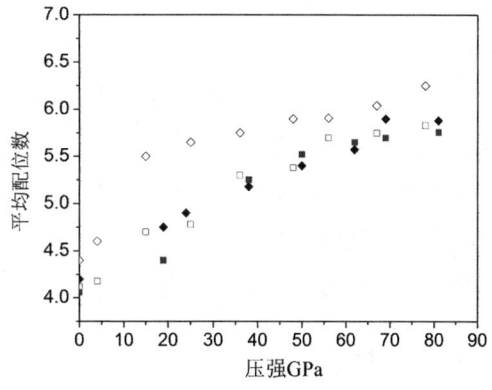

图10.16　300 K 下的玻璃态玄武岩和 2 200 K 下的熔融态玄武岩中 Si—O 和 Al—O 的配位数随压强的变化情况．正方形和菱形表示 Si—O 和 Al—O 的情况，空心和实心分别表示玻璃态和熔融态玄武岩的情况

此外，0 GPa 至 25 GPa 压强范围内观察到的熔融态和玻璃态玄武岩之间细微但独特的结构差异可延伸至至少 80 GPa。这一结果进一步表明，在使用高压下玻璃态玄武岩结构和特性推断地幔条件下相应熔融态相的结构和性质时，必须谨慎。

10.4 总结

本章通过从头算分子动力学模拟研究了玻璃态和熔融态模型玄武岩在高压下的结构变化。结果表明，在较宽的压强范围内，玻璃态玄武岩的结构变化与现有的实验数据符合得很好。Si—O 和 Al—O 配位壳层的局部畸变趋势存在显著差异，特别是对于玻璃态玄武岩结构，在 0 GPa 到 13 GPa 的压强范围内，Si—O—Si 角会大幅度减小。Si—O 平均键长的变化不明显，O—Si—O 角的平均值相对恒定。加压主要改变了 SiO_4 四面体的堆积方式和压缩了 Ca—O 和 Mg—O 键长。当压强高于 13GPa 时，Si—O—Si 角的平均值显著减小，且伴随着 Si—Si 和 Si—O 平均键长的增加。当压强超过 16.9 GPa 时，Si—O 平均键长增大，O—O 平均键长减小，SiO_4 四面体转变为配位数更大的 SiO_5 和 SiO_6 多面体。实现从 SiO_4 四面体到 SiO_6 八面体过渡的特征是 O—Si—O 角的平均值变为 86°，接近完美八面体的预期值。通过详细比较玻璃态和熔融态玄武岩的结构，可以得出这样的结论：这两种相的平均 Si—O 配位数都会随着压强的增加而增加为 5，随后随着压力的增加变成 6，取代了 SiO_4 四面体。然而，这两种相，T—O 和 O—O 平均键长随压强变化的趋势并不相同。进而导致 T—O—T 和 O—T—O 角的不同，因此，在相同的压强下，它们的局部结构似乎不同。目前的理论研究表明，玻璃态和熔融态玄武岩的大多数固有性质，如体积模量、声速、密度等大致相似，但不完全相同。这两种相的这些特性在较宽的压强范围内显示出类似的变化趋势，至少高达 80 GPa。因此，玻璃态和熔融态玄武岩非常相似，但也必须考虑显著的结构差异。在低压下，300 K 下的玻璃态玄武岩比 2 500 K 下的熔融态玄武岩玻璃密度高约 5%，但在高压下，两者的差异变小。因此，玻璃态玄武质与其熔融对应物相比是相近但不完全相同的模拟物，在使用高压下玻璃态玄武岩结构和特性推断其相应高温高压下的熔融态相的结构和特性时必须谨慎，尤其是在低压范围。

参考文献

[1] MCSWEEN H Y, TAYLOR G J, WYATT M B. Elemental composition of the Martian crust[J]. Science, 2009, 324(5928):736-739.

[2] FUNAMORI N, YAMAMOTO S, YAGI T, et al. Exploratory studies of silicate melt structure at high pressures and temperatures by in situ X-ray diffraction[J]. J. Geophys. Res.-Sol. Ea. 2004, 109(B3):B03203(1)-(8).

[3] SPERA F J, GHIORSO M S, NEVINS D. Structure, thermodynamic and transport properties of liquid $MgSiO_3$: comparison of molecular models and laboratory results[J]. Geochim. Cosmochim. Ac., 2011, 75(5): 1272-1296.

[4] STIXRUDE L, KARKI B. Structure and freezing of $MgSiO_3$ liquid in Earth's lower mantle[J]. Science, 2005, 310(5746): 297-299.

[5] STIXRUDE L, KOKER N, SUN N, et al. Thermodynamics of silicate liquids in the deep Earth[J]. Earth. Planet. Sc. Lett., 2009, 278(3-4): 226-232.

[6] SUZUKI A, OHTANI E, TERASAKI H, et al. Viscosity of silicate melts in $CaMgSi_2O_6$-$NaAlSi_2O_6$ system at high pressure[J]. Phys. Chem. Miner., 2005, 32(2): 140-145.

[7] LEROY C, SANLOUP C, BUREAU H, et al. Bonding of xenon to oxygen in magmas at depth[J]. Earth and Planetary Science Letters, 2018, 484: 103-110.

[8] COCHAIN B, SANLOUP C, LEROY C, et al. Viscosity of mafic magmas at high pressures[J]. Geophys. Res. Lett., 2017, 44(2): 818-826.

[9] SANLOUP C, COCHAIN B, GROUCHY C DE, et al. Behaviour of niobium during early Earth's differentiation: insights from its local structure and oxidation state in silicate melts at high pressure[J]. J. Phys. Condens. Matter., 2018, 30(8): 084004(1)-(6).

[10] KONO Y, KENNEY-BENSON C, HUMMER D, et al. Ultralow viscosity of carbonate melts at high pressures[J]. Nat. Commun., 2014, 5: 5091(1)-(8).

[11] WANG Y, SAKAMAKI T, SKINNER L B, et al. Atomistic insight into viscosity and density of silicate melts under pressure[J]. Nat. Commun., 2014, 5: 3241(1)-(10).

[12] AGEE C B. Crystal-liquid density inversions in terrestrial and lunar magmas[J]. Phys. Earth. Planet. Inter., 1998, 107(1-3): 63-74.

[13] OHTANI E, MAEDA M. Density of basaltic melt at high pressure and stability of the melt at the base of the lower mantle[J]. Earth. Planet. Sci. Lett., 2001, 193(1-2): 69-75.

[14] SAKAMAKI T, SUZUKI A, OHTANI E, et al. Ponded melt at the boundary between the lithosphere and asthenosphere[J]. Nat. Geosci., 2013, 6(12): 1041-1044.

[15] SANLOUP C, DREWITT J W, Z Konopkova, et al. Structural change in molten basalt at deep mantle conditions[J]. Nature, 2013, 503(7474): 104.

[16] ANGELL C A, SCAMEHORN C A, PHIFER C C, et al. Ion dynamics studies of liquid and glassy silicates, and gas-in-liquid solutions[J]. Phys. Chem. Miner., 1988, 15(3): 221-227.

[17] KUBICKI J D, LASAGA A C. Molecular dynamics simulations of SiO_2 melt and glass: Ionic and covalent models[J]. Am. Mineral., 1988, 73(9-10): 941-955.

[18] SHIMODA K, MIYAMOTO H, KIKUCHI M, et al. Structural evolutions of CaSiO₃ and CaMgSi₂O₆ metasilicate glasses by static compression[J]. Chem. Geol., 2005, 222(1-2): 83-93.

[19] STOLPER E M, AHRENS T J. On the nature of pressure-induced coordination changes in silicate melts and glasses[J]. Geophys. Res. Lett., 1987, 14(12): 1231-1233.

[20] SUSMAN S, VOLIN K J, PRICE D L, et al. Intermediate-range order in permanently densified vitreous SiO₂: a neutron-diffraction and molecular-dynamics study[J]. Phys. Rev. B, 1991, 43(1): 1194-1197.

[21] WAKABAYASHI D, FUNAMORI N. Equation of state of silicate melts with densified intermediate-range order at the pressure condition of the Earth's deep upper mantle [J]. Phys. Chem. Minerals., 2013, 40(4): 299-307.

[22] WASEDA Y, TOGURI J M. The structure of molten binary silicate systems CaO-SiO₂ and MgO-SiO₂[J]. Met. Trans., 1977, 8(3): 563-568.

[23] YIN C D, OKUNO M, MORIKAWA H, et al. Structure analysis of MgSiO₃ glass[J]. J. Non-Cryst. Solids., 1983, 55(1): 131-141.

[24] MORARDA G, HERNANDEZ J A, M Guarguaglini, et al. In situ X-ray diffraction of silicate liquids and glasses under dynamic and static compression to megabar pressures [J]. Proc. Natl. Acad. Sci., 2020, 117(22): 11981-11986.

[25] PETITGIRARD S, MALFAIT W J, SINMYO R, et al. Fate of MgSiO₃ melts at core-mantle boundary conditions[J]. Proc. Natl. Acad. Sci., 2015, 112(46): 14186-14190.

[26] PETITGIRARD S, MALFAIT W J, B Journaux, et al. SiO₂ glass density to lower-mantle pressures[J]. Phys. Rev. Lett., 2017, 119(21): 215701.(1)-(6)

[27] WILLIAMS Q, JEANLOZ R. Spectroscopic evidence for pressure-induced coordination changes in silicate glasses and melt[J]. Science, 1988, 239(4842): 902-905.

[28] OHASHI T, SAKAMAKI T, FUNAKOSHI K, et al. Pressure-induced structural changes of basaltic glass[J]. J. Miner. Petrol. Sci., 2018, 113(6): 286-292.

[29] KONO Y, SHIBAZAKI Y, KENNEY-BENSON C, et al. Pressure-induced structural change in MgSiO₃ glass at pressures near the Earth's core-mantle boundary[J]. Proc. Natl. Acad. Sci., 2018, 115(8): 1742-1747.

[30] BENMORE C J, SOIGNARD E, AMIN S A, et al. Structural and topological changes in silica glass at pressure[J]. Phys. Rev. B, 2010, 81: 054105.

[31] MEADE C, HEMLEY R J, MAO H K. High-pressure x-ray diffraction of SiO₂ glass [J]. Phys. Rev. Lett., 1992, 69(9): 1387-1390.

[32] LEE S K, LIN J F, CAI Y Q, et al, X-ray Raman scattering study of MgSiO₃ glass at

high pressure: implication for triclustered MgSiO$_3$ melt in Earth's mantle[J]. Proc. Natl. Acad. Sci. ,2008,105(23):7925-7929.

[33] BAJGAIN S,GHOSH D B,KARKI B B. Structure and density of basaltic melts at mantle conditions from first-principles simulations[J]. Nat. Commun. ,2015,6:8578(1)-(7).

[34] KARKI B B,GHOSH D B,BAJGAIN S K. Chapter 16-simulation of silicate melts under pressure[J]. Magmas Under Pressure. 2018,1:419-453.

[35] KRESSE G,FURTHMÜLLER J. Efficient iterative schemes for ab initio total energy calculations using a plane-wave basis set[J]. Phys. Rev. B,1996,54(16):11169-11186.

[36] PERDEW J P,BURKE K,ERNZERHOF M. Generalized gradient approximation made simple[J]. Phys. Rev. Lett. ,1996,77(18):3865-3868.

[37] KRESSE G,JOUBERT D. From ultrasoft pseudopotentials to the projector augmented-wave method[J]. Phys. Rev. B,1999,59(3):1758-1775.

[38] LEIMKUHLER B,NOORIZADEH E,THEIL F. A gentle stochastic thermostat for molecular dynamics[J]. J. Stat. Phys. ,2009,135(2):261-277.

[39] GHOSH D B,KARKI B B,STIXRUDE L. First-principles molecular dynamics simulations of MgSiO$_3$ glass:Structure,density,and elasticity at high pressure[J]. Am. Mineral. ,2014,99(7):1304-1314.

[40] MAJUMDAR A. Theoretical study of structural transformations and properties of selected materials at extreme conditions[D]. University of Saskatchewan, Saskatoon, Canada 2018.

[41] MAJUMDAR A,WU M,PAN Y,et al. Structural dynamics of basaltic melt at mantle conditions with implications for magma oceans and superplumes[J]. Nat. Commun. ,2020,11(1):4815(1)-(9).

[42] LI D,BANCROFT G M,FLEET M E,et al. Al K-edge XANES spectra of aluminosilicate minerals[J]. Am. Mineral. ,1995,80(5-6):432-440.

[43] TSE J S,KLUG D D. Anisotropy in the structure of pressure-induced disordered solids [J]. Phys. Rev. Lett. ,1993,70(2):174-177.

[44] SAKAMAKI T. Density of hydrous magma[J]. Chem. Geol. ,2017,475:135-139.

[45] TINKER D,LESHER C E,BAXTER G M,et al. High-pressure viscometry of polymerized silicate melts and limitations of the Eyring equation[J]. Am. Mineral. ,2004,89(11-12):1701-1708.

[46] DUFILS T,FOLLIET N,MANTISI B,et al. Properties of magmatic liquids by molecular dynamics simulation:the example of a MORB melt[J]. Chem. Geol. ,2017,461:34-46.

[47] DUFILS T, SATOR N, GUILLOT B. A comprehensive molecular dynamics simulation study of hydrous magmatic liquids[J]. Chem. Geol. ,2020,533:119300(1)-(20).

[48] BEHRENS H, SCHULZE F. Pressure dependence of melt viscosity in the system NaAlSi$_3$O$_8$-CaMgSi$_2$O$_6$[J]. Am. Mineral. ,2003,88(8-9):1351-1363.

[49] KARKI B B, BOHARA B, STIXRUDE L. First-principles study of diffusion and viscosity of anorthite (CaAl$_2$Si$_2$O$_8$) liquid at high pressure[J]. Am. Mineral. ,2011,96(5-6):744-751.

[50] BAUCHY M, GUILLOT B, MICOULAUT M, et al. Viscosity and viscosity anomalies of model silicates and magmas:a numerical investigation[J]. Chem. Geology. 2013,346:47-56.

[51] WAFF H S. Pressure-induced coordination changes in magmatic liquids[J]. Geophys. Res. Lett. ,1975,2(5):193-196.

[52] PARK S Y, LEE S K. Probing the structure of Fe-free model basaltic glasses:a view from a solid-state ^{27}Al and ^{17}O NMR study of Na-Mg silicate glasses, Na$_2$O-MgO-Al2O$_3$-SiO$_2$ glasses, and synthetic Fe-free KLB-1 basaltic glasses[J]. Geochimica et Cosmochimica Acta,2018,238:563-579.

[53] LIEBSKE C, SCHMICKLER B, TERASAKI H, et al. Viscosity of peridotite liquid up to 13 GPa:implications for magma ocean viscosities[J]. Earth and Planetary Science Letters,2005,240(3-4):589-604.

[54] SUZUKI A, OHTANI E, FUNAKOSHI K, et al. Viscosity of albite melt at high pressure and high temperature[J]. Phys. Chem. Minerals. ,2002,29(3):159-165.

第 11 章 超短脉冲激光下的类金刚石半导体特性研究

11.1 概述

激光原理早在 20 世纪初就已由著名物理学家爱因斯坦提出,但直到 20 世纪 60 年代世界首台激光器问世,才真正获得激光。激光的产生成为继计算机、原子能和半导体之后人类文明发展史上的又一重大发明。因其方向性好、亮度高、能量很大等特点,激光一经发现很快就被广泛应用于工业生产、医学和军事等领域。其高亮度的特点,使得激光在工业生产中可用于打孔、切割和焊接;其高能量的特点,使得激光在医学上可用于凝结剥离的视网膜和进行外科手术;其能量很大的特点,使得激光在军事上可制成破坏能力强的激光武器。但由于能量不好控制,也使激光的应用大大受限,直到超短脉冲激光的出现,这种情况才有了很大改变。超短脉冲激光(飞秒激光)通常指的是持续时间小于 10^{-12} s 量级,功率密度大于 10^{15} W/cm² 量级(最大功率密度可以达到 GW/cm² 或 TW/cm² 量级)的激光脉冲。与传统的纳秒激光相比,超短脉冲激光具有在极短的时间、极小的空间尺度对靶材进行加工的特点,主要优点就是可以对材料进行局部处理的同时,不对周围材料造成破坏。凝聚态物质在极端环境——长短脉冲激光场下同样会产生许多新的物理现象,提出许多新的物理问题。超短脉冲激光照射到材料表面会引起材料内部产生强电磁场等极端条件,因此,会使材料内部产生很多常温常压下没有的物理现象,研究这些物理现象可以促进我们去探究常规条件无法获得的新现象和新规律,发展新的理论。

近年来利用超短脉冲激光对材料进行精密加工越来越受到人们的关注。另外,超短脉冲激光在对透明材料的加工与改性以及超硬、易碎、易爆、高熔点材料的加工方面也都具有明显的优势。随着工业上对材料加工尺寸和处理精度需求的不断提高,超短脉冲激光加工技术被作为一种有效的精密制备技术提出,并成为激光与物质相互作用领域内最需深入研究的课题之一。目前,超短脉冲激光被广泛应用于医学、材料处理和沉积镀膜等领域[1-9];另外,超短脉冲激光与以往激光相比具有更大的频率和更强的输出强度,这使得它在今后激光武器的改进方面具有十分重大的战略意义。鉴于超短脉冲激光在各领域的重要应用,研究超短脉冲激光与物质相互作用的过程及损伤机理对于进一步理解和应用超短脉冲激光具有极其重要的意义。

纳秒激光和飞秒激光对同一种材料表面处理的结果如图11.1所示。

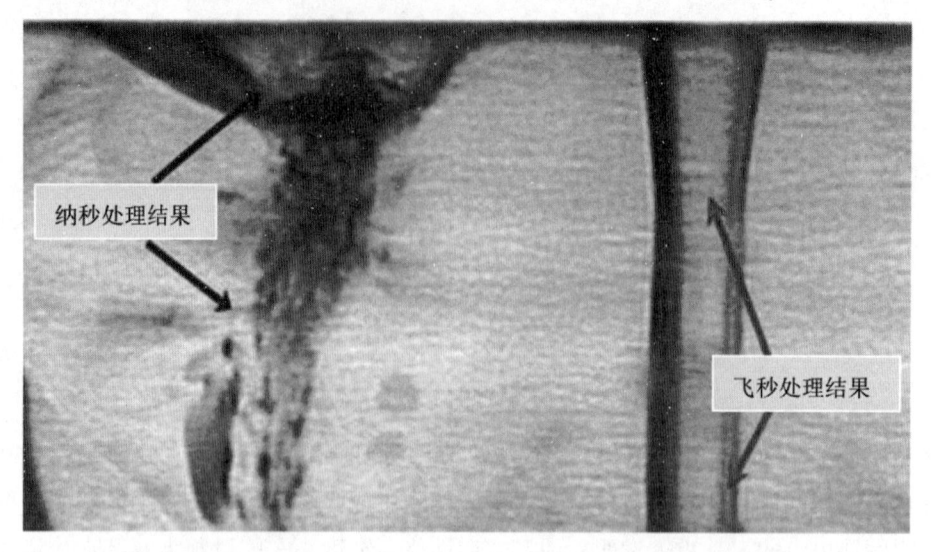

图11.1　纳秒激光和飞秒激光对同一种材料表面处理的结果[6]

目前，已经探明的激光诱导损伤机制主要有三类情况：第一类是热损伤机制，是材料对照射激光能量吸收的结果，这一机制适用于长脉冲激光和高脉冲重复频率脉冲序列激光，是最常见的一种激光诱导损伤机制；第二类是电介质过程，是激光引起的足够强的电场强度导致的电子从晶格剥离的过程，这一机制则适用于较短脉冲中发生的雪崩电离和低热吸收情况；第三类是多光子电离过程，是激光高强度地将能量传递给靶材的过程中靶材中的电子被剥离并被瞬间激发到高能级的过程，这一机制适用于飞秒激光这样的超短脉冲激光照射靶材的情况。当然，具体的激光损伤情况可能不仅仅是这三种机制中的某一种机制，而是两种或两种以上机制共同作用的结果。本研究的重点是超短脉冲激光与物质相互作用的过程，其中既有电介质过程也有多光子电离过程，后面还会详细的介绍。另外，本研究最主要的困难还在于如何理解材料在极端非平衡状态下的变化过程。超短脉冲激光照射引发的强电子激发情况在材料晶格被加热之前会持续一段时间，这使得电子和晶格子体系之间失去平衡，随后，在高压过热等极端条件下材料中出现熔化和暴沸等现象，这些非平衡过程都是今后研究的难点和重点。

大量的研究结果[10-16]表明飞秒激光与传统纳秒激光的损伤机制有很大不同，大致可以分成三个阶段，如图11.2所示。

第一阶段：飞秒脉冲激光通过光子-电子相互作用（图11.3）将能量传递给靶材中的电子，使得束缚电子的能量升高，一旦超过某一特定值（离化势）后，束缚电子就被电离成自由电子。而高能自由电子的形成主要有两个途径。一是雪崩电离：靶材中的初始自由电子吸收光子能量使得动能增大，这样具有足够大动能的自由电子就会通过电子-电子碰撞将能量传递给束缚电子，使得束缚电子电离。二是多光子电离：就是束缚电子同时吸收几个光子能量从而被电离成为自由电子。当激光强度小于 10^{12} W/cm² 时，雪崩电离作用占主要地位，当激光强度大于 10^{13} W/cm² 时，多光子电离占主要地位。通过这两种电离机制在飞秒激光照射下形成大量自由电子（或者称为载流子），这些电子具有较高的能量和温度，通过电子-电子碰撞达到一个平衡电子温度 T_e，这个温度不同于晶格温度 T_l，它远远大于晶格温度 T_l，这就是热电子冷晶格现象。整个第一个阶段在几十个飞秒时间段内就完成了，这么短的时间内电子还来不及将温度传递给晶格，因此，可以认为这个过程晶格的温度和平衡位置都是没有发生变化的。

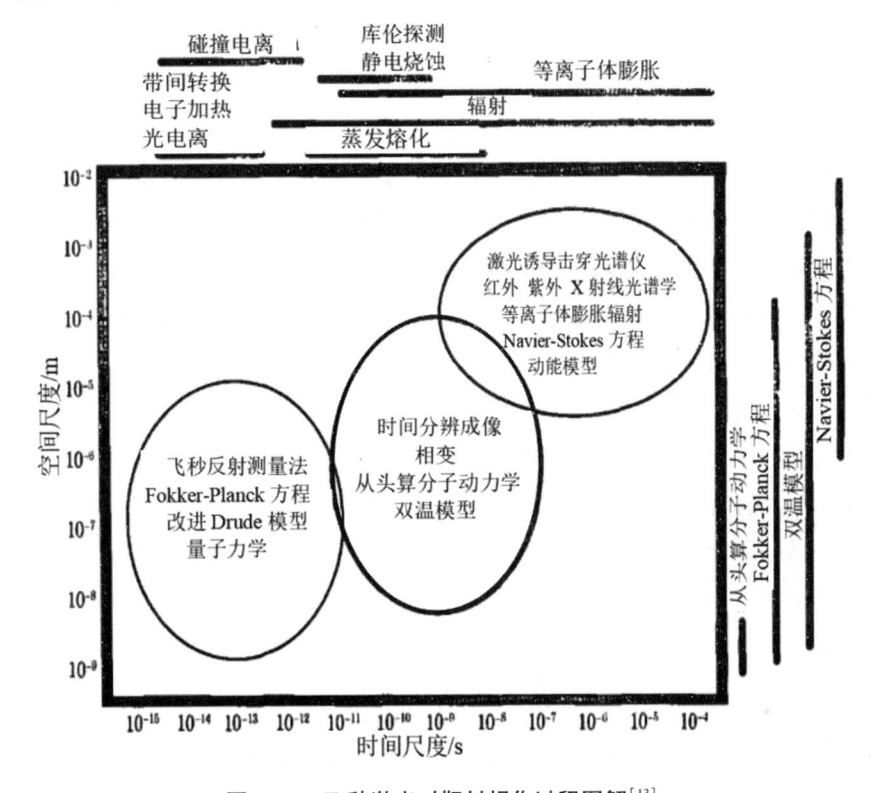

图 11.2　飞秒激光对靶材损伤过程图解[13]

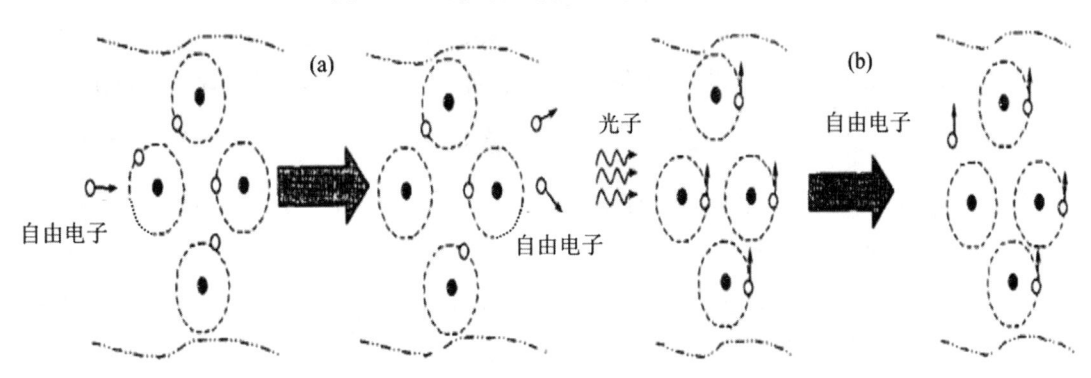

图 11.3　光子-电子相互作用过程示意图

(a) 雪崩电离示意图；(b) 多光子电离示意图[13]

第二阶段：电子与晶格相互作用阶段。由于第一阶段电子子体系达到一个极高的温度 T_e，而晶格的温度 T_l 几乎保持不变。因此，可以将靶材看作电子体系和晶格体系两个子体系的整体，靶材能量的交换就可以通过双温模型描述。电子和晶格两个子体系有不同的温度，它们之间的能量交换是通过电子-声子耦合实现的。电子与晶格相互作用会导致靶材内产生一个不同于传统激光损伤的非热熔化相变。对于强超短脉冲激光，靶材内还会出现激光诱导等离子体。激光与物质相互作用的过程通常分为热熔化过程和非热熔化过程。热熔化过程和非热熔化过程是两种完全不同的物理过程，它们的时间分界线（也可称为临界时间）在皮秒时间量级，这一临界时间通常主要取决于电子对晶格离子的碰撞弛豫时间。对不同的物质电子-离子的碰撞弛豫时间也不同，可以通过电子-声子耦合系数来计算。对于金属物质这一碰撞弛豫时间大概是几个皮秒，因此，如果用比这一碰撞弛豫时间长的长脉冲激光照射物质，物质中的电子和晶格离子有足够的时间碰撞而达到平衡状态，达到相同的温度导致晶格被加热，那么这个过程就是热过程。如果用比这一碰撞弛豫时间短的超短脉冲激光照射物质，那么激光先把能量传递给物质中的电子使得电子温度大大提高，而电子和晶格离子没有足够的时间碰撞而达到平衡状态，因此，电子温度远远高于晶格离子温度，这个物质体系处于非平衡态，激光脉冲结束后晶格离子才开始被电子体系加热，这个过程就是非热过程。

为了研究非热熔化机理，很早就有人研究了靶材料的飞秒激光损伤过程中的电子-声子耦合作用[17]。激光损伤的数值动力学模拟，通常采用双温模型[18]，可以将晶格和电子看成两个独立的子体系：

$$C_e(T_e)\frac{\partial T_e}{\partial t} = \nabla(K_e \nabla T_e) - g(T_e - T_l) + S(z,t) \tag{11.1}$$

$$C_l \frac{\partial T_l}{\partial t} = \nabla(K_l \nabla T_l) + g(T_e - T_l) \tag{11.2}$$

其中，C 和 K 分别代表热容量和热传导系数，下标分别表示晶格和电子体系的情况；$S(z,t)$ 指的是吸收的能量；g 是电子-声子耦合系数。

对于纳秒损伤，由于电子和晶格有足够的能量交换时间使二者达到热平衡，因此 $T_e = T_l$，那么方程（11.1）和（11.2）中的电子-声子耦合项消失。热扩散方程可以简化成

$$C\frac{\partial T}{\partial t} - K\nabla^2 T = S(z,t) \tag{11.3}$$

对于超短脉冲激光（飞秒激光）损伤，$g(T_e-T_l)$ 项大于 0。损伤的区域和快慢取决于电子-声子耦合强度的大小。比如：过渡金属 Ni 的电子-声子耦合常数远大于贵金属 Au 的，因此能量在 Ni 中的传播速度就远远快于 Au。用相同能量密度的激光脉冲辐照这两种金属，金属 Au 达到熔点所需要的时间是 Ni 的 10 倍。

Chen 等研究人员[19]就利用双温模型研究了飞秒激光照射下双层金属薄膜 Au-Au、Au-Ag、Au-Cu 以及 Au-Ni 的能量传递情况和损伤过程。Au、Ag、Cu 和 Ni 的电子-声子

耦合系数分别为 0.21、0.31、1.0 和 3.6，得到的晶格温度分布情况如图 11.4 所示。

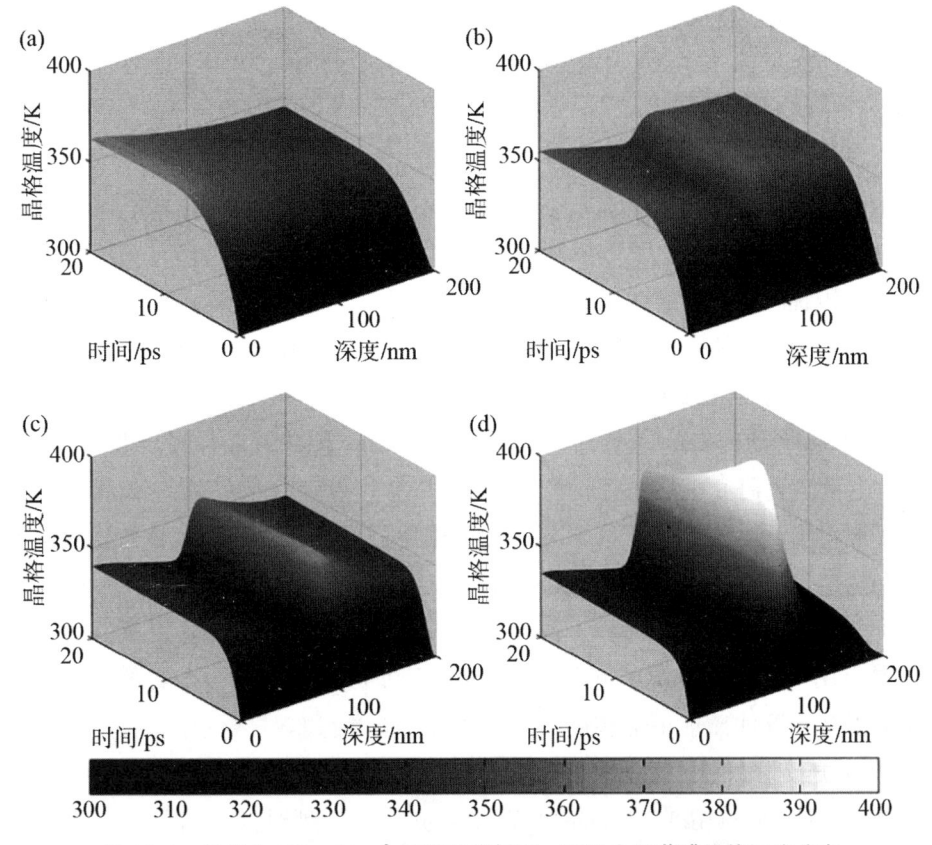

图 11.4　强度为 100 mJ/cm^2 的激光照射下，双层金属薄膜晶格温度分布

(a) 双层 Au 膜；(b) Au-Ag 双层金属薄膜；(c) Au-Cu 双层金属薄膜；(d) Au-Ni 双层金属薄膜[19]

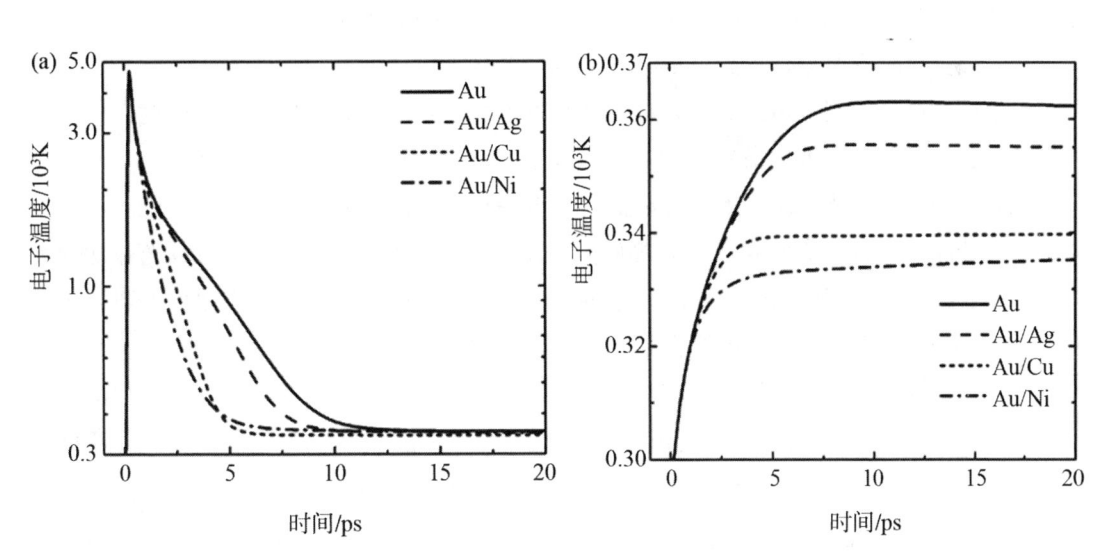

图 11.5　强度为 100 mJ/cm^2 的激光照射下，各种双层金属薄膜电子子体系温度

(a) 和晶格子体系温度 (b) 随时间的函数关系[19]

因此，对于超短脉冲激光与物质相互作用过程的数值模拟，计算电子-声子耦合系数 g 或者材料的介电函数就显得很重要。

第三阶段：激光诱导等离子体扩散，并与靶材和真空相互作用。这一阶段时间较长，在纳秒到微秒量级完成。

简而言之，超短脉冲激光照射到半导体表面，首先把能量传递给半导体中的电子体系，使得电子体系在 10~100 fs 时间内达到约 10^4 K 的高温。如此高的电子温度会使原子间的化学键发生改变，并且电子体系通过电子-声子相互作用可以将能量传递给晶格，导致一个不同于传统激光损伤的亚皮秒量级非热熔化相变发生。随后，非热熔化过程结束，固态的靶材转化为热液体，损伤区能量扩散，并与靶材和真空相互作用，这些过程就和传统热熔化一样了，这一阶段在皮秒量级完成。

自从 Vechten 等研究人员[20]通过研究脉冲激光照射下的 Si 晶体提出非热熔化机理以后，很多实验和理论研究也都先后证实了半导体中非热效应的存在。Shank 等人[21]成功地解释了激光照射下晶体 Si 与一个短激光脉冲的作用过程，并讨论了飞秒激光激发下 Si 晶体的非热和热熔化相变过程。Gambirasio 等研究人员[22]则采用紧束缚分子动力学方法模拟了 Si 晶体的激光诱导非热熔化过程，得到了与从头算模拟和实验方法一致的结果。He 等研究人员[23]研究了飞秒激光辐照下陶瓷材料 ZrC 的非热熔化现象。Uteza 等人[24]的研究表明皮秒量级强激光脉冲照射下晶体 Ga 中会出现一个瞬态非热熔化相。Shumay 等研究人员[25]通过测量光反射率和二次谐振信号作为探测脉冲延迟的函数关系，研究了飞秒激光照射下 InSb 晶体表面的相变。Tinten 等研究人员采用飞秒时间分辨线性和非线性光谱仪[26]研究了 Si 和 GaAs 晶体在超快激光诱导下出现的有序-无序转变过程。Saeta 等人[27]就观察到了强飞秒激光照射下闪锌矿结构（类金刚石结构）的 GaAs 晶体中出现的一个瞬态电子相转变，并证明了由于强电子激发而引起的晶格扭曲现象，发现由于电子激发效应的存在，原子即使在晶格温度很低的情况下也会变得无序。

超短脉冲激光引起的电子激发效应使得晶格不稳定是非热熔化的起源，因此，引起了物理和材料领域相关研究人员的广泛兴趣。早在 1979 年 Vechten 等人[20]就提出：对于具有金刚石结构或类金刚石结构的半导体而言，即使在晶格温度很低的情况下，电子激发效应也会导致晶体结构不稳定化。Tom 等研究人员[28]的实验表明在足够强的激光脉冲照射下，金刚石结构的 Si 会在 100 fs 内发生扭曲。Stampfli 等人[29]则通过紧束缚模型研究了稠密电子-空穴等离子体效应下金刚石结构半导体 Si、Ge 和 C 晶体结构稳定性的变化情况，结果表明当晶体内有 9%的价电子被激发到导带，那么晶体的稳定性就破坏了。Silvestrelli 等研究人员[30-31]基于有限温度密度泛函理论采用从头算分子动力学方法模拟了 Si 晶体的激光照射过程中的退稳定化过程。Recoules 等研究人员[32]通过分析声子色散曲线随电子温度的变化关系，研究了强激光照射效应对常见半导体和金属稳定性的影响。Zijlstra 等人[33]基于从头算计算研究了激光诱导下 InSb 晶体的超快非热熔化的第一阶段。

前人的研究[29,34]表明金刚石结构的晶体内如果有9%的价电子被激发到导带，那么晶体的稳定性就破坏了。本研究采用从头算赝势结合密度泛函理论研究了金刚石结构半导体Ge 和 C 晶体以及闪锌矿结构半导体 GaAs 和 InSb 晶体在不同电子温度条件（对应不同激光功率密度）下的声子色散曲线情况，从而进一步讨论了电子激发效应对这些半导体材料晶格稳定性的影响。

11.2　理论研究方法和细节

11.2.1　LO-TO 分裂

对于离子晶体，电偶极矩引起的长波纵光学（longitudinal optical，LO）模式的电荷偏移产生一个诱导电场，诱导电场使得 LO 模式在 $q=0$ 处的声子频率值增大，从而导致声子谱的横光学（transverse optical，TO）支和纵光学支在布里渊区中心处的简并消失，在高对称点 G 处形成 LO-TO 分裂。因此，LO-TO 分裂是评价离子晶体电离度的重要参数。

对于具有闪锌矿结构的 III-V 半导体，TO 和 LO 声子频率（ω_{TO} 和 ω_{LO}）之间的联系可以用 Lydane-Sachs-Teller（LST）关系[35]来表示：

$$\frac{\omega_{LO}^2}{\omega_{TO}^2} = \frac{\varepsilon_0}{\varepsilon_\infty} \tag{11.4}$$

其中，ε_0 和 ε_∞ 分别表示静态和高频介电常数。

11.2.2　计算细节

常见的计算声子谱的方法主要有两种：冻声子法[36]（也叫直接法或者超胞法）和线性响应法[37-38]。第一种方法是通过对超胞中原子的位置施加一个微扰，从微扰前后超胞体系原子受力和总能变化的超胞计算中提取声子特性信息的方法。这种方法的缺陷就是只能计算高对称点和沿高对称点方向的声子频率，而且由于是超胞计算，因此计算量较大。而线性响应方法则避免了耗时的超胞计算，这种方法基于密度泛函微扰理论（DFPT），从总能量相对于原子位置偏移的二次导数中提取声子特性信息，可以计算任意波矢的声子频率。

本章所有的声子计算都是在 ABINIT 程序包[39]中采用线性响应法实现的。在密度泛函理论框架下，采用模守恒赝势[40]来描述离子实和价电子之间的相互作用。电子之间的交换关联函数使用的是局域密度近似（LDA）[41]。采用 25 hartree（1 hartree = 2 625.5 kJ/mol）的平面波截断能和 6×6×6 的 K 点网格以保证在不同电子温度下精确地计算体系的总能量和电子自由能。计算中对于金刚石结构的 C 和 Ge 晶体，原子的价电子组态分别为 C：

$2s^22p^2$ 和 Ge：$4s^24p^23d^{10}$。对于闪锌矿结构的 GaAs 和 InSb 晶体，各种元素的原子组态情况为 Ga：$4s^24p^1$，As：$4s^24p^3$，In：$5s^25p^1$，Sb：$5s^25p^3$。计算得到的 C 和 Ge 晶格的平衡晶格参数分别为 0.354 6 nm（a_{exp} = 0.356 7 nm）和 0.558 2 nm（a_{exp} = 0.565 7 nm），GaAs 和 InSb 晶格的平衡晶格参数分别为 0.544 9 nm（a_{exp} = 0.565 3 nm）和 0.644 6 nm（a_{exp} = 0.647 9 nm）。本章计算了不同电子温度下金刚石结构 C 和 Ge 晶体及闪锌矿结构 GaAs 和 InSb 晶体的声子色散关系曲线，计算体系的电子温度通过电子分布控制。

11.3 结果和讨论

11.3.1 电子激发条件下金刚石结构 C 和 Ge 力学特性研究

强激光照射下，半导体中的电子在很短的时间内被加热到一个很高的温度。价电子被激发到导带，部分地破坏了原子间的引力键。但是激发电子对原子间的排斥作用几乎没有影响。当电子温度 k_BT_e = 0 eV（因为电子温度可达到很高的值，用温度的国际单位 K 表示起来很不方便，在高能物理领域通常用电子能量来表示电子温度，用电子能量 k_BT_e 的单位 eV 来表示电子温度的单位，它与 K 之间的换算关系是 1 eV = 11 606 K。下文说的电子温度都指的是对应的电子能量的值）时，原子间的相互引力和斥力达到平衡，此时的平衡晶格常数为 $a=a_0$。然而在电子激发条件下，激发电子会削弱原子间的引力作用。导致原子间原有的平衡被打破，表现出相互排斥的现象，晶格膨胀，因此晶格参数也增大为一个新的值 $a(T_e) > a_0$。如图 11.6 所示，给出了金刚石结构的 C 和 Ge 晶体的晶格参数随电子温度的变化曲线。

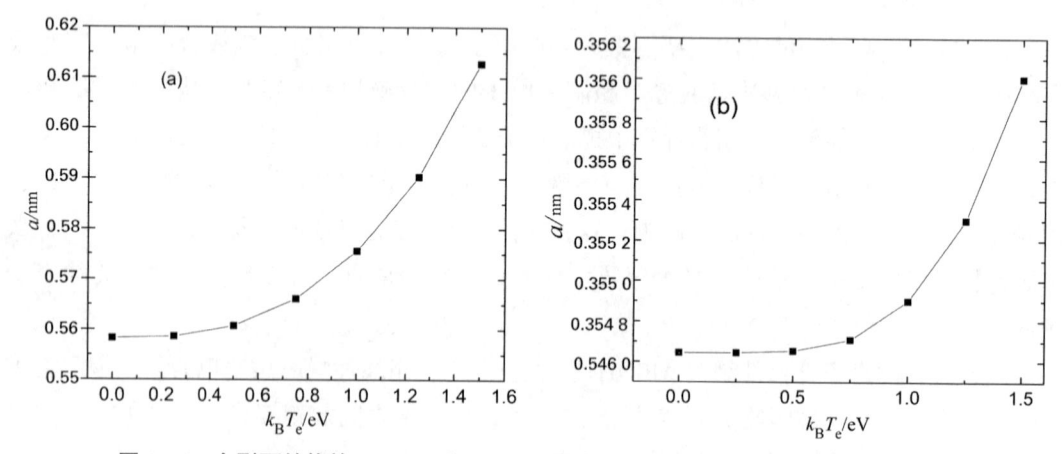

图 11.6　金刚石结构的 Ge（a）和 C（b）晶体的晶格参数随电子温度的变化曲线

从图 11.6 可见，C 和 Ge 晶体的晶格参数随电子温度的升高而增大。这说明随着电子温度的升高，激发的价电子增多，对原子间引力作用的削弱增强，表现出来的原子间相互排斥作用增大，因此平衡晶格参数增大。这一结果和 Shokeen 等研究人员[42-44]对超短脉冲激光照射下晶体 Si 的理论和实验研究类似。

11.3.2 电子激发效应下晶体 C 和 Ge 晶格动力学特性研究

为了研究电子激发效应对金刚石结构的 C 和 Ge 晶格稳定性的影响，本章研究了不考虑电子激发和考虑电子激发效应的声子色散曲线。表 11.1 中列出了本研究得到的 Ge 和 C 晶体在电子温度 $k_BT_e=0$ eV 时的声子频率情况，并与文献中查得的实验值和理论值做了比较。其中，LA（longitudinal acoustic）表示纵声学支，TA（transverse acoustic）表示横声学支。

表 11.1　Ge 和 C 晶体在各高对称点的声子波数值

（单位：cm^{-1}）

高对称点	声子模式	Ge	C
G	LO	297.8（301.0±0.7[a]）	1 367.3（1332[b]）
L	TO	282.8（285.3±1.0[a]）	1 278.1
	LO	236.8（242.6±0.70[a]）	1 272.0
	LA	222.3（221.2±1.3[a]）	1 107.5
	TA	60.9（62.4±0.7[a]）	554.7
X	TO	266.1（272.6±1.0[a]）	1 237.9
	LO	237.5（238.2±0.7[a]）	1 147.1
	LA	237.5（238.2±0.7[a]）	1 147.1
	TA	77.5（79.4±0.7[a]）	782.5

注："a" 表示参考了文献 [45]；"b" 表示参考了文献 [46]。

从表 11.1 中可以看出本研究得到的晶体 Ge 在第一布里渊区高对称点 G、X 和 L 处的声子频率值与参考文献 [26] 中给出的理论值符合得很好。对于 C 晶体而言，在高对称点 G 处的 LO 声子波数的计算值为 1 367.3 cm^{-1}，比文献 [46] 中的实验值 1 332 cm^{-1} 略大。

图 11.7 给出了两种不同电子温度下 Ge 晶格的声子色散曲线。与不考虑电子激发效应的情况相比，电子温度 $k_BT_e=1.5$ eV 情况下声子谱曲线中的两个 TA 支声子波数全都变成负值，这说明电子热激发使得声学支软化产生虚频，晶格变得不稳定。

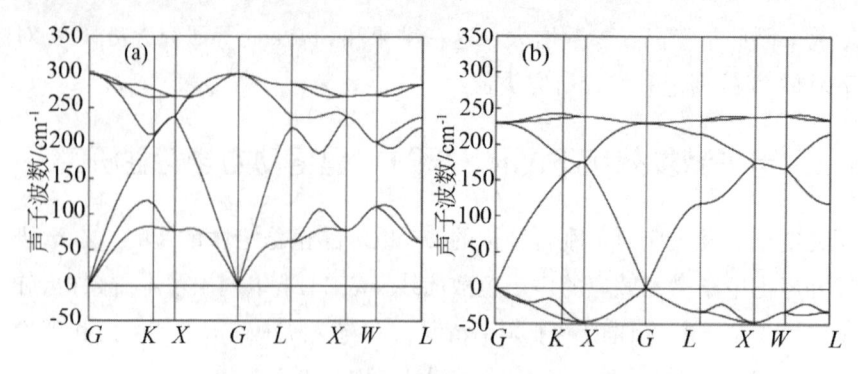

图 11.7　不同电子温度下 Ge 晶格的声子谱线

(a) $k_BT_e = 0$ eV；(b) $k_BT_e = 1.5$ eV

图 11.8 中给出了高对称点 L 处的 TA 支声子波数随电子温度的变化关系。由图可知：随着电子温度的增大 L 处 TA 支的声子波数减小，当电子温度增大到 1.25 eV 后，声子波数出现虚频，整个 TA 支逐渐变得不稳定，即 Ge 晶格 TA 支出现不稳定的临界电子温度为 1.25 eV。

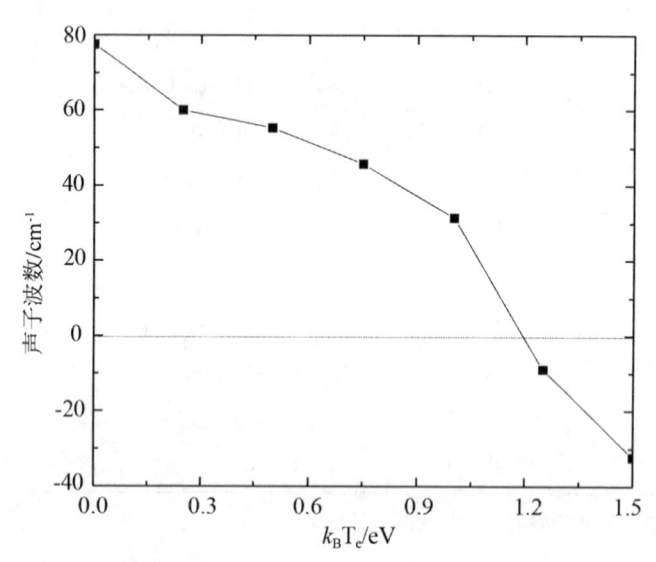

图 11.8　金刚石结构 Ge 晶体在 L 点处的 TA 模式声子波数随电子温度的变化关系

采用同样的方法，研究 C 晶格在强电子激发效应下声子谱的变化情况，C 晶格在 $k_BT_e = 0$ eV 和 5.5 eV 下的声子色散曲线如图 11.9 所示。另外，图 11.10 给出了 C 晶体在高对称点 L 处 TA 支的声子波数随电子温度的变化情况。从图 11.10 可以看出 C 晶格在高对称点 L 处 TA 支声子波数出现虚频（即 C 晶格 TA 支不稳定化）的临界电子温度为 $k_BT_e = 4.5$ eV 左右。

图 11.9　不同电子温度下 C 晶格的声子谱线

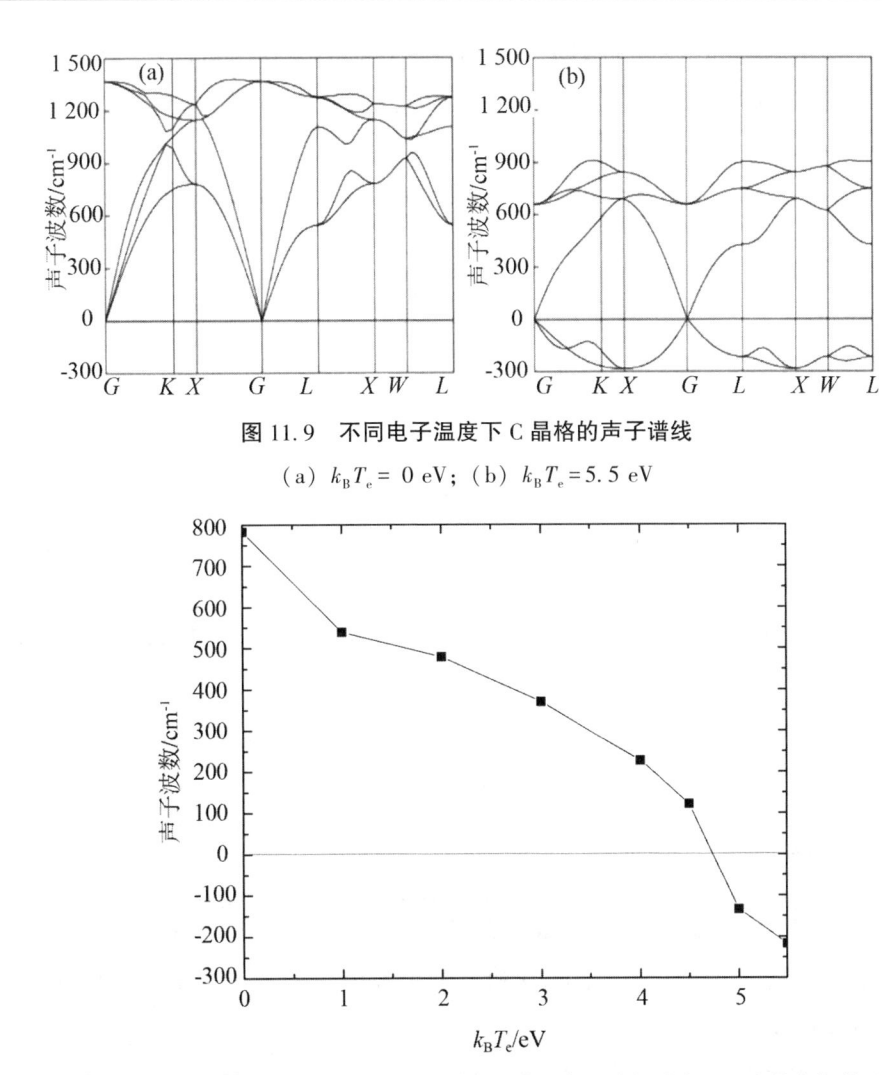

（a）$k_B T_e = 0$ eV；（b）$k_B T_e = 5.5$ eV

图 11.10　金刚石结构 C 晶体在 L 点处的 TA 模式声子波数随电子温度的变化关系

声子谱中 TA 支全部变成负值是热电子激发引起晶格不稳定的明显标志。我们的研究表明金刚石结构的 Ge 晶格和 C 晶格 TA 支全部变成负值的临界电子温度分别为 1.5 eV 和 5.5 eV。Recoules 等人[32]的研究表明 Si 晶格的这一临界温度是 2.15 eV，正好介于 Ge 和 C 晶格之间。

本研究得到的金刚石结构 Ge 和 C 晶格在强电子激发效应下声子谱和稳定性变化的结果与 Recoules 等人[32]对 Si 在电子激发下的研究结果类似，同时也证实了 Stampfli 等人[29]的"C 和 Ge 在电子激发下会不稳定化"的预言。

11.3.3　电子激发下闪锌矿结构 GaAs 和 InSb 晶格动力学特性研究

本研究用同样的方法探索了电子激发效应下闪锌矿结构的 GaAs 和 InSb 晶体。计算得到了 GaAs 和 InSb 在特定高对称点（G、X 和 L 点）处的声子波数值，并在表 11.2 中给出。将表11.2中本工作的结果和文献［28-30］中的结果比较，可以看到本章的理论结果与文献中的结果很接近，只是得到GaAs的声子波数在高度对称的G点偏大而InSb的声子波数在高度对称的G点偏小。

表11.2 GaAs和InSb晶体在各高对称点的声子波数值

单位：cm^{-1}

高对称点	声子模式	GaAs	InSb
G	TO	284.1（271.3[a]）	180.1（185±2[b]，182.4[c]）
	LO	302.8（293.3[a]）	188.5（197±8[b]，190.5[c]）
L	TO	274.0（263.6[a]）	177.6（177.1±2.0[b]，182[c]）
	LO	246.8（241.9[a]）	159.2（160.8±3.3[b]，164.1[c]）
	LA	213.9（206.9[a]）	130.1（127.1±2.0[b]，124.3[c]）
	TA	59.1（63.4[a]）	32.7（32.7±1.7[b]，27.4[c]）
X	TO	263.1	174.3（179.5±5.7[b]，179.8[c]）
	LO	249.3	151.9（158.4±6.7[b]，153.4[c]）
	LA	228.1	145.3（143.4±3.3[b]，146.9[c]）
	TA	75.7	39.0（37.4±1.7[b]，26.6[c]）

注："a"表示参考了文献［47］；"b"表示参考了文献［48］；"c"表示参考了文献［49］。

对于这两种晶体在不考虑电子激发和高电子温度下的声子色散关系曲线分别在图11.11和图11.12中给出。

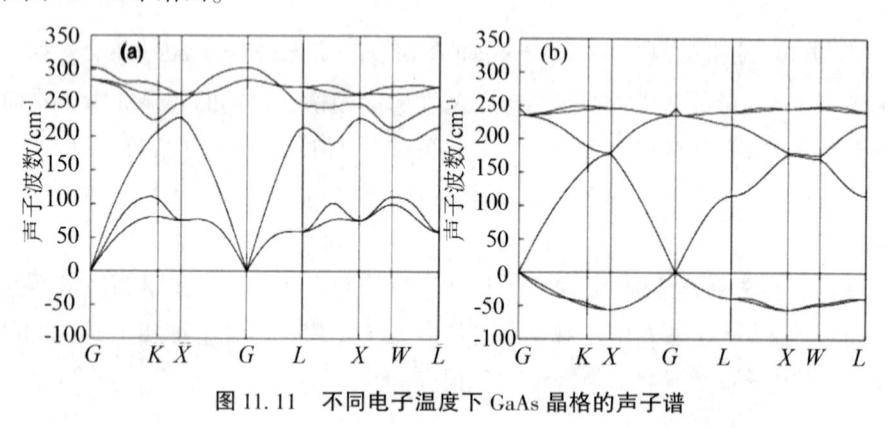

图11.11 不同电子温度下GaAs晶格的声子谱

（a）$k_B T_e = 0$ eV；（b）$k_B T_e = 1.75$ eV

研究结果表明对于晶体GaAs和InSb的声子谱的声学支完全虚化的临界电子温度大约分别为1.75 eV和1.25 eV。Zijlstra等人[33]的研究指出当电子温度$k_B T_e = 1.09$ eV时，InSb

晶体中大约有 7% 的价电子被激发，当电子温度 k_BT_e 提升到 1.38 eV（16 000 K）时，则大约有 10% 的价电子被激发。对于金刚石结构的晶体而言，如果有大约 9% 的价电子被激发到导带，晶体就变得不稳定了。而上面我们得到的 InSb 晶体不稳定化的温度为 1.25 eV，这一值正好介于 1.09 eV 和 1.38 eV 之间。由此可见，本书的研究结果比参考文献 [30] 中的结果（0.75 eV）更合理。

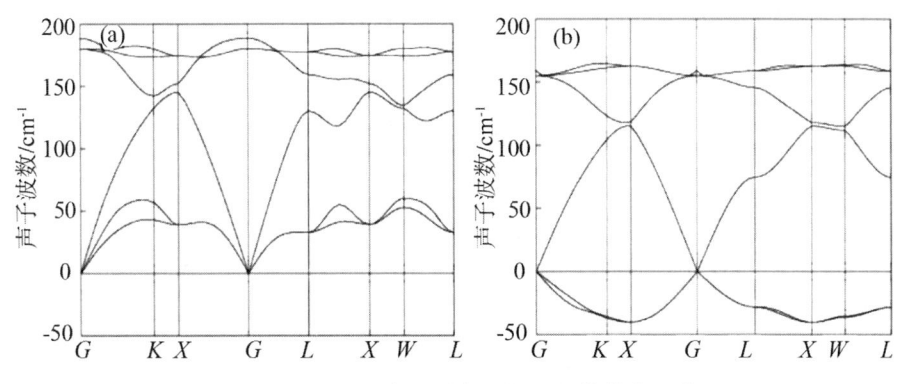

图 11.12　不同电子温度下 InSb 晶格的声子谱

(a) $k_BT_e = 0$ eV；(b) $k_BT_e = 1.25$ eV

另外，对于离子晶体的 InSb 和 GaAs，声子的光学模式在 G 点存在 LO-TO 分裂。本研究计算的不同电子温度下 GaAs 和 InSb 晶体的 LO-TO 分裂在表 11.3 中给出。

表 11.3　晶体 GaAs 和 InSb 在高度对称 G 点处的 LO 和 TO 声子波数值

单位：cm^{-1}

k_BT_e/eV	TO	LO	LO-TO 分裂
0	284.1/180.1	302.8/188.5	18.7/8.4
0.25	281.0/176.3	298.2/184.4	17.2/8.1
0.5	271.9/170.3	285.9/177.4	14.0/7.1
0.75	262.2/163.7	274.4/169.9	12.2/6.2
1.0	253.3/158.3	264.8/163.7	11.5/5.4
1.25	246.0/154.4	257.0/159.0	11.0/4.6
1.5	240.2/152.2	250.9/156.1	10.7/3.9
1.75	235.9/151.5	246.2/154.7	10.3/3.2
2.0	232.7/152.4	242.7/155.1	10.0/2.7

注：GaAs 和 InSb 的结果用"/"符号隔开。

Wang 等人的研究[49]中指出：当 $k_BT_e>0$ eV 时 InSb 晶体的 LO-TO 分裂消失，并将此归因于电子温度大于 0 eV 时晶体的金属特性增强。对于金刚石结构半导体 C、Si 和 Ge，在高度对称点 G 处都没有 LO-TO 分裂。众所周知，实际上，LO-TO 分裂，作为评价离子晶体离子性强弱变化的参数，是由离子晶体中的电偶极矩引起的感生电场导致的而不是金属特性所致。Zijlstra 等人[33]在研究过程中也发现 InSb 晶体中，当 $k_B T_e>0$ eV 时 LO-TO 分裂仍然存在，但是没有找到 LO-TO 分裂随电子温度变化的规律。在本研究中，找到了 LO-TO 分裂随电子温度的增大而减小的规律。根据引起 LO-TO 分裂原因可知：这一结果表明电子激发削弱了离子晶体的离子性强度，进而削弱了感生电场的场强，使得由感生电场引起的 LO-TO 分裂减小。

11.4 总结

本章研究了不同电子温度下金刚石结构晶体 C 和 Ge 的晶格参数计算结果表明，随着电子温度的升高，C 和 Ge 晶体的晶格参数增大，这些结果和 Si 的理论和实验研究结果很类似。

采用线性响应方法研究了不同电子温度下金刚石结构的 Ge、C 和离子晶体 GaAs、InSb 的声子色散曲线。结果表明这些晶体在足够大的电子温度下都会出现 TA 支软化现象，这说明在电子激发下它们的晶格会逐渐变得不稳定。对于 Ge 晶格和 C 晶格，声子色散曲线的 TA 支声子波数全部变成负值的临界电子温度分别为 1.5 eV 和 5.5 eV。前人的研究结果表明 Si 晶体的这一临界电子温度为 2.15 eV。而晶体 GaAs 和 InSb 的 TA 支声子波数全部变成负值的临界电子温度分别为 1.75 eV 和 1.25 eV。这一结果和 Zijlstra 等人的研究结果符合得很好。

离子晶体 GaAs 和 InSb 的声子色散曲线在高对称点 G 处存在 LO-TO 分裂。在电子激发条件下，本研究发现 LO-TO 分裂随电子温度的增大而减小，此研究结果表明电子激发削弱了离子晶体的离子性强度，进而削弱了感生电场的场强。

参考文献

[1] SANZ M,WALCZAK M,OUJJA M,et al. Femtosecond laser deposition of TiO_2 by laser induced forward transfer[J]. Thin. Solid. Films. ,2010,518(19):5525-5529.

[2] CRAWFORD T H,YAMANAKA J,BOTTON G A,et al. High-resolution observations of an amorphous layer and subsurface damage formed by femtosecond laser irradiation of silicon[J]. J. Appl. Phys. ,2008,103(5):053104(1)-(7).

[3] 张山彪,王文军,毕军,等. 超短激光脉冲技术及其研究进展[J]. 激光杂志,2003,24(4):11-13.

[4] FOGARASSY E,FUCHS C,KERHERVE F,et al. Laser induced forward transfer of high-T_c YBaCuO and BiSrCaCuO superconducting thin films[J]. J. Appl. Phys. ,1989,66

(1):457-459.

[5] HANKIN S M, VILLENEUVE D M, CORKUM P B, et al. Nonlinear Ionization of organic molecules in high intensity laser fields[J]. Phys. Rev. Lett. ,2000,84(22):5082-5085.

[6] 侯洵. 超短脉冲激光及其应用[J]. 空军工程大学学报(自然科学版),2000,1(1):1-3.

[7] PALANIYAPPAN S, MITCHELL R, SAUER R, et al. Ionization of methane in strong and ultrastrong relativistic fields[J]. Phys. Rev. Lett. , 2008,100(18):183001(1)-(4).

[8] 白光. 飞秒激光的应用[J]. 激光与光电子学进展,2002,39(3):41-44.

[9] OSTENDORF A. Precise structuring using femtosecond lasers[J]. The Review of Laser Engeering,2002,30(5):221-225.

[10] RODE V, LUTHER-DAVIES B, GAMALY E G. Ultrafast ablation with high-pulse-rate laser PartⅠ:theoretical considerations[J]. J. Appl. Phys. ,1999,85(8):4213-4221.

[11] STUART B C, FEIT M D, RUBENCHIK A M, et al. Laser-induced damage in dielectrics with nanosecond to subpicosecond pluse[J]. Phys. Rev. Lett. , 1995,74(12):2248-2251.

[12] GAMALY E G, RODE A V, LUTHER-DAVIES B, et al. Alation of solids by femtosecond lasers:ablation mechanism and ablation thresholds for metals and dielectrics[J]. Phys. Plasmas. 2002,9(3):949-957.

[13] 姜澜,李丽珊,王素梅. 飞秒激光与宽禁带物质相互作用过程中光子-电子-声子之间的微能量传导Ⅰ:光子吸收过程[J]. 中国激光,2009,36(4):779-789.

[14] 何飞,程亚. 飞秒激光加工:激光精密加工领域的新前沿[J]. 中国激光,2007,34(5):595-622.

[15] GATTASS R R, MAZUR E. Femtosecond laser micromaching in transparent materials [J]. Nat. Photonics. ,2008,2(4):219-225.

[16] KRUGER J, KAUTEK W. Ultrashort pulse laser interaction with dielectrics and polymers[J]. Adv. Palym. Sci. ,2004,168:247-289.

[17] WELLERSHOFF S S, HOHLFELD J, GÜDDE J, et al. The role of electron-phonon coupling in femtosecond laser damage of metals [J]. Appl. Phys. A, 1999, 69 (7):S99-S107.

[18] ANISIMOV S I, KAPELIOVICH B L, PEREL'MAN T L. Electron emission from metal surfaces exposed to ultrashort laser pulses [J]. Sov. Phys. JETP, 1974, 39 (2):375-377.

[19] CHEN A M, XU H F, JIANG Y F, et al. Modeling of femtosecond laser damage threshold on the two-layer metal flms[J]. Appl. Surf. Sci. , 2010,257(5):1678-1683.

[20] VAN VECHTEN JA , TSU R, SARIS F W. Nonthermal pulsed laser annealing of Si:plasma annealing[J]. Phys. Lett. A,1979,74(6):422-426.

[21] SHANK C V, YEN R, HIRLIMANN C. Time-resolved reflectivity measurements of femtosecond-optical-pulse-induced phase transitions in silicon[J]. Phys. Rev. Lett., 1983, 50(6): 454-457.

[22] GAMBIRASIO A, BERNASCONI M, COLOMBO L. Laser-induced melting of silicon: A tight-binding molecular dynamics simulation[J]. Phys. Rev. B, 2000, 61(12): 8233-8237.

[23] HE N L, CHENG X L, ZHANG H, et al. First principles study of ceramic materials (IVB group carbides) under ultrafast laser irradiation[J]. Chin. Phys. B, 2018, 27(3): 036301(1)-(6).

[24] UTEZA O P, GAMALY E G, RODE A V, et al. Gallium transformation under femtosecond laser excitation: Phase coexistence and incomplete melting[J]. Phys. Rev. B, 2004, 70(5): 054108(1)-(13).

[25] SHUMAY I L, HOFER U. Phase transformations of an InSb surface induced by strong femtosecond laser pulses[J]. Phys. Rev. B, 1996, 53(23): 15878-15884.

[26] SOKOLOWSKI-TINTEN K, BIALKOWSKI J, VON DER LINDE D. Ultrafast laser-induced order-disorder transitions in semiconductors[J]. Phys. Rev. B, 1995, 51(20): 14186-14198.

[27] SAETA P, WANG J K, SIEGAL Y, et al. Ultrafast electronic disordering during femtosecond laser melting of GaAs[J]. Phys. Rev. Lett., 1991, 67(8): 1023-1026.

[28] TOM H W K, AUMILLER G D, BRITO-CRUZ C H. Time-resolved study of laser-induced disorder of Si surfaces[J]. Phys. Rev. Lett., 1988, 60(14): 1438-1441.

[29] STAMPFLI P, BENNEMANN K H. Theory for the instability of the diamond structure of Si, Ge, and C induced by a dense electron-hole plasma[J]. Phys. Rev. B, 1990, 42(11): 7163-7173.

[30] SILVESTRELLI P L, ALAVI A, PARRINELLO M, et al. Structural, dynamical, electronic, and bonding properties of laser-heated silicon: An ab initio molecular-dynamics study[J]. Phys. Rev. B, 1997, 56(7): 3806-3812.

[31] SILVESTRELLI P L, ALAVI A, PARRINELLO M, et al. Ab initio molecular dynamics simulation of laser melting of silicon[J]. Phys. Rev. Lett., 1996, 77(15): 3149-3152.

[32] RECOULES V, CLEROUIN J, ZERAH G, et al. Effect of intense laser irradiation on the lattice stability of semiconductors and metals[J]. Phys. Rev. Lett., 2006, 96(5): 055503(1)-(4).

[33] ZIJLSTRA E S, WALKENHORST J, GILFERT C, et al. Ab initio description of the first stages of laser-induced ultra-fast nonthermal melting of InSb[J]. Appl. Phys. B, 2008, 93(4): 743-747.

[34] STAMPFLI P, BENNEMANN K H. Dynamical theory of the laser-induced lattice insta-

bility of silicon[J]. Phys. Rev. B,1992,46(17):10686-10692.

[35] CHANG I F. Dielectric function and the Lyddane-Sachs-Teller relation for crystals with Debye polarization[J]. Phys. Rev. B,1976,14(10):4318-4320.

[36] KUNC K,MARTIN R M. Ab initio force constants of GaAs:a new approach to calculation of phonons and dielectric properties[J]. Phys. Rev. Lett. ,1982,48(6):406-408.

[37] GIANNOZZI P,GIRONCOLI S,PAVONE P,et al. Ab initio calculation of phonon dispersions in semiconductors[J]. Phys. Rev. B,1991,43(9):7231-7242.

[38] GONZE X,LEE C. Dynamical matrices,Born effective charges,dielectric permittivity tensors,and interatomic force constants from density-functional perturbation theory [J]. Phys. Rev. B,1997,55(16):10355-10368.

[39] GONZE X,BEUKEN J M,CARACAS R,et al. First-principles computation of material properties:the ABINIT software project[J]. Comput. Mater. Sci. ,2002,25(3):478-492.

[40] PERDEW J P,WANG Y. Accurate and simple analytic representation of the electron-gas correlation energy[J]. Phys. Rev. B,1992,45(23):13244-13249.

[41] TOPP W C,HOPFIELD J J. Chemically motivated pseudopotential for sodium[J]. Phys. Rev. B,1973,7(4):1295-1303.

[42] SHOKEEN L,SCHELLING P K. An empirical potential for silicon under conditions of strong electronic excitation[J]. Appl. Phys. Lett. ,2010,97(15):151907(1)-(3).

[43] THOMPSON M O,GALVIN G J,MAYER J W,et al. Melting temperature and explosive crystallization of amorphous silicon during pulsed laser irradiation[J]. Phys. Rev. Lett. ,1984,52(26):2360-2363.

[44] POATE J M,BROWN W L. Laser annealing of silicon[J]. Phys. Today. ,1982,35(6):24-30.

[45] NILSSON G,NELIN G. Study of the homology between silicon and germanium by thermal-neutron spectrometry[J]. Phys. Rev. B,1972,6:3777.

[46] XIANG H J,LI Z Y,YANG J L,et al. Electron-phonon coupling in a boron-doped diamond superconductor[J]. Phys. Rev. B, 2004,70(21):212504(1)-(4).

[47] STRAUCH D,DORNER B. Phonon dispersion in GaAs[J]. J. Phys. :Condens. Matter. ,1990,2(6):1457-1474.

[48] PRICE D,ROWE J,NICKLOW R. Lattice dynamics of grey tin and indium antimonide [J]. Phys. Rev. B,1971,3(4):1268-1279.

[49] WANG M M,GAO T,YU Y,et al. Effect of intense laser irradiation on the lattice stability of InSb[J]. Eur. Phys. J. Appl. Phys. ,2012,57(1):10104(1)-(7).

第 12 章　超短脉冲激光下 InSb 热力学性能研究

12.1　概述

随着飞秒激光技术的发展，超快强飞秒激光与半导体材料相互作用引起了人们的极大关注[1-5]。超短脉冲激光照射到半导体材料上，半导体内的电子首先在 10～100 fs 的时间内被激发加热到 10^4 K 的高温。材料内部原子间相互作用势发生变化，导致晶格不稳定，发生超快结构转变。超快激光诱导所致的半导体内的非热熔化相变不同于传统激光的热熔化损伤。研究靶材料的特性变化对于揭示飞秒激光损伤机理具有很重要的意义。

自从有了脉冲激光退火技术以后，InSb 晶体就成了重要的研究对象，被广泛应用于热成像探测器[6]、磁传感器[7]、快速晶体管[8]和光阻红外探测器。在过去的 20 年中，强激光照射下 InSb 晶体的非热熔化相变机理研究成为实验和理论研究的焦点。早在 1996 年，Shumay 等研究人员[9]就通过测量光反射率和二次谐振信号作为探测脉冲延迟的函数关系研究了飞秒激光照射下 InSb 晶体表面的相变。由于晶体的光学性质和结构特性之间没有直接的关系，所以他们仅获得了超快结构动力学的间接信息。为了获得飞秒激光引起结构相变的直接证据，Chin 等研究人员[10]采用一种基于汤姆逊散射新型飞秒 X 射线源照射 InSb 晶体，研究其超快结构动力学过程，观察到了一个皮秒量级的晶体扩散现象。最近，Enquist 等人[11]采用时间分辨 X 射线衍射法观察到了 InSb 晶体内由非热熔化引起的大振幅应变波。几乎与此同时，Hillyard 等研究人员[12]通过时间分辨 X 散射实验观察了 InSb 晶体势能面随内载流子密度的变化关系，发现在一个较高载流子密度条件下，势能面会变软而且原子会变得无序。随后，他们采用密度泛函微扰理论[13]研究了 InSb 晶体在不同载流子密度条件下的声子色散曲线情况，结果证实了强激光照射下 InSb 晶体中出现了晶格非热无序化现象。很多理论研究[14-16]也都表明当激发载流子密度比导带的电子密度大到一定程度就会大大地削减剪切恢复力。Lindenberg[17]等人指出：下一个激光脉冲到达前出现的明显热激发声子软化现象，可以作为观察到实验现象的一个定性解释。Zijlstra 等人[18]利用密度泛函理论研究了超短激光照射下 InSb 晶体的超快熔化过程，得到了类似同等条件下金刚石和闪锌矿结构半导体材料的结果。随后，他们通过全电子计算和动力学模拟方法[19]研究了这一超快过程的第一阶段,发现在强电子激发效应下大多数声子模式都会稍微软化,而在布里渊区边界处横声学模式则软化得相当厉害甚至变得不稳定。Wang等研究人员[20]通过从头算方法计算了不同电子温度下InSb晶体的电子和动力学特性,从而研究了强激光照射下其结构稳定特性的变化,结果表明强电子激发效应下晶体的稳定性削弱。我们前面的研究[21]也给出了不同电子温度下InSb晶体的声子带结构,结果表明强电子激发效应也削弱了InSb晶体的离子性。

但是目前还没有见到关于强激光辐照下InSb晶体热力学特性研究的报道。本章在前面得到的不同电子温度下InSb晶体的声子色散关系曲线的基础上研究了电子激发效应对其亥姆霍兹自由能-温度（F-T）、内能-温度（E-T）、声子的熵值-温度（S-T）、声子定容比热容-温度（C_v-T）关系曲线等热力学特性的影响。

12.2 理论研究方法和细节

本章所有的声子计算都是在ABINIT程序包[22-24]中采用线性响应法实现的。在密度泛函理论框架下,采用模守恒赝势[21]来描述离子实和价电子之间的相互作用。对于闪锌矿结构的InSb晶体,各种元素的原子组态情况为In:$5s^25p^1$,Sb:$5s^25p^3$。采用25 hartree的平面波截断能和6×6×6的K点网格以保证在不同电子温度下精确地计算体系的总能量和电子自由能。计算得到的InSb晶格的平衡晶格参数分别为0.644 6 nm（$a_{\exp}$ = 0.647 9 nm）。而对于物质的热力学函数如亥姆霍兹自由能、内能、定容比热容和焓随温度的变化函数,则可以通过对声子本征态（用声子波矢q和声子模式l表示）求和得到,这些热力学函数f可以用声子频率$\omega=\omega(q,l)$表示如下:

$$f = 3nN\int_0^{\omega_L} f(\omega)g(\omega)d\omega \tag{12.1}$$

其中,n表示每个单胞中包含的原子个数;N表示单胞的个数;$g(\omega)$表示满足归一化条件的声子态密度。根据公式（12.1）,可以将亥姆霍兹自由能F、内能E、定容比热容C_v和焓S的计算公式表示如下:

$$E = 3nN\int_0^{\omega_L} k_B T\ln\left\{2\sinh\frac{h\omega}{4\pi k_B T}\right\}g(\omega)d\omega \tag{12.2}$$

$$E = 3nN\int_0^{\omega_L} \frac{h}{4\pi}\omega\coth\left(\frac{h\omega}{4\pi k_B T}\right)g(\omega)d\omega \tag{12.3}$$

$$S = 3nN\int_0^{\omega_L} k_B\left[\frac{h\omega}{4\pi k_B T}\coth\left(\frac{h\omega}{4\pi k_B T}\right) - \ln\left(\frac{h\omega}{4\pi k_B T}\right)\right]g(\omega)d\omega \tag{12.4}$$

$$C_v = 3nN\int_0^{\omega_L} k_B\left(\frac{h\omega}{4\pi k_B T}\right)^2 \operatorname{csch}^2\left[\left(\frac{h\omega}{4\pi k_B T}\right)\right]g(\omega)d\omega \tag{12.5}$$

其中，k_B 是玻尔兹曼常数；h 是普朗克常数。由于声子频率 $\omega=\omega(q,l)$ 会随着电子温度的提升而发生变化，因此这些热力学特性在电子激发效应下也会发生改变。

12.3 结果和讨论

强激光脉冲照射下，靶材中高度激发的电子会强烈地改变原子间相互作用力，削弱晶体的化学键。图 12.1 给出了四种不同电子温度下 InSb 晶体的声子色散曲线。结果表明本研究计算的 $k_BT_e=0$ eV 时的声子频率值与文献中的实验和理论值[20,25-27]符合得很好。另外，从图 12.1 中可以看到不同电子温度下声子色散曲线最大的不同在声学支的变化。尤其是从电子温度 $k_BT_e=0.75$ eV 到 1.0 eV，声子色散曲线变化很大，部分声学支的声子频率变成负值，但是光学支声子频率值却几乎不变。当电子温度 k_BT_e 增大到 1.25 eV 时，整个声学支声子频率都变成负值，但是，对于光学支，$k_BT_e=1.0$ eV 和 1.25 eV 时光学声子频率差别很小。随着温度的增大，声学支声子频率虚频越来越大，而光学支声子频率则趋近于某些特定值。

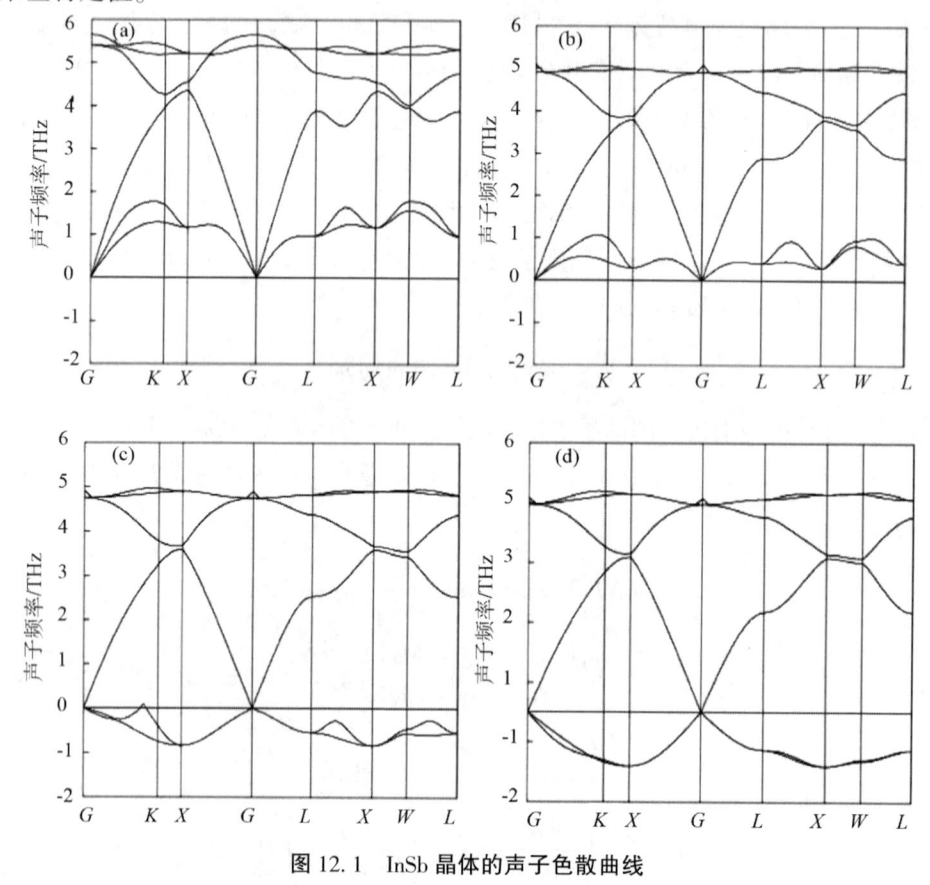

图 12.1 InSb 晶体的声子色散曲线

(a) $k_BT_e=0$；(b) $k_BT_e=0.75$ eV；(c) $k_BT_e=1.0$ eV；(d) $k_BT_e=1.25$ eV

另外，图 12.2 给出了本研究计算的 InSb 晶体在第一布里渊区内不同高对称点处的声子频率随电子温度的变化情况，并把这一计算结果与 Zijlstra 等人[19]的研究做了比较，结果吻合得很好。发现采用本研究的理论方法可以得到相同的结论：在强激光照射下，计算得到的所有的晶格振动只有声学支在 X 和 L 点处出现了声子软化现象。通过不同高度对称点在电子激发下的声子频率值，证实了本研究方法的可靠性。

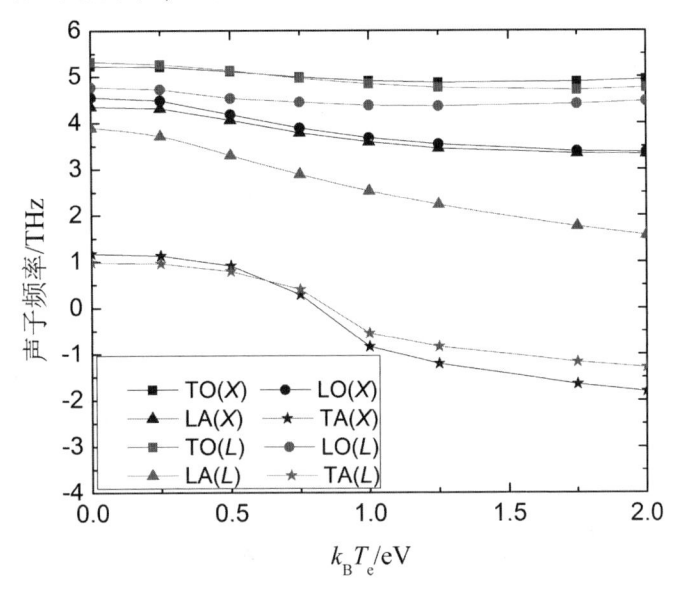

图 12.2　闪锌矿结构 InSb 晶体在高对称点 X、L 处的声子频率频率随电子温度的变化关系

基于不同电子温度下得到的声子色散关系，进一步研究了电子激发条件下 InSb 晶体的热力学特性。图 12.3 和图 12.4 分别给出了不同电子温度下亥姆霍兹自由能-温度（F-T）和内能-温度（E-T）关系曲线。从图 13.3 上可以看出：在不同电子温度下声子自由能随温度的增加而增大，另外，声子自由能-温度曲线随着电子温度的提升整体下移。电子温度从 0 eV 上升到 0.75 eV 的过程中，声子自由能-温度曲线整体缓慢下移，而当电子温度达到 0.75~1.0 eV 之间的某个值时，声子自由能-温度曲线产生一个突降。随后，当电子温度大于 1.0 eV 时，进一步增大电子温度，声子自由能-温度曲线几乎不再变化了。从图 12.4 可以看到，当晶格温度比较低的时候，电子温度的变化对靶材内能有很大的影响。然而，当晶格温度大于 300 K 时，电子激发效应对靶材内能的影响几乎可以忽略。

图 12.5 给出了 0~2.0 eV 范围内不同电子温度下声子的熵随温度变化关系曲线。由图 12.5 可以看到：在不同电子温度下声子熵值都随温度的升高而增大。另外，声子熵-温度曲线随电子温度的增大而整体上移。声子熵-温度曲线随着电子温度增大而上移表明电子激发效应的增强导致靶材料混乱度增大。但是在 0.75~1.0 eV 之间存在一临界电子温度，当电子温度超过这一临界值，声子熵-温度曲线将不再随电子温度上移，而是基本保值不变。众所周知，熵值是一个与体系不确定性有关的物理量。对于同一种材料，其气态的熵值往往大于对应的液态熵值，而液态的熵值又通常大于固态的情况。图 12.4 中 0.75~1.0

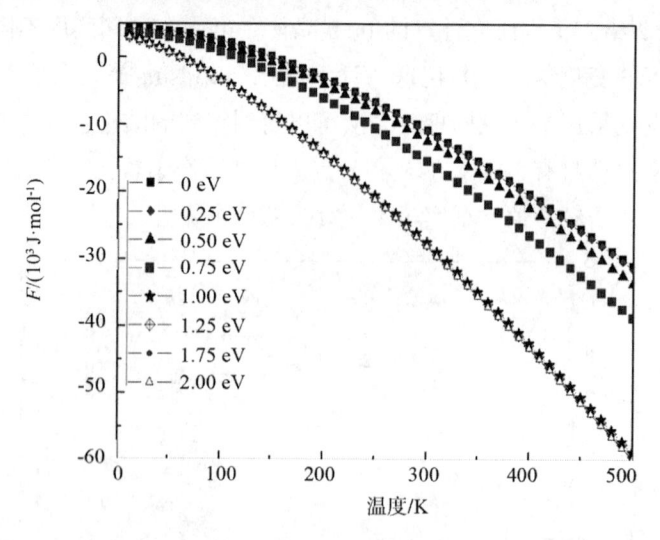

图 12.3　不同电子温度下亥姆霍兹自由能-温度（F-T）关系曲线

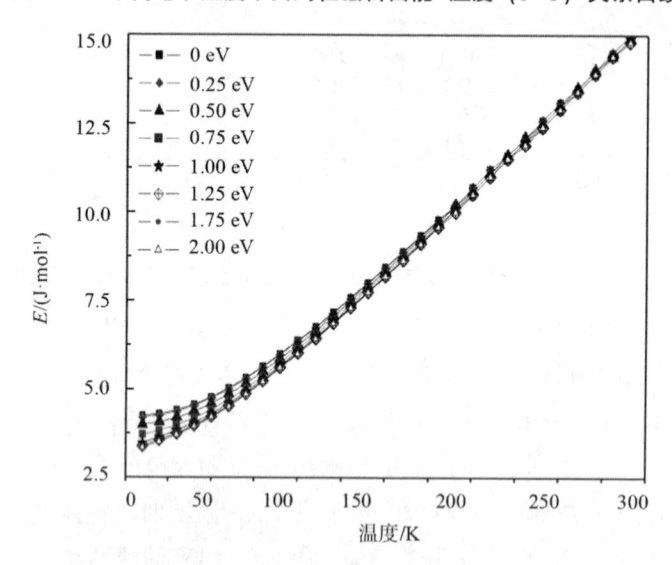

图 12.4　不同电子温度下内能-温度（E-T）关系曲线

eV 之间熵值-温度曲线的跃变可能是状态变化导致的，而最可能的状态变化就是从固相向液相的转变。电子温度在 0.75~1.0 eV 这一阶段，声学支声子频率出现虚频，这意味着晶体内正发生着非热熔化相变，而 0.75 eV 到 1.0 eV 的声子熵-温度曲线的突变也恰恰证实了这一事实。

随后，为了研究电子激发条件下 InSb 晶体定容比热容随晶格温度的变化情况，首先计算得到了不考虑电子激发效应情况下 10~100 K 温度范围内 InSb 晶体的定容比热容，并与文献［28］中给出的实验值做了比较，如表 12.1 所示。由表 12.1 可见，随着温度的增加，本研究的计算值和文献中的实验值符合得越来越好。

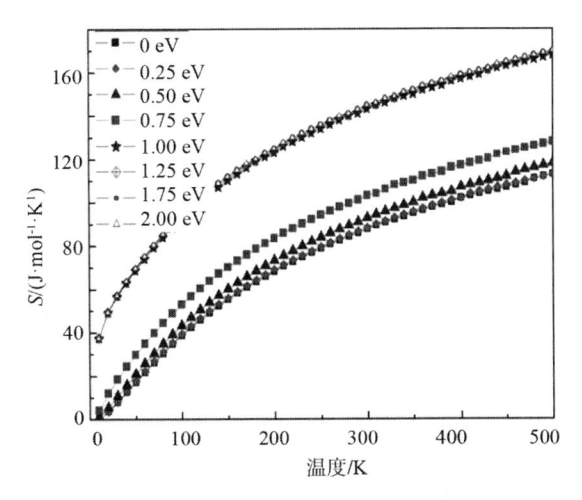

图 12.5 不同电子温度下声子的熵值随温度变化（S-T）关系曲线

表 12.1 不同温度下 InSb 晶体定容比热容 C_V 的计算值和文献中的实验值

晶格温度 /K	本研究的理论结果 J/(mol·K)	文献 [28] 中的实验值 J/(mol·K)
10	1.68	1.50
20	8.23	7.95
30	13.54	13.86
40	18.33	19.10
50	22.97	23.47
60	27.18	27.20
70	30.79	30.83
80	33.79	33.86
90	36.24	36.35
100	38.23	38.36

图 12.6 给出了电子温度在 0~2.0 eV 范围内声子定容比热容随温度的变化关系曲线（C_V-T）。可以看到在晶格温度较低的情况下，随电子温度的增大声子比热容略有增大。但是当晶格温度大于 300 K 时，电子温度的变化基本上对声子比热容没有影响。这一结果表明在激光诱导损伤的过程中晶格的比热容是保持不变的，这一结果也说明采用双温模型模拟超快激光和靶材相互作用过程是合理的。

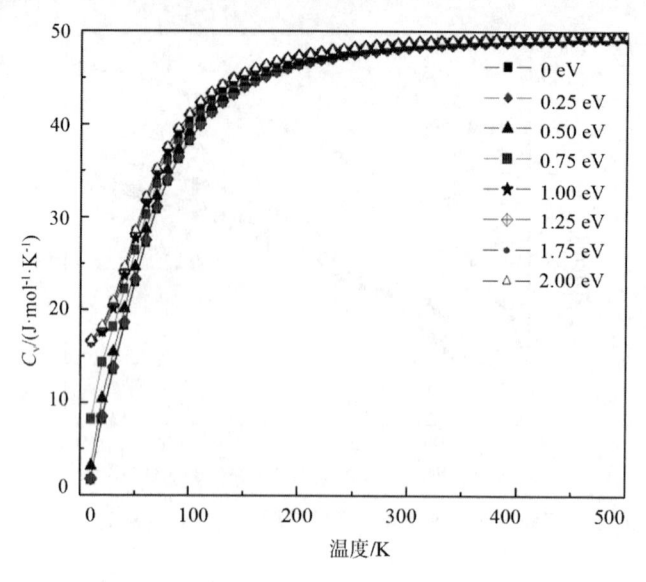

图 12.6　不同电子温度下声子定容比热容随温度的变化（C_v-T）关系曲线

12.4　总结

本章主要研究了 InSb 晶体声子色散曲线随电子温度增大的变化情况，并与前人的研究做了比较。通过对比不同电子温度下不同高度对称点处的声子频率值，证实了本章研究方法的可靠性。基于 InSb 晶体声子色散曲线随电子温度增大的变化情况，从理论上进一步研究了电子激发条件下几种热力学函数的变化。结果表明：随着电子温度的增大，声学支会出现虚频，但是光学支声子频率值会趋近于某些定值。当电子温度大于 1.0 eV 时，亥姆霍兹自由能-温度（F-T）关系曲线不再随电子温度的上升而变化，当晶格温度很高时，电子激发效应可以忽略。对于声子熵-温度曲线，电子温度从 0.75 eV 上升到 1.0 eV 会发生一个跃变，在 0.75~1.0 eV 之间存在一临界电子温度，当电子温度超过这一临界值，声子熵-温度曲线将不再随电子温度上移，而是基本保持不变。这一现象可以作为 InSb 晶体在强电子激发效应下发生非热熔化相变的佐证。最后，本研究计算得到了不考虑电子激发效应情况下 10~100 K 温度范围内 InSb 晶体的定容比热容，并与文献中给出的实验值做了比较，结果符合得很好。对于声子定容比热容随温度的变化（C_v-T）关系曲线，当晶格温度大于 300 K 时，电子温度的变化基本上对声子比热容没有影响。在激光诱导损伤的过程中晶格的比热容基本保持不变，说明采用双温模型模拟超快激光和靶材相互作用过程是合理的。

参考文献

[1] SILVESTRELLI P L, ALAVI A, PARRINELLO M, et al. Structural, dynamical, electronic, and bonding properties of laser-heated silicon: an ab initio molecular-dynamics study [J]. Phys. Rev. B, 1997, 56(7): 3806-3812.

[2] CRAWFORD T H R, YAMANAKA J, BOTTON G A, et al. High-resolution observations of an amorphous layer and subsurface damage formed by femtosecond laser irradiation of silicon [J]. J. Appl. Phys. 2008, 103(5): 053104(1)-(7).

[3] RECOULES V, CLEROUIN J, ZERAH G, et al. Effect of intense laser irradiation on the lattice stability of semiconductors and metals [J]. Phys. Rev. Lett., 2006, 96(5): 055503(1)-(4).

[4] QI L, NISHII K, YASUI M, et al. Femtosecond laser ablation of sapphire on different crystallographic facet planes by single and multiple laser pulses irradiation [J]. Optics and Lasers in Engineering, 2010, 48(10): 1000-1007.

[5] MEDVEDEV N, RETHFELD B. A comprehensive model for the ultrashort visible light irradiation of semiconductors [J]. J. Appl. Phys. 2010, 108(10): 103112(1)-(8).

[6] AVERY D G, GOODWIN D W, RENNIE A E. New infra-red detectors using indium antimonide [J]. J. Sci. Instr., 1957, 34(10): 394-395.

[7] HEREMANS J. Solid state magnetic field sensors and applications [J]. J. Phys. D: Appl. Phys., 1993, 26(8): 1149-1168.

[8] ASHLEY T, DEAN A B, ELLIOTT C T, et al. Uncooled high-speed InSb field-effect transistors [J]. Appl. Phys. Lett. 1995, 66(4): 481-483.

[9] SHUMAY I L, HOFER U. Phase transformations of an InSb surface induced by strong femtosecond laser pulses [J]. Phys. Rev. B, 1996, 53(23): 15878-15884.

[10] CHIN A H, SCHOENLEIN R W, GLOVER T E, et al. Ultrafast structural dynamics in InSb probed by time-resolved x-ray diffraction [J]. Phys. Rev. Lett., 1999, 83(2): 336-339.

[11] ENQUIST H, NAVIRIAN H, HANSEN T N, et al. Large acoustic transients induced by nonthermal melting of InSb [J]. Phys. Rev. Lett., 2007, 98(22): 225502(1)-(4).

[12] HILLYARD P B, GFFNEY K J, LINDENBERG A M, et al. Carrier-density-dependent lattice stability in InSb [J]. Phys. Rev. Lett., 2007, 98(12): 125501(1)-(4).

[13] HILLYARD P B, REIS D A, GAFFNEY K J. Carrier-induced disordering dynamics in InSb studied with density functional perturbation theory [J]. Phys. Rev. B, 2008, 77

(19):195213(1)-(9).

[14] BISWAS R,AMBEGAOKAR V. Phonon spectrum of a model of electronically excited silicon[J]. Phys. Rev. B,1982,26(4):1980-1988.

[15] STAMPfiI P,BENNEMANN K H. Theory for the instability of the diamond structure of Si,Ge,and C induced by a dense electron-hole plasma[J]. Phys. Rev. B,1990,42(11):7163-7173.

[16] STAMPfiI P,BENNEMANN K H. Dynamical theory of the laser-induced lattice instability of silicon[J]. Phys. Rev. B 1992,46(17):10686-10692.

[17] LINDENBERG A M,LARSSON J,SOKOLOWSKI-TINTEN K,et al. Atomic-scale visualization of inertial dynamics[J]. Science,2005,308(5720):392-395.

[18] ZIJLSTRA E S,WALKENHORST J,GILFERT C,et al. Ab initio description of the first stages of laser-induced ultra-fast nonthermal melting of InSb[J]. Appl. Phys. B,2008,93(4):743-747.

[19] ZIJLSTRA E S,WALKENHORST J,GARCIA M E. Anharmonic noninertial lattice dynamics during ultrafast nonthermal melting of InSb[J]. Phys. Rev. Lett.,2008,101(13):135701(1)-(4).

[20] WANG M M,GAO T,YU Y,et al. Effect of intense laser irradiation on the lattice stability of InSb[J]. Eur. Phys. J. Appl. Phys.,2012,57(1):10104(1)-(7).

[21] FENG S Q,ZHAO J L,CHENG X L. A first principles study of the lattice stability of diamond-structure semiconductors under intense laser irradiation[J]. J. Appl. Phys.,2013,113(2):023301(1)-(6).

[22] GONZE X,BEUKEN J M,CARACAS R,et al. First-principles computation of material properties:the ABINIT software project[J]. Comput. Mater. Sci.,2002,25(3):478-492.

[23] GIANNOZZI P,GIRONCOLI S,PAVONE P,et al. Ab initio calculation of phonon dispersions in semiconductors[J]. Phys. Rev. B,1991,43(9):7231-7242.

[24] GONZE X,LEE C. Dynamical matrices,Born effective charges,dielectric permittivity tensors,and interatomic force constants from density-functional perturbation theory[J]. Phys. Rev. B,1997,55(16):10355-10368.

[25] PRICE D,ROWE J,NICKLOW R. Lattice dynamics of grey tin and indium antimonide[J]. Phys. Rev. B,1971,3(4):1268-1279.

[26] STIERWALT D L. Proc. Intern. Conf. Physics Semiconductors[J]. J. Phys. Soc. Jpn. Suppl,1966,21:58.

[27] KOTELES E S, DATARS W R. Far-infrared phonon absorption in InSb[J]. Phys. Rev. B,1974,9(2):572-582.

[28] OHMURA Y. Specific heat of indium antimonide between 6 and 100° K[J]. J. Phys. Soc. Jpn.,1965,20(3):350-353.

第13章 电场对二维 ZrSe$_2$/ZrS$_2$ 异质结结构的光电性能调节

13.1 概述

由于原子层厚度方向上的量子局限效应，二维材料具有独特的光、电、磁学特性以及新型量子物理现象，在信息、微纳光电子等方面具有巨大的潜在应用前景[1-5]。因此，自从2004年，Novoselov等人[6]通过机械剥离的方法从高取向的裂解石墨中获得了单层石墨烯后，其他二维层状材料如雨后春笋般涌现出来，包括过渡金属二卤化物（TMD）、六方氮化硼（h-BN）和黑磷（BP）等[7-10]。但是单纯的二维材料在特定应用中并不总是具有完全理想的性能。例如，单层h-BN材料的带隙太大（6 eV），而石墨烯的带隙为零[11-12]，这限制了它们在光电器件中的应用。近年来，研究人员发现，构建范德瓦尔斯异质结是获得所需性能二维材料结构的有效方法。vdW异质结结构是通过一种二维材料叠加在另一种二维材料上形成的新结构，可以很好地改善器件性能，已经在实验和理论上得到证明[13-16]。例如，与单纯的InSe或InTe单层膜相比，InSe/InTe vdW异质结结构的光吸收能力更强[17]。C$_2$N/MoS$_2$ 异质结结构呈现出一个适中的带隙，可实现电子-空穴对的有效分离，从而表现出良好的光伏性能[18]。此外，外加电场可以有效地调节异质双层膜中不同层之间的载流子输运，从而有效地调节异质双层膜的电子性质，以获得更有趣的性质[19-20]。

在二维TMDs家族中，ZrS$_2$ 和 ZrSe$_2$ 的载流子迁移率可分别达到 1.2×10^3 cm^{2}V^{-1}s^{-1} 和 2.3×10^3 cm^{2}V^{-1}s^{-1}，远高于已得到广泛研究的MoS$_2$（340 cm^{2}V^{-1}s^{-1}）[21]。并且研究人员已经通过电化学锂处理、模板沉积、机械剥离等方法成功制备了二维ZrS$_2$ 和 ZrSe$_2$ 材料[22-24]。因此，ZrS$_2$ 和 ZrSe$_2$ 引起了场效应晶体管和太阳能电池领域研究人员的极大兴趣[25-26]。目前的研究表明：基于ZrS$_2$ 纳米片的光电探测器在可见光下具有显著的光电导性。基于ZrS$_2$ 单层膜的晶体管具有高迁移率的N型传输特性[27]。最近的实验研究已经证实：由于氧化锆具有"高κ"的天然介电常数且ZrSe$_2$ 单层膜具有较高的热电转换率和较好的热电优值[28-29]，二维ZrSe$_2$ 半导体有望取代电子器件中的硅。ZrSe$_2$ 单层膜还具有可见-红外光谱范围内的带隙[30]。此外，由于ZrS$_2$ 和 ZrSe$_2$ 具有相似的几何结构和晶格参数,可以很好地解决晶格匹配问题,这对异质结的实验制备非常有利。因此,研究 $ZrSe_2$/ZrS_2 异质结结构的性质对其在光电子器件中的应用具有重要科学意义。

本章研究了 $ZrSe_2$/ZrS_2 vdW 异质结的外场调控电子性质,以及光吸收特性。研究结果表明:$ZrSe_2$/ZrS_2 异质结呈现固有的 II 型带排列,并且可以成功实现电子和空穴的分离。另外,通过施加一定的电场,II 型带排列可以转变为 I 型,适用于半导体激光器和发光二极管。此外,研究还发现:$ZrSe_2$/ZrS_2 异质结的光吸收能力比相应的单纯的单层结构要好得多。这些研究将为纳米电子器件的设计和应用提供重要参考。

13.2 理论研究方法和细节

本研究中的计算是在维也纳从头算模拟软件包(VASP)中利用投影增强波(PAW)方法完成的[31],选择的是 Perdew-Burke-Ernzerhof(PBE)近似来描述电子之间的交换关联项[32]。在这项工作中,我们使用两种不同的交换相关势来计算能带结构,PBE 和混合泛函 HSE06 方法。为了获得更精确的结果还采用了 Heyd-Scuseria-Ernzerhof(HSE)方法计算带隙[33]。考虑到 $ZrSe_2$/ZrS_2 异质双层中不同层之间存在弱范德瓦尔斯相互作用,采用了 Grimme 的 DFT-D2 方法来处理范德瓦尔斯相互作用[34]。自洽电子计算中选择的 Monkhorst Pack K 点网格为 $11×11×1$。设置了 1.5 nm 厚的真空层用于消除相邻原子层之间的层间相互作用。选择了 500 eV 的能量截止值,结构优化中的原子力收敛标准为小于 0.1 eV/nm。光学吸收特性是光电器件的重要指标。本章,使用以下公式来计算光吸收特性:

$$\alpha(\omega) = \frac{\sqrt{2}\omega}{c}\left[\sqrt{\varepsilon_1(\omega)^2 + \varepsilon_1(\omega)^2} - \varepsilon_1(\omega)\right]^{1/2} \quad (13.1)$$

其中 $\varepsilon_1(\omega)$、$\varepsilon_2(\omega)$ 分别为复介电函数的实部和虚部。根据这个公式可以得到光吸收系数和能量之间的关系。

13.3 结果和讨论

为了获得稳定的 $ZrSe_2$/$ZrSe_2$ 异质双层结构,首先讨论了 $ZrSe_2$ 和 $ZrSe_2$ 单层膜的结构特征。如图 13.1 所示,两种单分子膜呈现类似的三明治六边形结构。基于能量最小化原理,结构优化的 ZrS_2 单层和 $ZrSe_2$ 单层结构的晶格常数分别为 0.368 nm 和 0.380 nm,这与其他文献的结果一致[30,35]。ZrS_2/$ZrSe_2$ vdW 异质双层结构是由 $ZrSe_2$ 单层结构和 ZrS_2 单层结构垂直堆垛而成。由于 ZrS_2 和 $ZrSe_2$ 单层膜之间的晶格失配很小(约3%),可以忽略,因此本研究使用 $1×1$ 单位细胞来构建异质结结构。z 轴的正方向设置为从 $ZrSe_2$ 层指向 ZrS₂ 层。如图 13.2 所示，这里列出了三种不同的堆垛方法，即 AA、AB 和 AC 类型。对于 AA 堆积，ZrS₂ 层的 Zr 原子和 ZrSe₂ 层的 Zr 原子垂直排列。在 AB 和 AC 堆垛情况下，ZrS₂ 层的 Zr 原子分别位于 ZrSe₂ 层的不同 Se 原子的顶部。

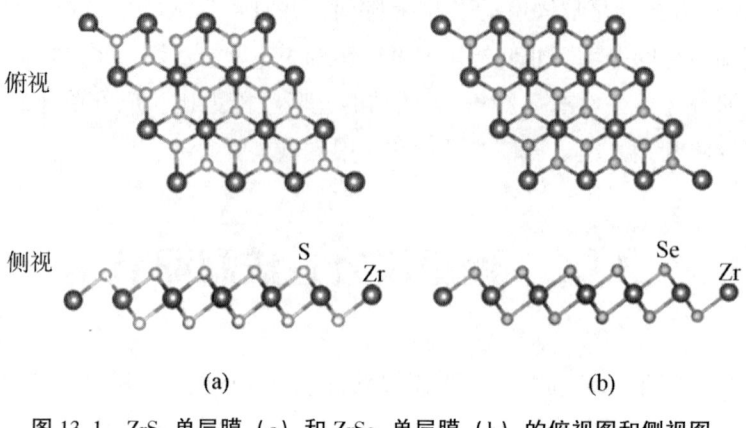

图 13.1 ZrS₂ 单层膜（a）和 ZrSe₂ 单层膜（b）的俯视图和侧视图

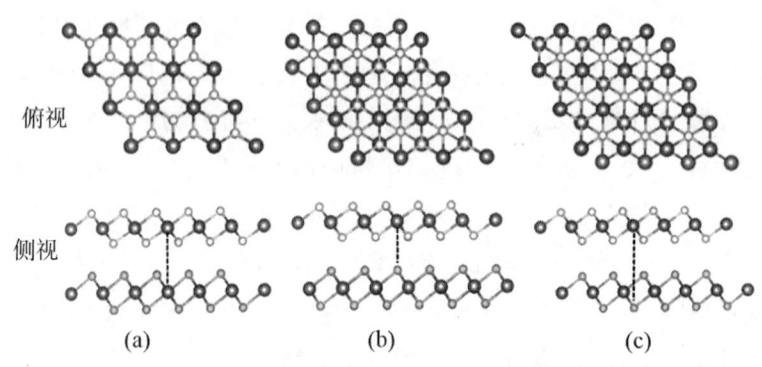

图 13.2 不同堆垛方式的 ZrSe₂/ZrS₂ vdW 异质双层结构的俯视图和侧视图
（a）AA 堆垛；（b）AB 堆垛；（c）AC 堆垛

AA、AB 和 AC 堆垛方式的 ZrSe₂/ZrS₂ vdW 异质双层结构的总能量分别为 -36.705 eV、-36.668 eV 和 -36.624 eV，相应的层间距离分别为 0.300 3、0.313 7 nm 和 0.353 8 nm。显然，AA 堆垛方式的总能量最低，因此结构稳定性最好。此外，计算结果发现：结构的层间距与总能量直接相关。AC 堆垛结构的层间距最大，总能量最高；AA 堆垛结构的层间距离最小，这也证实了 AA 堆垛结构具有最好的稳定性。因此，以下工作仅关注 AA 堆垛方式的 ZrSe₂/ZrS₂ vdW 异质双层结构。该异质双层结构的优化晶格常数为 0.374 nm，相对于单纯的单层膜，都只有非常小的拉伸（ZrS₂ 层，1.6%）和压缩（ZrSe₂ 层，1.6%）。

为了研究 ZrSe₂/ZrS₂ 异质结的电子性质，必须首先计算 ZrSe₂ 和 ZrS₂ 单层的能带结构[如图 13.3（a）和 13.3（b）所示]。这两种单层膜具有类似的带结构和间接带隙，价带最大值（valence band maximum，VBM）和导带最小值（conduction band minimum，CBM）都分别位于 Γ 点和 M 点。从 PBE 计算结果来看，ZrSe₂ 单层膜的带隙为 0.45 eV，而 ZrS₂

单层膜的带隙为 1.08 eV。但是 GGA 方法通常会低估带隙。为了获得更精确的带隙，本研究还使用 HSE06 方法来计算带结构。结果表明：HSE06 方法计算的 $ZrSe_2$ 和 ZrS_2 单层膜的带隙分别为 1.12 eV 和 1.89 eV，这与文献 [30] 中报道的结果一致。随后，本研究还用 PBE 和 HSE06 方法计算了 $ZrSe_2/ZrS_2$ 异质结的能带结构 [如图 13.3（c）所示]。PBE（0.26 eV）和 HSE06（0.90 eV）方法获得的 $ZrSe_2/ZrS_2$ 异质结带隙均小于 $ZrSe_2$ 和 ZrS_2 单层的带隙，且 $ZrSe_2/ZrS_2$ 异质结仍然保持间接带隙结构。此外，还可以看到用 PBE 和 HSE06 方法计算的能带结构只是带隙的宽度不同，但对电子特性（如能带结构和态密度的形态）几乎没有影响。

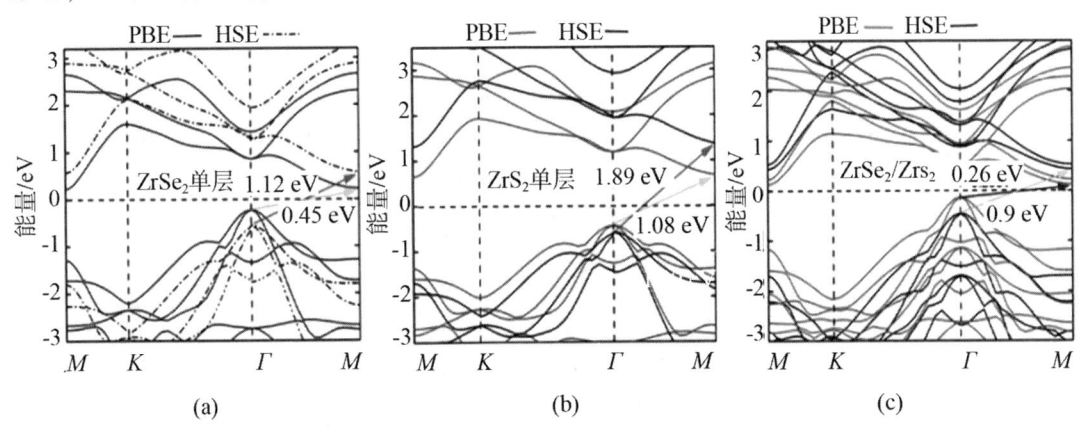

图 13.3　不同二维材料的能带结构图

（a）$ZrSe_2$ 单层；（b）ZrS_2 单层；（c）$ZrSe_2/ZrS_2$ 异质结

对于异质结，不同层之间的能带排列在其实际器件应用中起着关键作用。因此，有必要分析 $ZrSe_2/ZrS_2$ 异质结的投影能带结构。考虑到 PBE 方法得到的投影能带结构形状与 HSE06 几乎相同，只是带隙值不同。PBE 方法占用计算资源少，效率高。因此，以下计算由 PBE 方法完成。如图 13.4（a）所示，空心和实心点分别代表 $ZrSe_2$ 和 ZrS_2 层的投影带组成。由于范德瓦尔斯力较弱，异质结的能带仍保持了单层结构的特征。此外，$ZrSe_2/ZrS_2$ 异质结表现出典型的 II 型能带排列，这一结果也可以通过投影态密度（PDOS）图 [图 13.4（b）] 得到证实。仔细观察可以发现：导带底（CBM）主要由 ZrS_2 层贡献，而价带顶（VBM）主要由 $ZrSe_2$ 层贡献。考虑到能带排列和能带偏移对器件性能有很大影响，与真空能级相比的 $ZrSe_2/ZrS_2$ 异质结的能带排列如图 13.4（c）所示。可以看到 $ZrSe_2$ 层的 CBM 和 VBM 均高于 ZrS_2 层。本研究用 CBO（conduction band offset）和 VBO（valence band offset）分别表示导带偏移和价带偏移，可计算得：CBO 为 0.1 eV，VBO 为 1.0 eV。因此，实现了不同层中电子和空穴的有效分离，从而可以减少电子-空穴对的复合，增加光生电流，这有利于其在光伏器件中的应用。

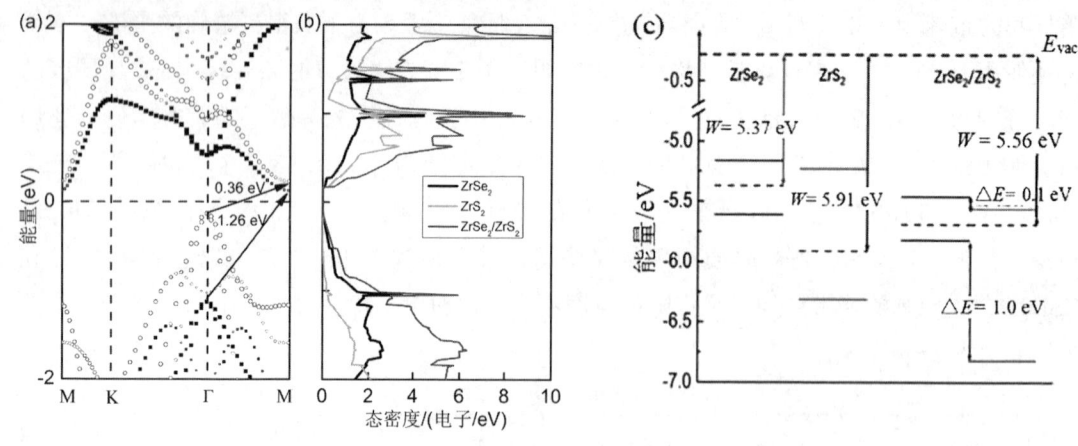

图 13.4 不同二维材料的能带结构和能带排列

（a）ZrSe$_2$/ZrS$_2$ 异质结的投影能带结构；（b）ZrSe$_2$、ZrS$_2$ 和 ZrSe$_2$/ZrS$_2$ 异质结的态密度；
（c）ZrSe$_2$、ZrS$_2$ 和 ZrSe$_2$/ZrS$_2$ 异质结的相应能带排列

器件性能在很大程度上取决于异质结的能带排列。为了满足器件设计的多种要求，频带对准的调节非常关键。考虑到电场可以有效地调节异质结的电子性质，本章研究了垂直外电场（$E_\perp$）作用下 ZrSe$_2$/ZrS$_2$ 异质结的能带排列。$E_\perp$ 的调节范围从 −5 V/nm 到 5 V/nm。外加电场的正方向与坐标 z 轴的方向相同，即从 ZrSe$_2$ 到 ZrS$_2$。以 ±2 V/nm 的电场值为例，本研究在图 13.5（a）~13.5（b）中给出了 ZrSe$_2$/ZrS$_2$ 异质结的投影能带结构。空点和实心点分别对应于 ZrS$_2$ 和 ZrSe$_2$ 的贡献。图 13.5（c）~（d）给出了 VBM 和 CBM 的相关部分电荷密度。如图 13.5（a）所示，当施加正电场 $E_\perp$ = 2 V/nm 时，VBM 和 CBM 由 ZrSe$_2$ 和 ZrS$_2$ 层提供，这意味着 II 型带排列仍然存在；同时，带隙（0.18 eV）相比于没有外加电场的情况下变窄。从相关的部分电荷密度 [图 13.5（c）] 可以看出，空穴和电子可以分别位于 ZrSe$_2$ 层和 ZrS$_2$ 层中。电荷分布可能发生空间分离。图 13.5（b）中则给出了外加负电场 $E_\perp$ = −2 V/nm 的情况，此时，VBM 和 CBM 均由 ZrSe$_2$ 层提供，这意味着能带排列被调节为 I 型。同时，带隙变为 0.31 eV，比不施加电场的情况变得更大。根据相关的部分电荷密度 [图 13.5（d）]，空穴和电子都位于 ZrSe$_2$ 层中，这也表明了形成了典型的 I 型排列。据我们所知，I 型异质结结构具有跨越带隙，空穴和电子位于同一空间区域，可有效地提高复合率。然而，II 型异质结结构具有交错带隙，空穴和电子在不同层中空间分离，这抑制了复合速率，可以延长光诱导载流子的寿命。因此，I 型异质结结构适用于发光二极管，II 型异质结结构主要用于太阳能应用和光催化[36-37]。

为了进一步详细研究电场对 ZrSe$_2$/ZrS$_2$ 异质结电子特性的影响，本研究进一步计算了不同外加电场下带边能级的变化情况 [如图 13.6（a）]，并给出了能带偏移和带隙图 [如图 13.6（b）]。$E_{(C-ZrSe_2)}$（$E_{(V-ZrSe_2)}$）和 $E_{(C-ZrS_2)}$（$E_{(V-ZrS_2)}$）分别代表异质结的 ZrSe$_2$ 和 ZrS$_2$ 层的准 CBM（准 VBM）。结果表明，当外加电场为正时，异质结保持 II 型能带排列，且带隙随着正电场的增大而逐渐减小。相反，当施加的是负电场时，异质结的能带排

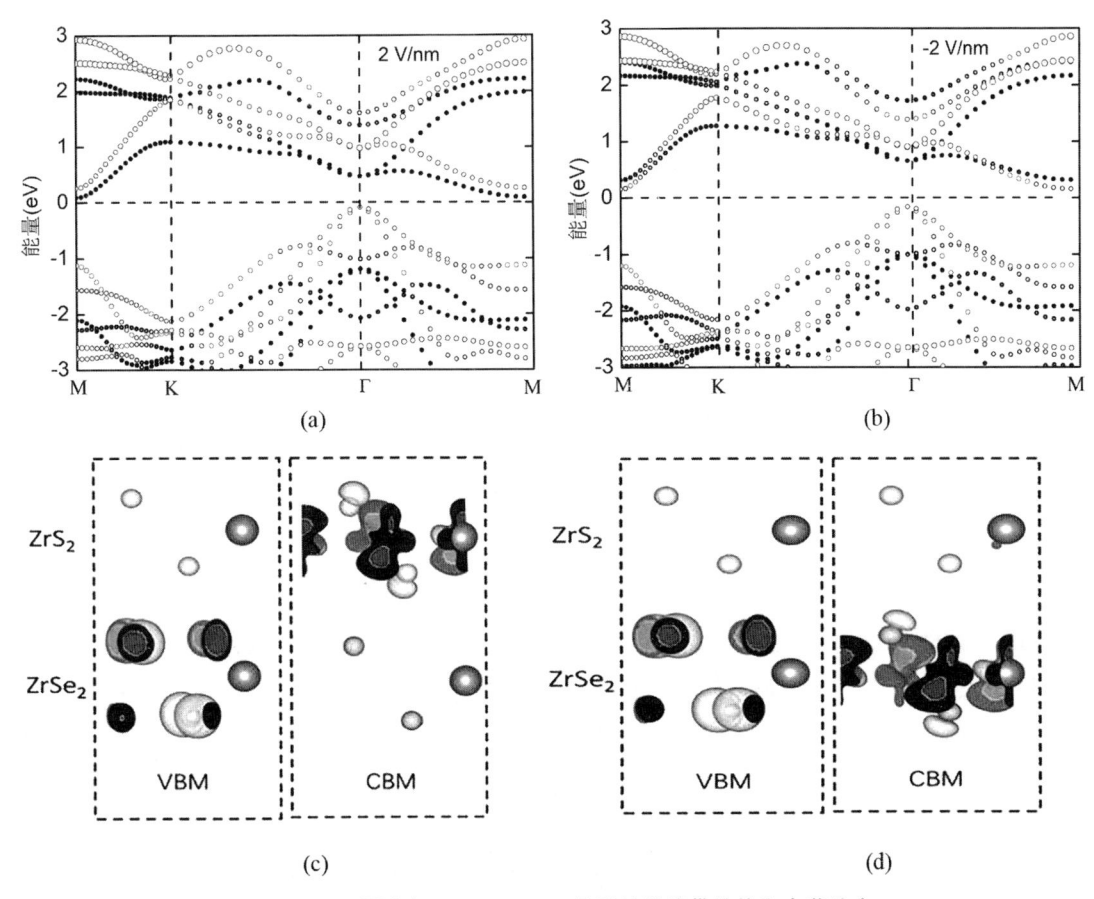

图 13.5 不同电场下 ZrSe$_2$/ZrS$_2$ 异质结的能带结构和电荷分布

(a) $E_\perp = 2$ V/nm 下的投影能带；(b) $E_\perp = -2$ V/nm 下的投影能带；
(c) $E_\perp = 2$ V/nm 下的电荷密度；(d) $E_\perp = 2$ V/nm 下的电荷密度

列会发生从Ⅱ型到Ⅰ型的转变，且带隙值会随着负电场绝对值的增大而缓慢增大。从图 13.6（b）可以清楚地看到带隙和能带偏移随电场的整体变化情况。能带偏移 ΔE_C 和 ΔE_V 分别表示异质结中不同的两层膜的导带边缘和价带边缘之间的差异。与带隙的变化相反，ΔE_C 和 ΔE_V 表现出相似的趋势，即随着电场由负变正，ΔE_C 和 ΔE_V 的值呈线性增加。

由于电子和空穴在外电场的作用下会移动，因此，电子特性（如带边、带偏移和带隙）可以通过电场进行调制。一般来说，当对异质结施加电场时，电子（空穴）会沿着外加电场的相反（正）方向转移以达到平衡。E_{F-ZrS_2} 和 E_{F-ZrSe_2} 分别代表 ZrS$_2$ 和 ZrSe$_2$ 层的准费米能级。施加正电场时，电子从 ZrS$_2$ 向 ZrSe$_2$ 移动，空穴向相反方向移动。因此，E_{F-ZrS_2} 减小，E_{F-ZrSe_2} 增大。由于层间的弱耦合，ZrS$_2$ 和 ZrSe$_2$ 的能带边缘与其各自的准费米能级相似。相应地，E_{C-ZrS_2} 减小而 E_{C-ZrSe_2} 增加，异质结结构的 CBM 完全局限在 ZrS$_2$ 层中。同理，E_{V-ZrS_2} 减小，E_{V-ZrSe_2} 增大，异质结的 VBM 完全由 ZrSe$_2$ 层提供。因此，异质结将保持典型的Ⅱ型能带对齐。同时，由于带边运动，VBM 增大，CBM 减小，异质结的带隙将

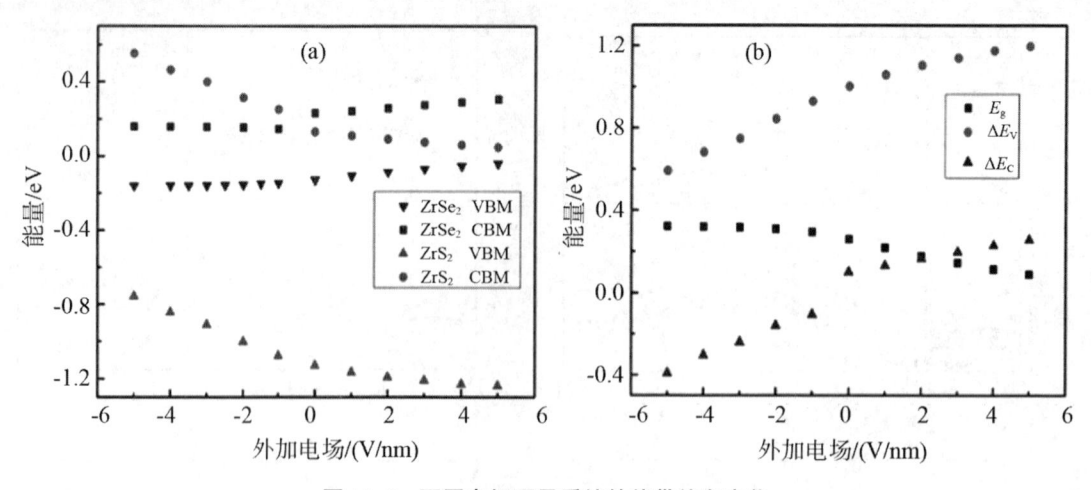

图 13.6 不同电场下异质结的能带信息变化

(a) ZrSe$_2$/ZrS$_2$ 异质结中 ZrSe$_2$ 和 ZrS$_2$ 层的带边能级随外加电场的变化情况；

(b) ZrSe$_2$/ZrS$_2$ 异质结中能带偏移和带隙随电场的变化情况

随着正电场的增大而减小。另一方面，当施加一个负的外加电场时，电子从 ZrSe$_2$ 向 ZrS$_2$ 层移动。因此，E_{C-ZrSe_2} 下降而 E_{C-ZrS_2} 上升，使得 E_{C-ZrSe_2} 低于 E_{C-ZrS_2}，最终导致异质结的 CBM 局部化在 ZrSe$_2$ 层中。然而，由于 E_{V-ZrSe_2} 和 E_{V-ZrS_2} 之间的巨大差异，VBM 仍然由 ZrSe$_2$ 层提供。此时，异质结呈现出 I 型能带排列。由于 E_{V-ZrSe_2} 和 E_{C-ZrSe_2} 以相似的趋势移动，此时异质结的带隙变化很小。

由于光学特性在光电器件中的重要性，根据公式（13.1）可计算出 ZrS$_2$、ZrSe$_2$ 单层和 ZrSe$_2$/ZrS$_2$ 异质结的光吸收系数（如图 13.7 所示）。结果表明：与 ZrS$_2$ 和 ZrSe$_2$ 单层相比，ZrSe$_2$/ZrS$_2$ 异质结的吸收强度明显增加，尤其是在紫外区，可达 0.9×10^6 cm^{-1}。这一吸收系数远高于 AlN/MoS$_2$ 异质结的 1.38×10^5 cm^{-1}[38]，略低于 ZrS$_2$/HfSe$_2$ 异质结的 1.18×10^6 cm^{-1}[35]，表现出优异的光吸收性能。由于异质结结构界面之间的层间相互作用和电荷转移，构建 ZrSe$_2$/ZrS$_2$ 异质结，可使新的光学跃迁出现在其重叠的能带中。在其他异质结结构中，也观察到类似的增强光吸收现象[17,35]。优异的光吸收性能将促进异质结在光电探测器领域的应用。

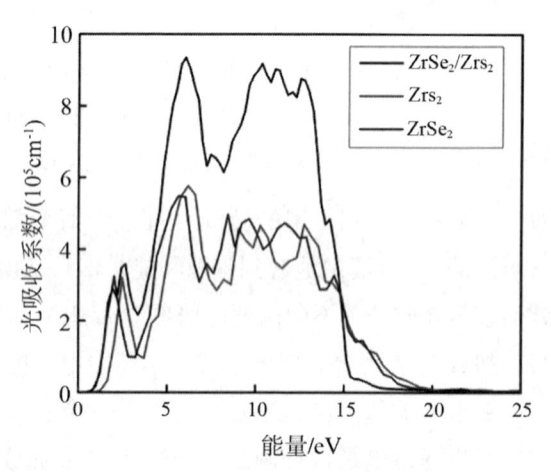

图 13.7 二维 ZrSe$_2$、ZrS$_2$ 单层和 ZrSe$_2$/ZrS$_2$ 异质双层的光吸收系数

13.4 总结

本章利用第一性原理计算研究了电场调制下 $ZrSe_2/ZrS_2$ 异质双层结构的电子性质和光学性质。结果表明，$ZrSe_2/ZrS_2$ vdW 异质结呈现出典型的本征Ⅱ型能带取向。此外，外加电场可以有效地调节 $ZrSe_2/ZrS_2$ 异质双层结构的电子性质。当外加电场为负时，频带排列将从Ⅱ型变为Ⅰ型。这是由于在外场作用下，$ZrSe_2$ 和 ZrS_2 层之间的电子转移引起了准费米能级和带边的移动。此外，$ZrSe_2/ZrS_2$ 异质结结构可以在可见光和紫外区域实现强光吸收，这将会改善光电器件的相关性能。这些结果表明 $ZrSe_2/ZrS_2$ 异质结在改善光电子器件性能方面具有潜在的应用价值。

参考文献

[1] ROY T,TOSUN M,KANG J S,et al. Field-effect transistors built from all two-dimensional material components[J]. Acs Nano. ,2014,8(6):6259-6264.

[2] WU M,LIU P,XIN B,et al. Improved carrier doping strategy of monolayer MoS_2 through two-dimensional solid electrolyte of YBr_3[J]. Appl. Phys. Lett. 2019,114(17):171601(1)-(5).

[3] GEIM A K,NOVOSELOV K S. The rise of graphene[J]. Nat. Mater. ,2007,6(3):183-191.

[4] XIA F,WANG H,JIA Y. Rediscovering black phosphorus as an anisotropic layered material for optoelectronics and electronics[J]. Nat. Commun. ,2014, 5:4458(1)-(6).

[5] KIM S,KONAR A,HWANG W S,et al. High-mobility and low-power thin-film transistors based on multilayer MoS_2 crystals[J]. Nat. Commun. ,2012,3:1011(1)-(7).

[6] NOVOSELOV K S,GEIM A K,MOROZOV S V,et al. Electric field effect in atomically thin carbon films[J]. Science,2004,306(5696):666-669.

[7] TANG L,LI T,LUO Y,et al. Vertical chemical vapor deposition growth of highly uniform 2D transition metal dichalcogenides[J]. ACS. Nano. 2020,14(4):4646-4653.

[8] LI L,YU Y,YE G J,et al. Black phosphorus field-effect transistors[J]. Nat. Nanotechnol. ,2014,9(5):372-377.

[9] CHEN Y,JIANG G,CHEN S,et al. Mechanically exfoliated black phosphorus as a new saturable absorber for both Q-switching and mode-locking laser operation[J]. Opt. Express. ,2015,23(10):12823-12833.

[10] KUMAR R,SAHOO S,JOANNI E,et al. A review on synthesis of graphene,h-BN and

MoS$_2$ for energy storage applications: recent progress and perspectives[J]. Nano. Res., 2019,12(11):2655-2694.

[11] GUPTA A, SAKTHIVEL T, SEAL S. Recent development in 2D materials beyond graphene[J]. Prog. Mater. Sci. 2015,73:44-126.

[12] ZHANG X, MENG Z, RAO D, et al. Efficient band structure tuning, charge separation, and visible-light response in ZrS$_2$-based van der Waals heterostructures[J]. Energ. Environ. Sci., 2016,9(3):841-849.

[13] LI X, ZHANG S, PENG W, et al. 18.5% efficient graphene/GaAs van der Waals heterostructure solar cell[J]. Nano. Energ., 2015,16:310-319.

[14] PHAM K D, HIEU N N, PHUC H V, et al. Layered graphene/GaS van der Waals heterostructure: controlling the electronic properties and Schottky barrier by vertical strain[J]. Appl. Phys. Lett., 2018,113(17):171605(1)-(5).

[15] ZHAI B, DU J, SHEN C, et al. a. Spin-dependent Dirac electrons and valley polarization in the ferromagnetic stanene/CrI$_3$ van der Waals heterostructure[J]. Phys. Rev. B, 2019,100(19):195307(1)-(7).

[16] LIANG Y, SHEN S, HUANG B, et al. Intercorrelated ferroelectrics in 2D van der Waals materials[J]. Mater. Horizons., 2021,8(6):1683-1689.

[17] SHANG J M, PAN L F, WANG X T, et al. Tunable electronic and optical properties of InSe/InTe van der Waals heterostructures toward optoelectronic applications[J]. J. Mater. Chem. C, 2018,6(27):7201-7206.

[18] ZHAO Y G. Tunable structural, electronic, and optical properties of layered two-dimensional C$_2$N and MoS$_2$ van der Waals heterostructure as photovoltaic material[J]. J. Phys. Chem. C, 2017,121(6):3654-3660.

[19] XIA C, GAO Q, XIONG W, et al. Electric field-tunable electronic structures of 2D alkaline-earth metal hydroxide-graphene heterostructures[J]. J. Mater. Chem. C, 2017, 5(29):7230-7235.

[20] LIU Q, LI L, LI Y, et al. Tuning electronic structure of bilayer MoS$_2$ by vertical electric field: a first-principles investigation[J]. J. Phys. Chem. C, 2012,116(40):21556-21562.

[21] ZHANG W X, HUANG Z S, ZHANG W L, et al. Two-dimensional semiconductors with possible high room temperature mobility[J]. Nano. Res., 2014,7(12):1731-1737.

[22] HAMADA M, MATSUURA K, SAKAMOT T, et al. High Hall-Effect mobility of large-area atomic-layered polycrystalline ZrS$_2$ film using UHV RF magnetron sputtering and sulfurization[J]. IEEE. J. Electron. Devi., 2019,7(1):1258-1263.

[23] SAMUEL M V, VÍCTOR G L, ANDRÉS C, et al. Raman spectra of ZrS$_2$ and ZrSe$_2$ from bulk to atomically thin layers[J]. Appl. Sci., 2016,6(9):264(1)-(19).

[24] ZHANG M, ZHU Y M, WANG X S, et al. Controlled synthesis of ZrS$_2$ monolayer and few layers on hexagonal boron nitride[J]. J. Am. Chem. Soc., 2015, 137(22): 7051-7054.

[25] FIORI G, BONACCORSO F, IANNACCONE G, et al. Electronics based on two-dimensional materials[J]. Nat. Nanotechnol.,2014,9(10):768-779.

[26] JIANG H. Structural and electronic properties of ZrX$_2$ and HfX$_2$(X = S and Se) from first principles calculations[J]. J. Chem. Phys.,2011,134(20):204705(1)-(8).

[27] WANG X, HUANG L, JIANG X W, et al. Large scale ZrS$_2$ atomically thin layers[J]. J. Mater. Chem. C,2016,4(15):3143-3145.

[28] MLECZKO M J, ZHANG C, LEE R, et al. HfSe$_2$ and ZrSe$_2$:two-dimensional semiconductors with native high-κ oxides[J]. Sci. Adv.,2017,3(8):e1700481(1)-(9).

[29] DING G, GAO G Y, HUANG Z, et al. Thermoelectric properties of monolayer MSe$_2$(M = Zr,Hf):low lattice thermal conductivity and a promising figure of merit[J]. Nanotechnology,2016,27(37):375703(1)-(7).

[30] ZHAO Q, GUO Y, SI K, et al. Elastic, electronic, and dielectric properties of bulk and monolayer ZrS$_2$, ZrSe$_2$, HfS$_2$, HfSe$_2$ from van der Waals density-functional theory[J]. Phys. Status. Solidi. B, 2017,254(9):1700033(1)-(11).

[31] KRESSE G, FURTHMÜLLER J. Efficient iterative schemes for ab initio total-energy calculations using a plane-wave basis set[J]. Phys. Rev. B,1996,54(16):11169-11186.

[32] PERDEW J P, BURKE K, ERNZERHOF M. Generalized gradient approximation made simple[J]. Phys. Rev. Lett.,1996,77(18):3865-3868.

[33] HEYD J, SCUSERIA G E. Efficient hybrid density functional calculations in solids:Assessment of the Heyd-Scuseria-Ernzerhof screened Coulomb hybrid functional[J]. J. Chem. Phys.,2004,121(3):1187(1)-(6).

[34] GRIMME S. Semiempirical GGA-type density functional constructed with a long-range dispersion correction[J]. J. Comput. Chem.,2006, 27(15):1787-1799.

[35] CHEN P, ZHANG L, WANG R, et al. Electronic and optical properties of the ZrS$_2$/HfSe$_2$ van der Waals heterobilayer with native type-II band alignment[J]. Chem. Phys. Lett.,2019,734:136703(1)-(4).

[36] BAE H, KIM S H, LEE S, et al. Light Absorption and emission dominated by trions in the type-I van der Waals heterostructures[J]. ACS. Photonics.,2021,8(7):1972-1978.

[37] CHENG Z, WANG F, SHIFA T A, et al. Efficient photocatalytic hydrogen evolution via band alignment tailoring: controllable transition from type-I to type-II[J]. Small, 2017,13(41):1702163(1)-(7).

[38] YANG F, CAO X, HAN J, et al. First principles study on modulating electronic and optical properties with h-BN intercalation in AlN/MoS$_2$ heterostructure[J]. Nanotechnology, 2022,33(3):035708(1)-(10).